甘肃省晶质石墨矿资源潜力预测及开发利用研究

GANSU SHENG JINGZHI SHIMO KUANG ZIYUAN QIANLI YUCE JI KAIFA LIYONG YANJIU

主　编　任文秀
副主编　柳永刚　余君鹏　杨　彦　张　翔
　　　　王玉玺　黄增保　魏志军　牛鹏飞

中国地质大学出版社
ZHONGGUO DIZHI DAXUE CHUBANSHE

图书在版编目(CIP)数据

甘肃省晶质石墨矿资源潜力预测及开发利用研究/任文秀主编;柳永刚等副主编. —武汉:中国地质大学出版社,2025.4. —ISBN 978-7-5625-6166-8

Ⅰ.P619.25

中国国家版本馆CIP数据核字第202574MN63号

甘肃省晶质石墨矿资源潜力预测			任文秀	主　编
及开发利用研究	柳永刚　余君鹏　杨　彦　张　翔			副主编
	王玉玺　黄增保　魏志军　牛鹏飞			

责任编辑:杨　念	选题策划:段　勇	责任校对:宋巧娥

出版发行:中国地质大学出版社(武汉市洪山区鲁磨路388号)　　　　　　　　邮编:430074

电　　话:(027)67883511　　　　传　　真:(027)67883580　　　E-mail:cbb@cug.edu.cn

经　　销:全国新华书店　　　　　　　　　　　　　　　　　　　http://cugp.cug.edu.cn

开本:880毫米×1230毫米　1/16　　　　　　　　　　字数:480千字　　印张:15.5

版次:2025年4月第1版　　　　　　　　　　　　　　印次:2025年4月第1次印刷

印刷:武汉精一佳印刷有限公司

ISBN 978-7-5625-6166-8　　　　　　　　　　　　　　　　　　　　　　定价:158.00元

　　如有印装质量问题请与印刷厂联系调换

《甘肃省晶质石墨矿资源潜力预测及开发利用研究》

编 委 会

主　　编：任文秀

副 主 编：柳永刚　余君鹏　杨　彦　张　翔
　　　　　王玉玺　黄增保　魏志军　牛鹏飞

编写人员：杨维刚　王立轩　张忠平　朱永新
　　　　　徐锡东　曲正钢　王怀涛　刘子锐
　　　　　贾志磊　赵吉昌

前言

PREFACE

2022年10月2日,习近平总书记在给山东省地矿局(山东省地质矿产勘查开发局)第六地质大队全体地质工作者的回信中指出,矿产资源是经济社会发展的重要物质基础,矿产资源勘查开发事关国计民生和国家安全。该回信勉励广大地质工作者大力弘扬爱国奉献、开拓创新、艰苦奋斗的优良传统,积极践行绿色发展理念,加大勘查力度,加强科技攻关,在新一轮找矿突破战略行动中发挥更大作用,为保障国家能源资源安全、为全面建设社会主义现代化国家作出新贡献。矿产资源安全是国家总体安全的重要组成部分,是经济社会发展的重要物质基础,战略性矿产是新兴产业的关键基础支撑,对国家国防、经济安全以及经济社会可持续发展等有着重要影响和制约作用。2016年11月,国务院批复的《全国矿产资源规划(2016—2020年)》将24种矿产列入战略性矿产目录,其中晶质石墨为4个非金属矿种之一。石墨作为非金属材料却具有金属的优良性能,如涂敷性、润滑性、耐高温、耐腐蚀、耐酸碱、可塑性、导热性、导电性等特点,在传统工业领域应用广泛。天然石墨根据结晶形态可分成晶质石墨(鳞片石墨)和隐晶质石墨(土状石墨)两种工业类型。晶质石墨因结晶程度以及鳞片大小的不同,理化性质和适用领域也存在差异,在信息技术、新能源、新材料、原子能、军工航天等新兴战略领域应用广泛,优质大鳞片石墨是生产石墨烯、膨胀石墨最重要的物质原料,对于未来石墨新兴产业的发展起着重要作用。

甘肃省位于我国西北内陆,青藏高原、黄土高原和内蒙古高原交会处,矿产资源十分丰富,分布有北山、阿尔金-祁连、龙首山和西秦岭4个成矿带,以及鄂尔多斯(西南部)能源盆地,是我国矿产资源大省之一。近年来,为了充分发挥资源优势,落实甘肃省委、甘肃省人民政府印发的《甘肃省人民政府办公厅关于推动矿产资源勘查开发高质量发展的意见》,保障矿产资源勘查开发利用,服务地方经济发展,甘肃省自然资源厅加大了对晶质石墨等战略性矿产的勘查力度,发现了一大批大型晶质石墨矿,包括肃北蒙古族自治县大敖包沟晶质石墨矿、肃北蒙古族自治县红柳峡晶质石墨矿、肃北蒙古族自治县敖包山晶质石墨矿、肃北蒙古族自治县大案盆沟晶质石墨矿、阿克塞哈萨克族自治县豺狼沟晶质石墨矿、瓜州县大水峡北晶质石墨矿等。

本书对甘肃省内已发现的晶质石墨矿进行梳理,系统总结了甘肃省晶质石墨矿的典型矿床及找矿标志,建立了晶质石墨矿成矿模式,以"三位一体"预测模型开展晶质石墨矿资源潜力预测;并对甘肃省晶质石墨开发利用情况进行研究,梳理了甘肃省石墨矿的开发情况和省内石墨的需求情况,提出了晶质石墨矿勘查开发利用建议,为甘肃省晶质石墨矿勘查开发提供经验及依据。

全书共八章,共计48万字。全书由任文秀负责统稿,并完成第一章、第四章(部分)、第五章(部分)、第六章、第八章,共计13.1万字;魏志军完成第三章(部分)、第四章(部分)和第七章,共计12.2万字;牛鹏飞完成第二章、第三章(部分),共计12.1万字;王立轩完成第四章(部分)和第五章(部分),共计8.2万字;插图由曲正钢完成。参与编写的还有柳永刚、余君鹏、张翔、杨彦、黄增保、张忠平、朱永新、徐锡东、杨维刚、刘子锐、王怀涛、贾志磊、王玉玺、赵吉昌。参加单位有甘肃省地质调查院、甘肃省自然资源厅矿产资源保护监督处、甘肃省矿产资源储量评审中心和甘肃省地质矿产勘查开发局地质矿产科技处,提供资料的单位有甘肃省地质矿产勘查开发局第四地质矿产勘查院和甘肃省地质矿产勘查开发局第三地质矿产勘查院。

本书是在甘肃省矿产资源与古生物化石保护项目"甘肃省稀土、钾盐、铁、锂、石墨、萤石等6个矿种未利用矿区调查评价"的支持下完成的。编写过程中得到了甘肃省自然资源厅和甘肃省地质矿产勘查开发局各级领导的关心与支持,同时甘肃省地质矿产勘查开发局第三地质矿产勘查院和甘肃省地质矿产勘查开发局第四地质矿产勘查院提供了部分矿床资料,在此一并致谢。

由于时间匆忙,再加上著者水平有限,书中难免有疏漏之处,敬请读者批评指正。

著 者

2024年7月

目 录
CONTENTS

第一章 绪 论 …………………………………………………………………………………… (1)
 第一节 课题由来及目的任务 …………………………………………………………… (3)
 第二节 研究区概况 ……………………………………………………………………… (3)
 第三节 人员结构及工作情况 …………………………………………………………… (4)
 第四节 取得的主要成果 ………………………………………………………………… (5)

第二章 以往工作程度 …………………………………………………………………………… (7)
 第一节 区域地质调查及研究 …………………………………………………………… (9)
 第二节 重力、磁测、化探、遥感调查及研究 ………………………………………… (11)
 第三节 矿产勘查及成矿规律研究 ……………………………………………………… (25)
 第四节 矿产预测评价 …………………………………………………………………… (27)
 第五节 开发利用现状 …………………………………………………………………… (27)

第三章 地质矿产概况 ………………………………………………………………………… (29)
 第一节 成矿地质背景 …………………………………………………………………… (31)
 第二节 区域地球物理、地球化学和遥感特征 ………………………………………… (61)
 第三节 区域矿产特征 …………………………………………………………………… (66)

第四章 典型矿床与区域成矿规律研究 ……………………………………………………… (111)
 第一节 典型矿床研究 …………………………………………………………………… (113)
 第二节 预测工作区区域成矿规律研究 ………………………………………………… (121)

第五章 矿产预测 ……………………………………………………………………………… (125)
 第一节 矿产预测方法类型选择及预测模型区选择 …………………………………… (127)
 第二节 矿产预测模型与预测要素图编制 ……………………………………………… (128)
 第三节 预测区圈定 ……………………………………………………………………… (138)
 第四节 预测要素变量的构置与选择 …………………………………………………… (139)
 第五节 预测区优选 ……………………………………………………………………… (140)
 第六节 资源量定量估算 ………………………………………………………………… (142)
 第七节 预测区地质评价 ………………………………………………………………… (152)
 第八节 勘查工作部署建议 ……………………………………………………………… (163)

第六章 甘肃省晶质石墨资源潜力分析 ……………………………………………………… (165)
 第一节 石墨矿资源现状 ………………………………………………………………… (167)
 第二节 甘肃省晶质石墨资源现状 ……………………………………………………… (168)

第三节　甘肃省预测矿产资源潜力分析 …………………………………………………（209）
第七章　晶质石墨矿开发利用研究 ………………………………………………………（211）
　　第一节　石墨性能、用途及产业链 …………………………………………………（213）
　　第二节　晶质石墨矿开发利用现状 …………………………………………………（216）
　　第三节　甘肃省晶质石墨矿开发利用现状 …………………………………………（227）
　　第四节　甘肃省晶质石墨矿勘查开发利用建议 ……………………………………（229）
第八章　结　语 ……………………………………………………………………………（231）
　　第一节　主要成果 ……………………………………………………………………（233）
　　第二节　存在的问题与建议 …………………………………………………………（234）
主要参考文献 ………………………………………………………………………………（235）

第一章

绪 论

第一节　课题由来及目的任务

一、课题由来

近年来,自然资源部组织实施了矿产资源国情调查工作,全面掌握了我国矿产资源数量、质量、结构和空间分布情况,摸清了矿产资源家底。为落实党的二十大"确保能源资源、重要产业链供应链安全"有关要求,进一步夯实立足国内保障国家能源资源供应安全的工作基础。按照战略性矿产国内找矿行动工作要求,进一步深化矿产资源国情调查工作,提高国内矿产资源安全供应保障能力,根据自然资源部的有关要求,甘肃省自然资源厅委托甘肃省地质调查院开展未利用矿区调查评价工作。晶质石墨是国务院批复的《全国矿产资源规划(2016—2020 年)》中 24 种战略性矿产之一,甘肃省自然资源厅为了落实国家《全国矿产资源规划(2016—2020 年)》和甘肃省委、甘肃省人民政府印发的《甘肃省人民政府办公厅关于推动矿产资源勘查开发高质量发展的意见》《甘肃省战略性矿产找矿行动实施方案(2021—2025 年)》的要求,全面掌握甘肃省晶质石墨资源潜力和开发利用情况,在"甘肃省稀土、钾盐、铁、锂、石墨、萤石等 6 个矿种未利用矿区调查评价"项目中设立"甘肃省晶质石墨矿资源潜力预测及开发利用研究"专题,为政府进行晶质石墨勘查开发提供基础数据。

二、目的任务

为落实甘肃省委、甘肃省人民政府印发的《甘肃省人民政府办公厅关于推动矿产资源勘查开发高质量发展的意见》和《甘肃省战略性矿产找矿行动实施方案(2021—2025 年)》的要求,通过开展晶质石墨矿资源潜力评价工作,摸清资源家底,提出勘查工作部署建议;通过资料收集及调研,掌握我国晶质石墨资源开发利用现状,分析存在的问题及发展机遇,并结合甘肃省资源禀赋提出开发利用建议。主要工作任务如下:

(1)在全面梳理甘肃省已发现的晶质石墨矿床(点)的基础上,系统总结典型矿床的控矿因素及找矿标志,建立变质型晶质石墨矿成矿模式及综合地质矿产信息预测模型。

(2)按照《矿产资源潜力评价规范(1∶250 000)》(DZ/T 0419—2022)的工作要求,以"三位一本"预测模型,采用类比预测方法,圈定矿产预测工作区,估算潜在矿产资源,并提出甘肃省勘查工作部署建议。

(3)通过了解我国晶质石墨资源开发利用现状,全面掌握石墨资源产业发展情况,并分析研究甘肃省晶质石墨矿勘查、开发利用和产业发展的问题,提出勘查开发利用建议。

第二节　研究区概况

甘肃省位于我国西北内陆,地处北纬 32°31′~42°57′,东经 92°13′~108°46′,东通陕西,南瞰四川、青海,西达新疆,北扼宁夏、内蒙古,西北端与蒙古国接壤,省内为黄土高原、青藏高原和内蒙古高原三大高原的交会地带,横跨青藏高原生态屏障区、黄河重点生态区和北方防沙带三大全国重要生态系统保护与修复区,是国家西部重要的生态安全屏障,也是黄河、长江的重要水源涵养区。

甘肃省海拔大多在 1000m 以上,北有六盘山、合黎山和龙首山,东有岷山、秦岭和子午岭,西接阿尔金山和祁连山,南有摩天岭。独特的地理位置造成甘肃省各地气候类型多样,从南向北包括了亚热带季风气候、温带季风气候、温带大陆性气候和高原高寒气候四大气候类型,年平均气温为 0~15℃,大部分地区气候干燥,年平均降水量在40～750mm之间。

甘肃省矿产资源丰富,分布有北山、阿尔金-祁连、龙首山和西秦岭4个成矿带,以及鄂尔多斯(西南部)多能源盆地,是我国矿产资源大省之一,也是我国"有色金属之乡"和重要能源基地。截至2022年底,全省已发现各类矿产190种(含亚矿种,下同)。其中,已查明资源储量的有134种,占全省已发现矿种的71%;未查明资源储量的有56种,占全省已发现矿种的29%。已查明矿产资源中,能源矿产7种、金属矿产36种、非金属矿产89种、水汽矿产2种;未查明矿产资源中,能源矿产3种、金属矿产20种、非金属矿产33种。查明资源储量名列全国第一位的有镍、钴、铂、钯、锇、铱、铑、钌、硒、铸型用黏土、凹凸棒石黏土和建筑用闪长岩12种矿产。此外,铬、锌、钨、金、碲、普通萤石(矿石)、重晶石、蓝晶石等53种矿产查明资源储量位居全国前五位,铜、锰、钒、汞、铍、铌钽、煤炭、油页岩等87种居前十位。煤、铁、铜、铅、锌、镍、钴、铂族、金、钨、锑、凹凸棒石黏土、石膏、熔剂用灰岩、水泥用灰岩等均为甘肃省主要优势矿产,具有储量较为丰富、矿石质量好、分布较集中、地质工作程度较高、技术经济和外部建设条件好等特点。

甘肃省统计局"2023年甘肃省国民经济和社会发展统计公报"显示,2023年全省地区生产总值11 863.8亿元,比上年增长6.4%。其中,第一产业增加值1 641.3亿元,增长5.9%,第一产业增加值占地区生产总值比重为13.8%。全年全省全部工业增加值3 389.6亿元,比上年增长6.8%,其中采矿业增加值增长4.4%,制造业增加值增长9.4%,电力、热力、燃气及水生产和供应业增加值增长5.9%;采矿业利润206.6亿元,比上年下降23.2%;制造业利润257.0亿元,比上年下降11.1%;电力、热力、燃气及水生产和供应业利润50.4亿元,增长72.0%。以上表明,矿业经济在全省经济结构中具有十分重要的地位,是工业强省的重要保障。甘肃百强企业资源型企业占40席,53个矿种居全国前五位,居全国前十位的矿种达87种。依托优势资源的开发,已建起了西北钢城嘉峪关市、石油城玉门市、镍都金昌市、铜城白银市等矿业城市和一大批矿山企业,形成了采矿、选矿、冶炼和加工基本配套的生产体系,被国家确立为西部地区重要的石油化工、有色冶金、能源和重化工基地。甘肃省委、省政府根据国民经济和社会发展条件、产业优势、地质矿产勘查开发工作实际,制定了《甘肃省国土空间规划(2021—2035年)》《甘肃省矿产资源总体规划(2021—2025年)》《甘肃省战略性矿产找矿行动实施方案(2021—2025年)》《甘肃省地质调查规划(2021—2025年)》《甘肃省人民政府办公厅关于推动矿产资源勘查开发高质量发展的意见》《甘肃省自然资源厅关于深化矿产资源管理改革及进一步完善勘查开采登记工作的通知》等一系列制度,明确了现阶段矿产资源勘查开发的任务、方向和重点,并制定了一系列发展矿业、扶持矿产资源开发的政策与措施,设立了每年数亿元的地质勘查基金,为新机制下大规模开展地质矿产调查与评价工作,以及提升矿产资源开发的产业化、规模化、集约化水平提供了良好的条件与保障。

第三节　人员结构及工作情况

"甘肃省晶质石墨矿资源潜力预测及开发利用研究"课题由任文秀负责实施,余君鹏和柳永刚为项目技术指导,张翔、黄增保和杨彦为项目技术负责人,魏志军和牛鹏飞为项目负责人,项目其他人员包括杨维刚、王立轩、曲正钢、张忠平、刘子锐。

2023年10—12月,开展资料收集工作,收集甘肃省内已发现的晶质石墨矿床(点)地质资料,包括调查、普查、详查报告,梳理各矿床(点)资源量、矿体规模、矿石质量、赋矿地层、矿床成因和开发利用情况。

2024年1—2月,根据梳理出的资料,建立晶质石墨矿典型矿床成矿模式和预测模型,开展晶质石墨矿资源潜力评价工作;对我国晶质石墨现状和开发利用情况开展了资料收集工作,邀请中国非金属矿工业协会专家王文利和张杨以网络会议的形式与项目组开展交流研讨;对酒泉金元泉矿业有限责任公司白石头沟晶质石墨矿和甘肃郝氏炭纤维有限公司开展了调研。

2024年3—5月，根据资源潜力评价成果和调研交流成果，开展《甘肃省晶质石墨矿资源潜力预测及开发利用研究报告》编写工作。

2024年5—6月，完成《甘肃省晶质石墨矿资源潜力预测及开发利用研究报告》的厅级评审和修改工作。

第四节 取得的主要成果

本次研究工作系统梳理了甘肃省晶质石墨矿资源及开发现状，评价了甘肃省晶质石墨矿资源潜力。通过全面分析近年来甘肃省成矿地质背景研究成果及找矿勘查新进展，结合技术经济、生态环境、产业政策等因素，梳理晶质石墨矿床（点）特征及成矿规律，研判晶质石墨矿床成因类型及预测类型、预测模型，在此基础上圈定预测工作区，估算预测资源。对我国晶质石墨矿开发利用现状进行了分析研究，总结了存在的问题及发展机遇。在对甘肃省晶质石墨开发利用情况研究的基础上，梳理了甘肃省石墨矿的开发情况和省内石墨的需求情况，提出了甘肃省晶质石墨矿勘查开发利用建议。

一、矿床（点）梳理

矿床（点）梳理是潜在矿产资源预测评价及综合研究的基础工作，目的是对查明矿产资源的分布及特征进行整理，分析矿产资源可能产出的位置及特征，是分析成矿地质环境的基础。

本次工作是在甘肃省矿产资源国情调查的基础上，结合甘肃省矿产资源储量统计及成果更新、甘肃省未利用矿区调查等工作成果对全省晶质石墨矿床（点）进行的梳理。

截至2023年底，甘肃省共发现和评价石墨矿床（点）19处，按石墨矿规模分类，其中大型矿床11处，小型矿床5处，矿点3处。

二、区域成矿条件、成矿规律及典型矿床研究

按照《矿产资源潜力评价规范（1：250 000）》（DZ/T 0419—2022）的要求，结合甘肃省勘查最新进展和《中国矿产地质志·甘肃卷》《中国区域地质志·甘肃志》研究成果，研究了晶质石墨矿成矿地质条件，阐述了特定建造的含矿性及专属性。系统总结了甘肃省晶质石墨矿的成矿规律及找矿标志，建立了大敖包沟变质型晶质石墨矿典型矿床的成矿要素和成矿模式，编制了大敖包沟典型矿床成矿模式图。同时，建立了区域预测要素，编制了区域预测模型图。

三、矿产预测及勘查部署建议

本次预测工作根据《中国矿产地质志·甘肃卷》研究成果，将甘肃省晶质石墨矿类型确定为变质型。全省共圈定27个晶质石墨矿最小预测区，其中A类10个，B类7个，C类10个。按所处成矿区带及成矿潜力等因素，圈定4个预测工作区，预测晶质石墨总矿物量12 199.28万t，其中500m以浅预测矿物量10 420.06万t，1000m以浅预测矿物量12 199.28万t；并对4个预测工作区提出工作部署建议，其中部署详查区10个、普查区11个，预获矿物资源总量1 181.546万t。甘肃省晶质石墨矿资源潜力巨大。

四、我国晶质石墨矿开发利用现状研究

对我国晶质石墨矿开发利用现状进行了分析研究,总结了我国石墨矿的主要产地、生产产能情况、采选技术和深加工情况,分析了石墨的需求,总结了存在的问题及发展机遇。

五、甘肃省晶质石墨矿开发利用研究

对甘肃省晶质石墨开发利用情况进行了研究,梳理了甘肃省石墨矿的开发情况和省内石墨的需求情况,提出了甘肃省晶质石墨矿勘查开发利用建议。

第二章
以往工作程度

第一节　区域地质调查及研究

一、早期地质工作及相关研究

甘肃省有成效的基础地质工作始于19世纪70年代,至今已百年有余。中华人民共和国成立前,早期(19世纪70年代—20世纪20年代)主要是外国地质地理学家进行路线地质调查,其成果多为旅行考察杂记。晚期(20世纪20—40年代),以谢家荣、袁复礼、杨钟健、孙健初、卞美年、黄汲清、叶连俊和关士聪等为代表的一批中国地质学家,先后对甘肃省的地层、岩石、构造和矿产进行了专门性调查,建立了众多的经典性地层单位及名称,发现并研究了大量古生代—中新生代古脊椎、无脊椎动物和古植物化石,撰写了数十篇调查报告和多部专著,均是十分重要的参考文献。

1956—1958年,中国科学院地质研究所、中国科学院兰州地质研究所、中国科学院南京地质古生物研究所和北京地质学院等单位联合组成"中国科学院祁连队",对祁连区岩石、地层、古生物、构造和矿产进行了全面调查;出版了《祁连山地质志》,构建了甘肃省的地质时空展布基本架构,揭开了甘肃省基础地质和矿产资源系统调研的序幕。

20世纪60年代初,完成了涉及甘肃省的9个图幅的1∶100万区域地质图及说明书的编制。通过1∶100万地质图编制,初步建立了全省地层序列,总结了岩石特征,构建了全省区的地质构造基本格架和区域矿产分布规律,为后来的1∶20万区域地质调查奠定了基础。

1974年始,完成了《西北地区区域地层表　甘肃省分册》(1980年)等研究成果;编制了《1∶100万甘肃省构造体系图》(1977—1980年)、《1∶100万甘肃省构造体系与地震分布规律图》(1977—1980年)等6套图件及说明书;编撰了《甘肃省区域地质志》(1981—1986年)、《甘肃省岩石地层》(1997年)、《西北区区域地层》(1998年)等专著,系统总结了全省地质调研成果,较完整地建立了全省地层系统,初步划分了岩浆活动序列、岩石变形及其组合特征,初步探讨了矿产分布规律,极大地提高了甘肃省的地质矿产研究程度;编制完成了"祁连大地构造与造山作用"(1996年)、"西秦岭造山带结构造山过程及动力学"(2002年)、"祁连及邻区成矿地质背景图(1∶100万)"(2008年)、"东天山—北山地区成矿地质背景图(1∶100万)"(2008年)、"新疆东天山—甘蒙北山地区大地构造相图(1∶100万)"(2009年)等多个综合报告和图件。

近年来,甘肃省地质调查院编制完成了《中国区域地质志·甘肃志》和《中国地质矿产志·甘肃志》,全面总结了甘肃省区域地质调查、矿产勘查、典型矿床和专题研究的最新成果,特别是地质大调查实施以来的新资料、新进展、新成果,开展了甘肃省典型构造单元和区域地质综合集成、各个矿种的成果集成和成矿规律的总结,编制了综合研究报告、地质和矿产系列图件,建立了空间数据库,该成果为本次工作的开展奠定了基础。

二、1∶20万区域地质调查

20世纪60年代初至1983年,在地质矿产部系统部署下,陆续完成了涉及甘肃省的102个图幅的1∶20万区域地质调查(图2-1)。除北山北部中蒙边境和甘新交界少量地区外,基本覆盖全省国土面积。这一时期的地质调查工作全面系统,规范扎实,内容丰富,资料翔实。地质体及各类界线客观真实,可识别性强,可利用程度高。同时发现了一大批矿床、矿(化)点和矿化异常区带,为全省矿产勘查和开发作出了巨大贡献,至今依然是矿产工作最重要的基础资料和文献。需要指出的是,这一时期区调工作以槽台旋回说或地质力学观点为构造理论指导,地层学采用以时代属性为主体的"统一地层单位"划分对比等,缺乏资料操作运用的统一性、规范性和标准性,有待新理论、新技术和新方法的采用与转型。

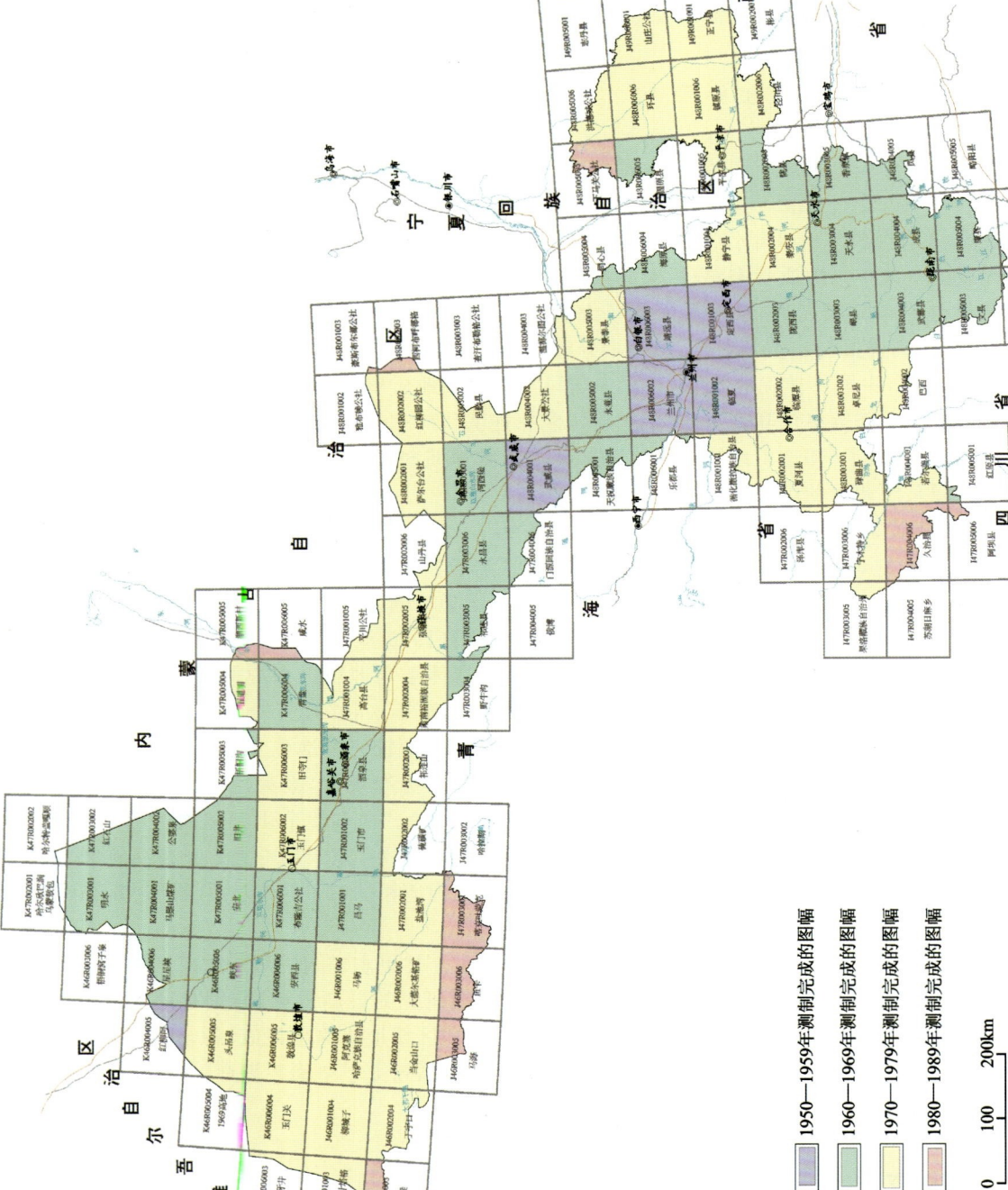

图 2-1 甘肃省 1:20 万区域地质调查工作程度图

三、1∶5万区域地质调查

甘肃省1∶5万区域地质调查工作始于1974年,截至2021年底完成区调图幅512幅,完成面积16.81万 km²,占全省国土面积的39.47%,主要部署在北山地区、祁连西段、祁连中东段、龙首山地区和西秦岭地区(图2-2)。该阶段基础地质调研中,系统采用了新理论、新技术和新方法,获得不少富有新意的地学见解和大量的测试样品,对区域地层、火山岩、侵入岩、蚀变、构造及矿产的描述全面详实、可靠、论据充分,填图精度较高,对预测工作区地质构造专题底图的编制具有较高的参考价值。

四、1∶25万区域地质调查

1996年,从1∶25万马鬃山幅试点图幅开始,随着国土资源大调查的进行,甘肃省区域地质调查进入第二轮填图时期。截至2021年底,在中国地质调查局统一部署下,甘肃省完成的图幅有红石山幅、马鬃山幅、玉门镇幅、武威市幅、景泰县幅、民和回族土族自治县幅、兰州市幅、临夏市幅、定西市幅、静宁县幅、合作市幅、岷县幅、天水市幅、略阳县幅共14幅,另外尚有笔架山幅、门源回族自治县幅、固原市幅、宝鸡市幅、汉中市幅、河南蒙古族自治县6幅涉及甘肃省周边的图幅和昌马幅、嘉峪关市幅2幅1∶25万遥感地质调查图幅(图2-3)。此次1∶25万区域地质调查全面运用了新的地学理论、技术和方法,以板块学说理论为指导,系统利用了遥感技术和数字填图技术,进行了广泛的地层对比,查明了侵入岩的时空演化序列,进行了变质作用和变质相带的详细研究,分析了造山带重大构造带的物质组成、变形变质及其构造属性,建立了区域地质构造模式,获取了一批有价值的同位素年龄及岩石化学等测试资料。

五、1∶5万矿产地质调查

随着国土资源大调查的进行,中国地质调查局2005年开始部署1∶5万矿产远景地质调查项目,随后甘肃省也开展了该项工作。截至2021年底,甘肃省共完成1∶5万矿产地质调查面积15.79万 km²,涉及1∶5万标准图幅434幅,占省域面积的37.07%,占基岩出露面积的54.77%(图2-4)。

第二节 重力、磁测、化探、遥感调查及研究

一、区域重力工作程度

早在20世纪40年代初期,翁文波先生就在玉门油田开创了中国重力勘探的先河。

1949—1978年,在甘肃省境内,以石油普查、地震预测和地球形状测量为目的的区域重力测量,先后由中华人民共和国石油工业部、地质矿产部、国家地震局、国家测绘局及总参测绘局等部门相继以不同比例尺和精度进行了工作。上述工作形成的资料经陕西测绘局收集整理,统一改算,以1∶100万国际分幅图幅出版了布格重力异常图。20世纪80年代初期,利用上述第一代重力资料编绘了甘肃省及邻近地区1∶100万布格重力异常图,并编写了综合研究报告,对以往省内区域重力调查程度进行了评述。

1978年地质矿产部区域物探会议决定地质矿产部要开展区域重力工作。1983年颁发了"区域重力调查技术规定",提出开展区域重力调查工作的"五统一"要求,可作为区域重力工作新起点。1993年又以国家标准颁发《区域重力调查规范》(DZ/T 0082—1993),提出新"五统一"要求。后在2006年颁发《区域重力调查规范》(DZ/T 0082—2006)。

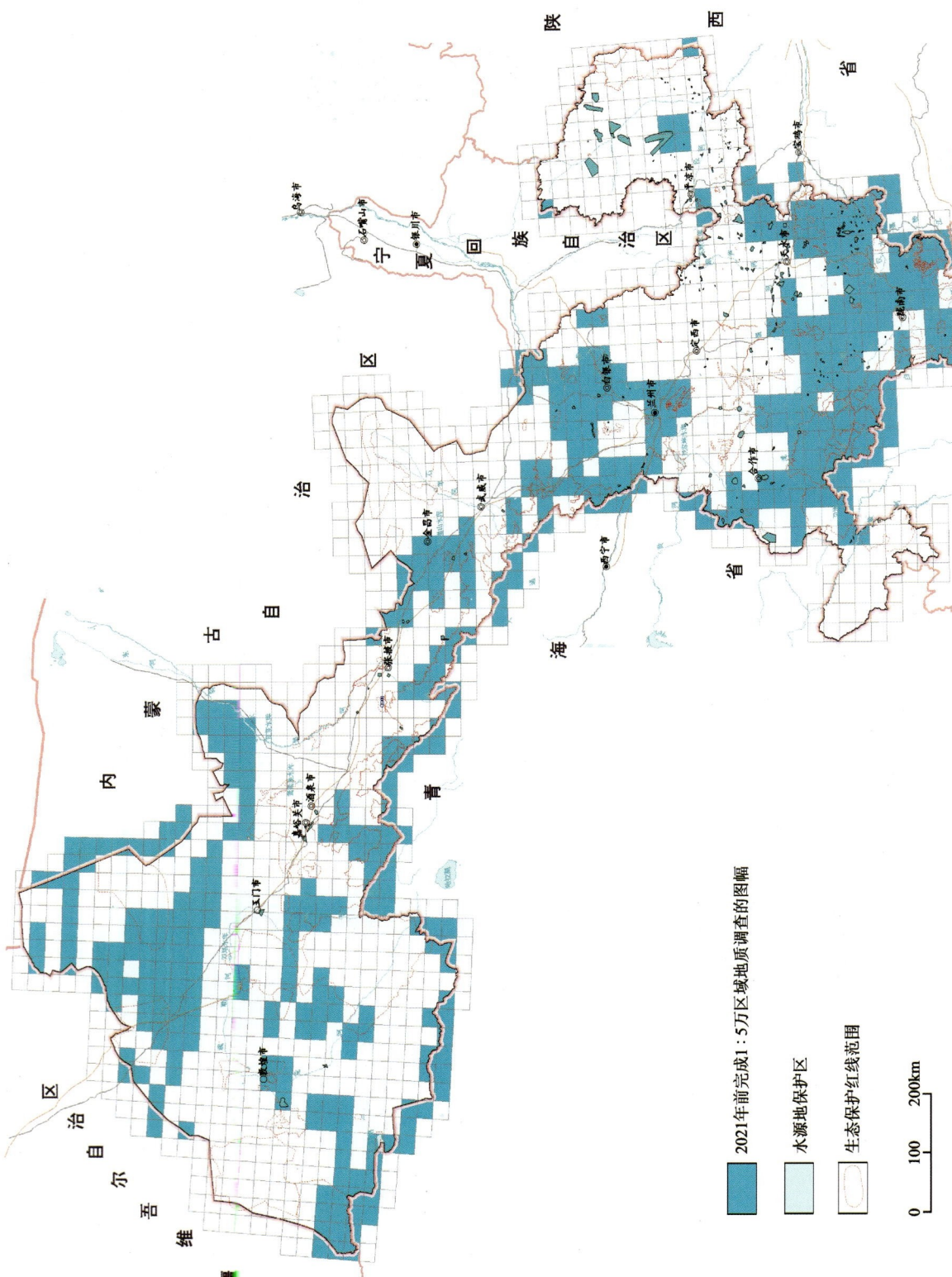

图 2-2 甘肃省 1∶5 万区域地质调查工作程度图

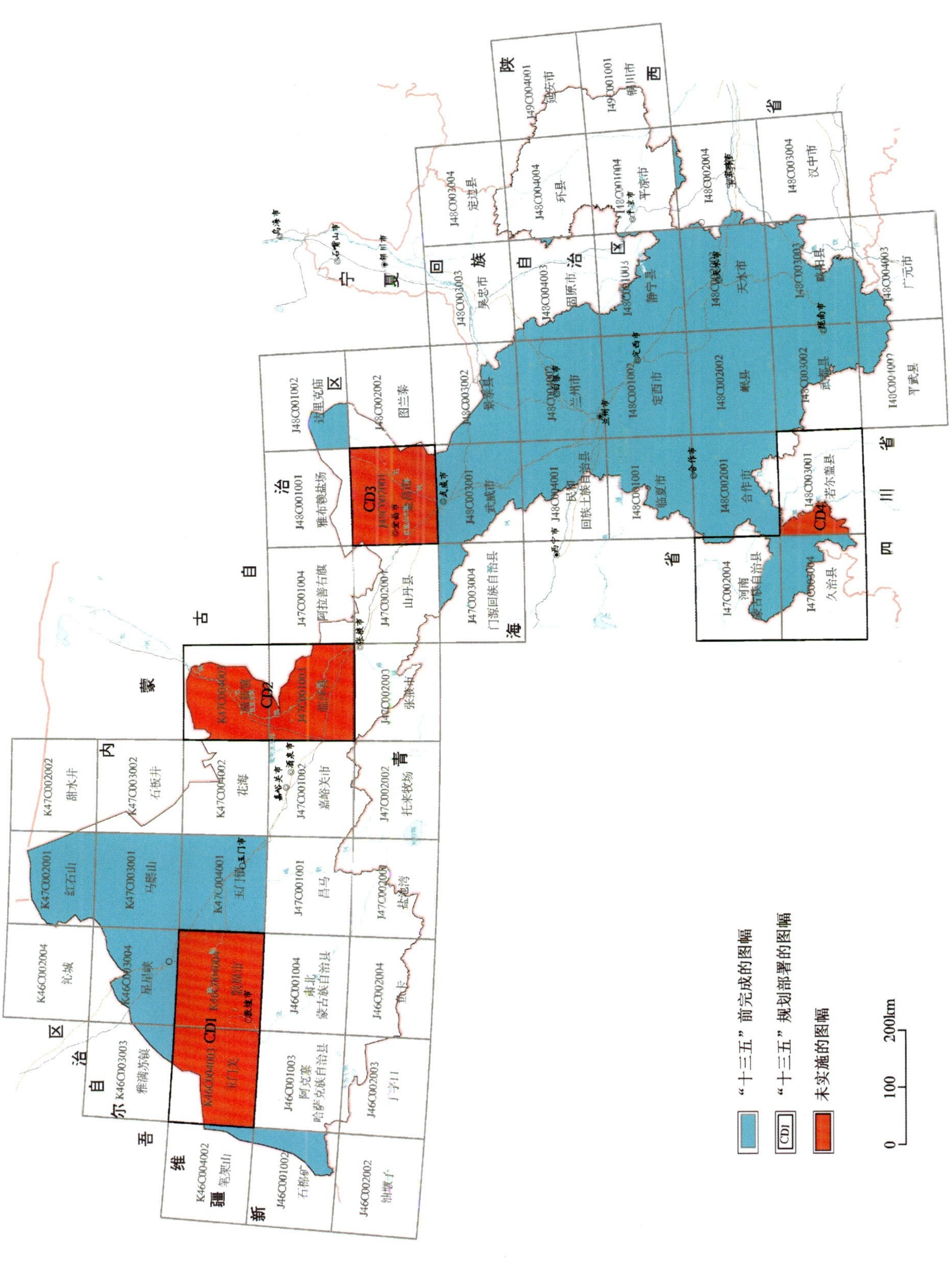

图 2-3 甘肃省1:25万区域地质调查工作程度图

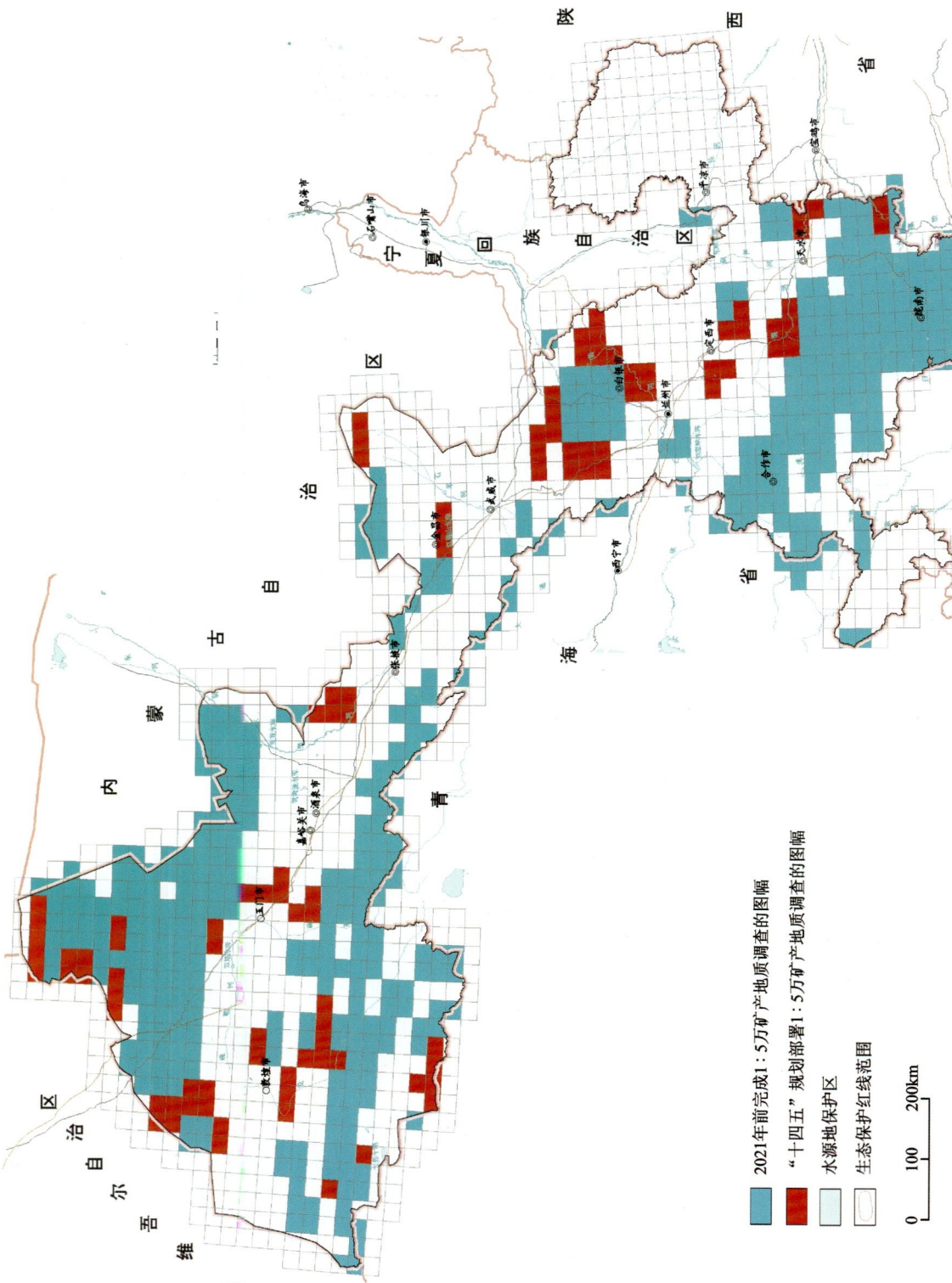

图 2-4 甘肃省 1:5 万矿产地质调查工作程度图

甘肃省境内,新一轮区域重力调查和编图所用资料阐述如下。

(1)石油工业部地球物理勘探局于1983—1986年间,在甘肃省西部和中部,如敦煌-安西、阿克塞-玉门镇、潮水-民乐、武威-巴彦浩特、临洮-民和诸盆地和邻区腾格里沙漠开展1:20万第二轮石油重力普查。其资料基本符合"规定"中"五统一"要求,只是中间层密度取$2.3×10^3 kg/m^3$,地改半径为10 km,与区重规范不符,未利用编图。

(2)1987—1989年,地质矿产部第二综合物探大队对包括甘肃省西部境内和相邻的内蒙古自治区西部、新疆东部约38.5万km^2范围内进行1:100万区域重力调查,该项调查执行区重规定"五统一"要求,布格异常总精度实达$0.45×10^{-5}m/s^2$。1993—1994年,完成甘青交界祁连山西段和西秦岭西段高山区1:100万区域重力调查,填补了该区区重工作的空白。

(3)1985—1991年,甘肃省地质矿产勘查开发局(简称甘肃省地矿局)物探队历时7年在甘肃省东部和西秦岭地区约10万km^2范围内开展了1:50万~1:100万区域重力调查,执行区重规定,属波斯坦系统,后统一改算为1985国家重力基准网,布格重力异常精度实达$1.35×10^{-5}m/s^2$。该队于1986—1987年又完成了白银厂铜、多金属矿田外围1:2万区重调查,面积约7000km^2,布格重力异常总精度实达$0.49×10^{-5}m/s^2$。

(4)青海省地质矿产勘查开发局物探队于1986—1990年,完成99°以东35°20′以北青海东部及相邻甘肃省部分地区1:100万区域重力调查,覆盖了祁连山中段,采用1985国家重力基准网,布格重力异常总精度达$1.6×10^{-5}m/s^2$。

(5)宁夏回族自治区地质矿产勘查开发局物探队于1981—1987年,完成包括与甘肃省相邻地区1:20万区重调查8个图幅,执行区重规定,属波斯坦系统。

(6)长庆油田勘探局于1970—1974年,完成陕甘宁盆地西南部石油重力详查,比例尺1:10万,中间层改正密度用$2.3×10^3 kg/m^3$,其他如高程系统坐标系统、正常重力公式均符合区重规定,该项重力工作精度较高,各项改正经区重中心改算后,此资料已被利用。

(7)1991—1995年,甘肃省地矿局物探队在甘肃北山地区,小西弓-华窑山、马鬃山、方山口、花牛山、明水、红石山、红柳园等图幅范围开展1:20万区域重力调查,执行区重规范,属1985国家重力基准网。

(8)甘肃省地矿局物探队于1996—1998年,将区域重力工作主要布置在甘肃省境内的几个主要成矿带上,完成金昌铜镍矿外围的河西堡图幅、兰州以东白银外围扩大补测区与东邻庄浪蛟龙掌多金属成矿带,以及甘南金成矿带的碌曲幅1:20万重力调查。甘肃省境内仅景泰附近(相当于一个1:10万图幅的范围)和兰州-梁坪间(相当于一个1:5万图幅的范围)区域重力空白区。

(9)甘肃省地质调查院于2000—2005年,完成了祁连山西段及阿尔金山6幅图1:20万区域重力调查。

(10)陕西省地质调查院于2000—2005年,完成了陇南的成县幅、康县幅1:20万区域重力调查,面积共13 615km^2。

甘肃省的1:20万区域重力工作截至2021年底,全省完成1:20万区域重力约19个图幅,总面积达115 000km^2,今后还有近48个1:20万图幅尚需开展工作,工作面积约为280 000km^2,详见图2-5及表2-1。

二、航空磁测

甘肃省的航磁测量工作以不同比例尺基本覆盖了全省,1:100万航磁测量基本全省覆盖。区域上从西往东,航磁测量的飞行时间、比例尺都有所不同,测量比例尺有1:5万、1:10万、1:20万、1:50万、1:100万等多种。在区域上大概分甘肃省北山成矿带、龙首山一带、兰州以东及西秦岭一带、秦岭西段武都—略阳地区等飞行区域。

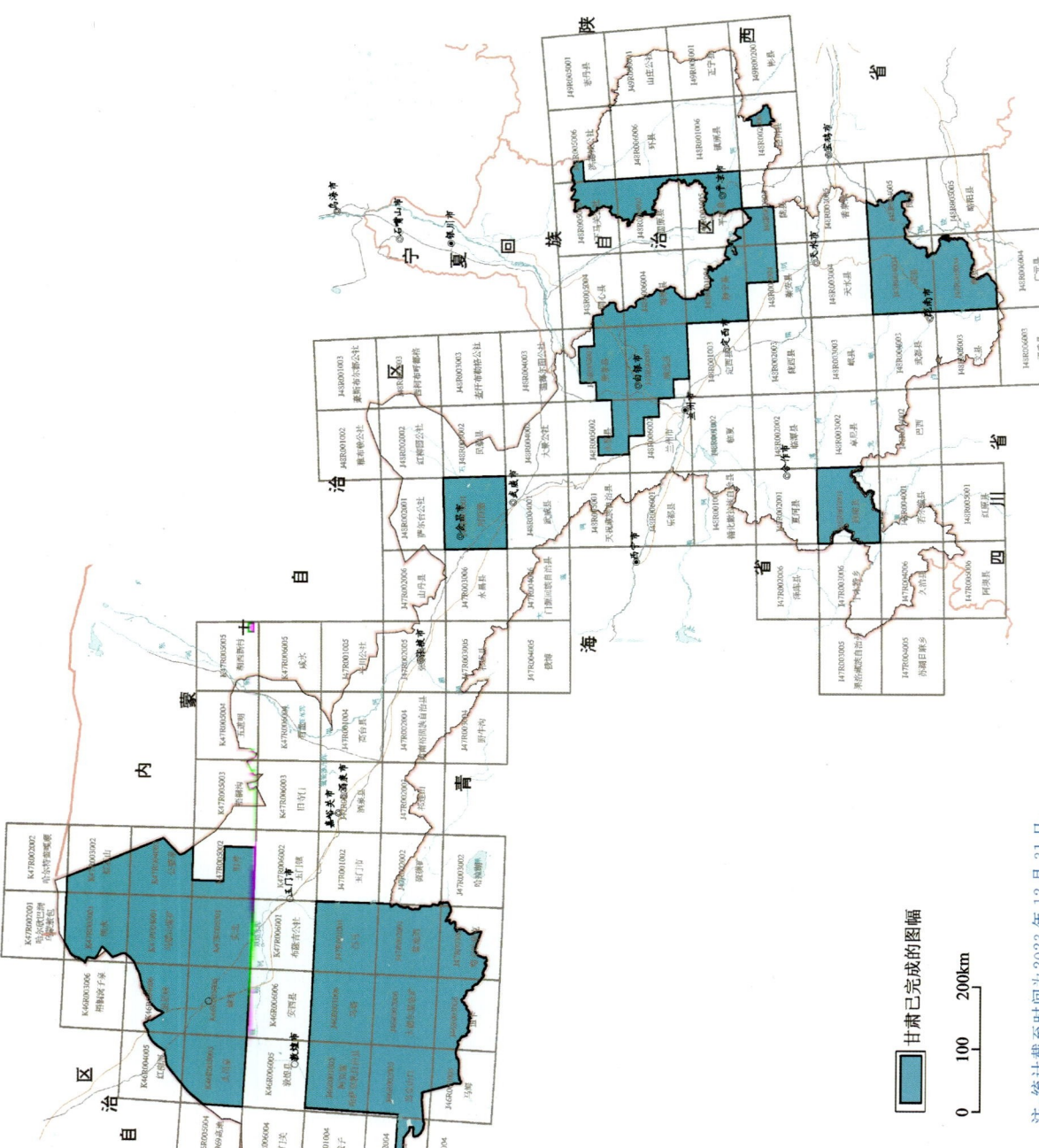

图 2-5 重力工作程度图

表2-1　1∶20万区域重力工作完成的图幅

序号	图幅名称	图幅编号	完成面积/km²	工作年度/年	完成单位
1	明水	K-47-(13)	6560	1995	甘肃省地矿局物探队
2	红石山	K-47-(14)	3280	1995	
3	沙泉子	K-46-(23)	1640	1994	
4	星星峡	K-46-(24)	5740	1992	
5	牛圈子	K-46-(19)	6560	1992	
6	公婆泉	K-46-(20)	3280	1995	
7	方山口	K-46-(29)	6560	1994	
8	红柳园	K-46-(30)	6560	1994	
9	安北	K-47-(25)	6560	1993	
10	后红泉	K-47-(26)	4920	1993	
11	肃北	J-46-(5)	6640	2002	甘肃省地质调查院
12	别盖	J-46-(6)	6640	2001	
13	昌马	J-47-(1)	6640	2000	
14	当金山口	J-46-(11)	6640	2003	
15	月牙湖	J-46-(11)	6640	2004	
16	盐池湾	J-47-(7)	6640	2005	
17	河西堡	J-48-(13)	6720	1998	甘肃省地矿局物探队
18	景泰	J-48-(27)	2 883.48	1990	
19	靖远	J-48-(33)	3 323.65	1990	
20	定西市	I-48-(3)	1 252.76	1990	
21	秦安	I-48-(10)	1 684.62	1991	
22	陇县	I-48-(11)	2 529.46	1991	
23	碌曲	I-48-(13)	6840	1996	
24	黑鹰山幅	K-47-(14)	3280	2001	内蒙古自治区地质调查院
25	石板井幅	K-46-(20)	3280	2002	
26	同心	J-48-(28)	6840	1981—1987	宁夏回族自治区地质调查院
27	下马关	J-48-(29)	6840	1981—1987	
28	海原	J-48-(34)	6840	1981—1987	
29	固原	J-48-(35)	6840	1981—1987	
30	静宁	I-48-(4)	6840	1981—1987	
31	平凉	I-48-(5)	6840	1981—1987	
32	成县	I-48-(22)	6840	2000—2005	陕西省地质调查院
33	碧口	I-48-(28)	6840	2000—2005	

(1) 1983年地质矿产部航空物探总队完成罗布泊-阿拉善1∶100万构造航磁,面积56万km^2,其范围包括甘肃省北山和走廊地区以及相邻区的新疆东部与内蒙古自治区西部,飞行相对高度150~500m,测量均方差±4nT,采用1980年正常磁场。

(2) 1983年地质矿产部航空物探总队还完成了祁连山区1∶100万构造航磁,填补了祁连山航磁空白,面积24万km^2,测量均方差±4.9nT,采用1970年正常磁场。

(3) 1958年地质矿产部航空物探总队在鄂尔多斯进行了1∶100万构造航磁测量,测量均方差±15.2nT,采用1950年正常磁场。以上述构造航磁为基础,局部地段补充60—70年代金属矿产航磁资料,由地质矿产部航空物探总队于1984—1986年编制我国西北地区(E108°以西、N36°以北至国界)1∶100万航空磁力异常ΔTa剖面平面图和等值线平面图各一套,已正式出版。

(4) 在甘肃省东南部即36°以南地区,从1958—1983年共进行金属矿产航磁9次,基本属于第一代低精度航磁,并且有些前期工作又被后期工作重复,观测精度与飞行高度仍不统一,实地联系误差亦较大。

(5) 地质矿产部航空物探总队于1979年在上述资料的基础上,曾统一改算编制了1∶100万航空磁力异常ΔT平面图。

(6) 1992年地质矿产部航空物探总队又根据秦巴地区编图的要求,重新编绘秦巴1∶50万、1∶100万航磁图,其范围仅限于甘肃省N35°30′以南、E102°以东部分地区。

(7) 2013—2015年,"甘肃省北祁连山—龙首山地区1∶5万航空物探调查"项目利用直升机与固定翼飞机的优势互补,克服了祁连山高海拔、复杂地形的物探飞行困难,填补了该区高精度、高质量、大比例尺航磁、航放基础数据资料的空白,并提取了有效的航磁、航放异常信息,揭示了该区磁场和伽马能谱场的分布特征。依据航磁、航放、遥感资料,结合地面工作成果、区域地质及其他物化探资料,系统研究了工作区断裂构造体系、岩性分布及构造单元划分,补充和深化了基础地质研究。特别是对工作区华北地台与祁连褶皱系一级构造单元界线的确定,以及新推断的北东向数条大断裂和近东西向的大型走滑断裂,对工作区构造背景及成矿体系均有新的认识。新圈定的基性、超基性岩及火山岩,为本区与之相关的矿产勘查提供了找矿信息。

(8) 2015—2017年,"甘肃礼县—陕西宝鸡地区1∶5万航空物探调查"项目首次在工作区以直升机为测量平台,开展1∶5万航磁、航放综合测量,克服了秦岭山区高海拔、地形切割剧烈的飞行困难,获取了高精度、高质量的航空物探基础数据资料,揭示了区内航磁场和航空伽马能谱场的分布特征,填补了工作区大比例尺、高精度航磁、航放测量工作的空白,为全面评价该区放射性矿产资源、环境放射性本底提供了宝贵的基础资料。

(9) 2010—2012年,"新疆东天山东南缘1∶5万航磁调查"和"甘肃敦煌—玉门地区1∶5万航空物探调查"项目完成高精度航磁、航放测量,取得系列地质成果。

(10) 2015—2017年,"敦煌—阿克塞地区航磁调查"项目以直升机为测量平台在敦煌—阿克塞地区开展大比例尺的航磁调查,获取了高质量的航磁数据资料,揭示了区内航空磁场的分布特征。

截至1999年,甘肃省1∶5万航空磁测工作基本实现了国土面积全覆盖。2000年后,中国地质调查局自然资源航空物探遥感中心先后在北山、秦岭、龙首山地区开展了新一轮1∶5万航空磁测。截至2020年底,新一轮1∶5万航空磁测完成调查面积35.43万km^2,占全省国土面积的83.26%(图2-6)。

三、化探

1. 1∶20万区域地球化学测量

甘肃省的1∶20万区域化探工作始于1980年,基本与全国同步,已完成可扫面积共计36万km^2(图2-7)。涉及83个1∶20万图幅,提交地球化学说明书51份。共发现各类综合元素异常1761个,已

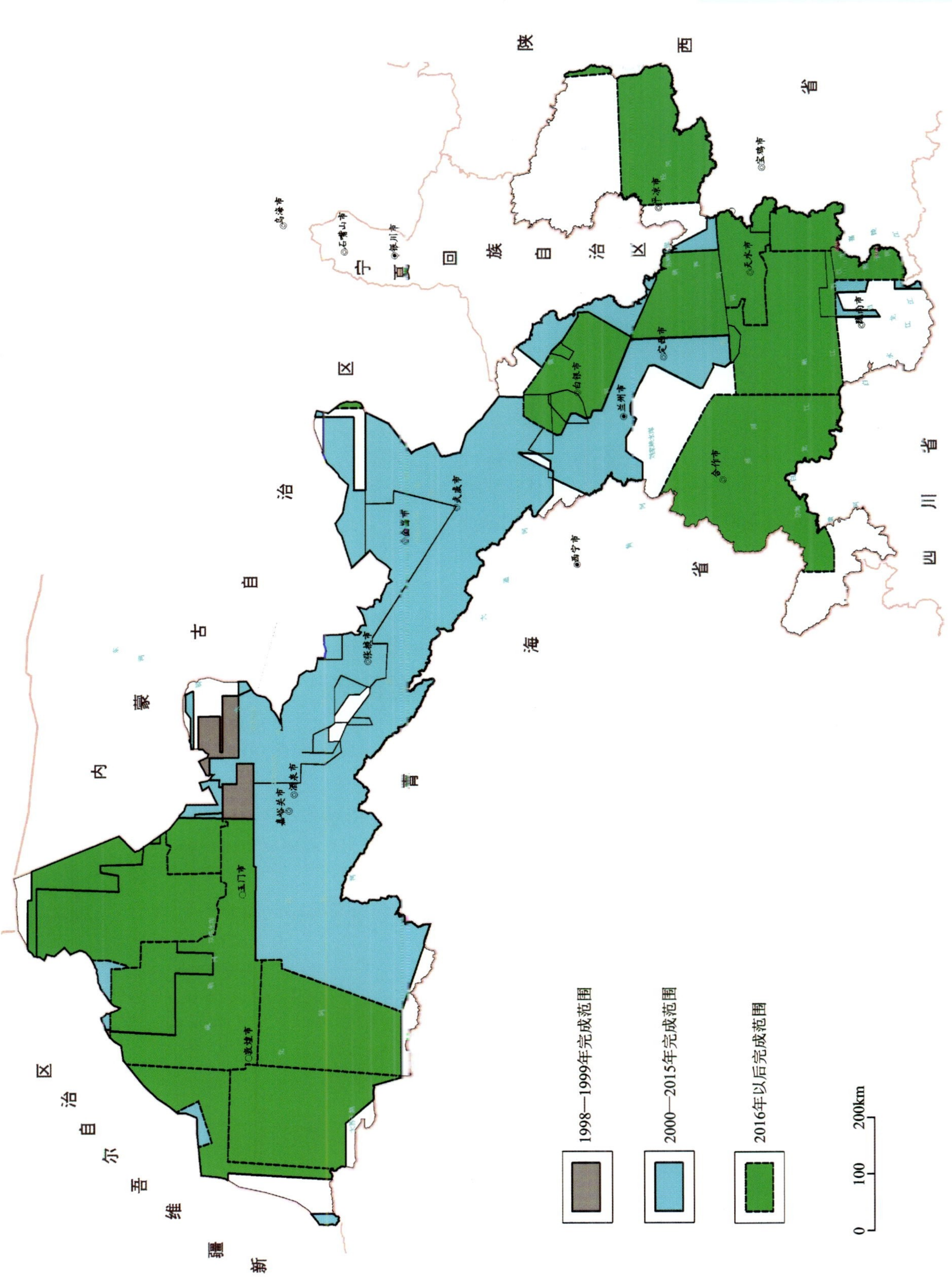

图 2-6 甘肃省 1:5 万航空磁测工作程度图

查证异常（包括三级、二级和一级查证）约850个。至2003年底，通过化探异常查证共发现各类矿产地约120个，其中大型矿床6个、中型矿床16个、小型矿床45个、矿点51个。具有较大规模和一定影响的矿床有大水、拉尔玛、鹿儿坝、石鸡坝、大桥、黑刺沟、南金山、马庄山、小西弓、刀扎河坝、忠曲、枣子沟、西安河、花崖沟、坪定、太阳寺、赛日欠等大中型金（银）矿，以及代家庄铅锌矿、雪坪沟、玉山、小柳沟钨矿、明锡山锡砷矿，花黑滩、新月山钼矿，大青山铜矿等有色金属矿。

2. 1∶5万区域地球化学测量

1980年以来，甘肃省地矿局所属单位在各成矿带开展了不同比例尺、不同介质的化探工作。

1999—2006年实施国土资源大调查以来，甘肃省地质调查院在北山地区、北祁连地区、西秦岭地区的主要成矿带开展1∶5万水系沉积物测量23 338km²（图2-8），发现了一大批地球化学异常，积累了宝贵的找矿资料。

3. 研究现状

1988—1989年，甘肃省地矿局完成了甘肃西秦岭地区1∶50万地球化学编图及综合研究，提交了38种元素地球化学图、单元素异常图、组合元素异常图、地球化学分区图、综合异常图及综合研究报告。

1990—1992年，地质矿产部完成了秦岭大巴山地区1∶50万地球化学编图，提交了39种元素地球化学图（色块图）、地球化学分区图、综合异常图和说明书。

1991—1993年，甘肃省地矿局完成了甘肃省北山北带火山岩型金矿床地质-地球化学找矿模型研究，提出了该地区此类型金矿的地质-地球化学找矿模型，预测了找矿远景区。

1991—1995年，中国地质大学（武汉）与甘肃省地矿局化探队完成了甘肃省南部碧口群分布区区域化探异常筛选、查证方法研究，提出"以异常形成机制为基础的系统分析方法"进行区化异常筛选评价，圈出4个铜矿预测区，7个金矿预测区。

1995—1996年，甘肃省地矿局完成了甘肃省祁连山西段地球化学编图，提交了39种元素地球化学图及说明书。

2001—2002年，甘肃省地质调查院提交了《我国中西部地区地球化学块体内矿产资源潜力预测成果报告（甘肃部分）》，对甘肃省Au、Ag、Cu、Pb、Zn、Hg、Sb、W、Mo、Cr、Ni、Co、Sn、U等14元素提交了1∶100万地球化学块体图及资源潜力预测。

2002—2003年，甘肃省地矿局开展了甘肃省1∶100万地球化学编图，提交了甘肃省39种元素地球化学图等系列图件及说明书。

四、遥感工作

甘肃省的遥感地质工作始于20世纪60年代，主要是运用黑白航片进行基础地质填图，直到80年代完成全省的1∶20万地质填图，黑白航片被普遍使用（图2-9）。

从70年代开始，甘肃遥感地质中心将TM资料应用于北山1∶5万区调、河西走廊水资源评价和白银市、兰州市环境地质调查等不同领域，取得了显著效果。

1984年，甘肃遥感地质中心应用自然彩色航片对花牛山和红山等5幅1∶5万地区进行地质矿产调查。

1987—1988年，冶金工业部天津地质研究院应用TM图像进行1∶5万～1∶20万地质解译。

1988—1989年，核工业北京地质研究院应用TM卫星图像和航磁、航空能谱测量进行了柳园—拾金坡地区金矿资源调查。

1987—1990年，中国有色金属甘肃地质勘查局地质研究所应用MSS和TM图像进行了柳园—老金厂地区金矿地质调查。

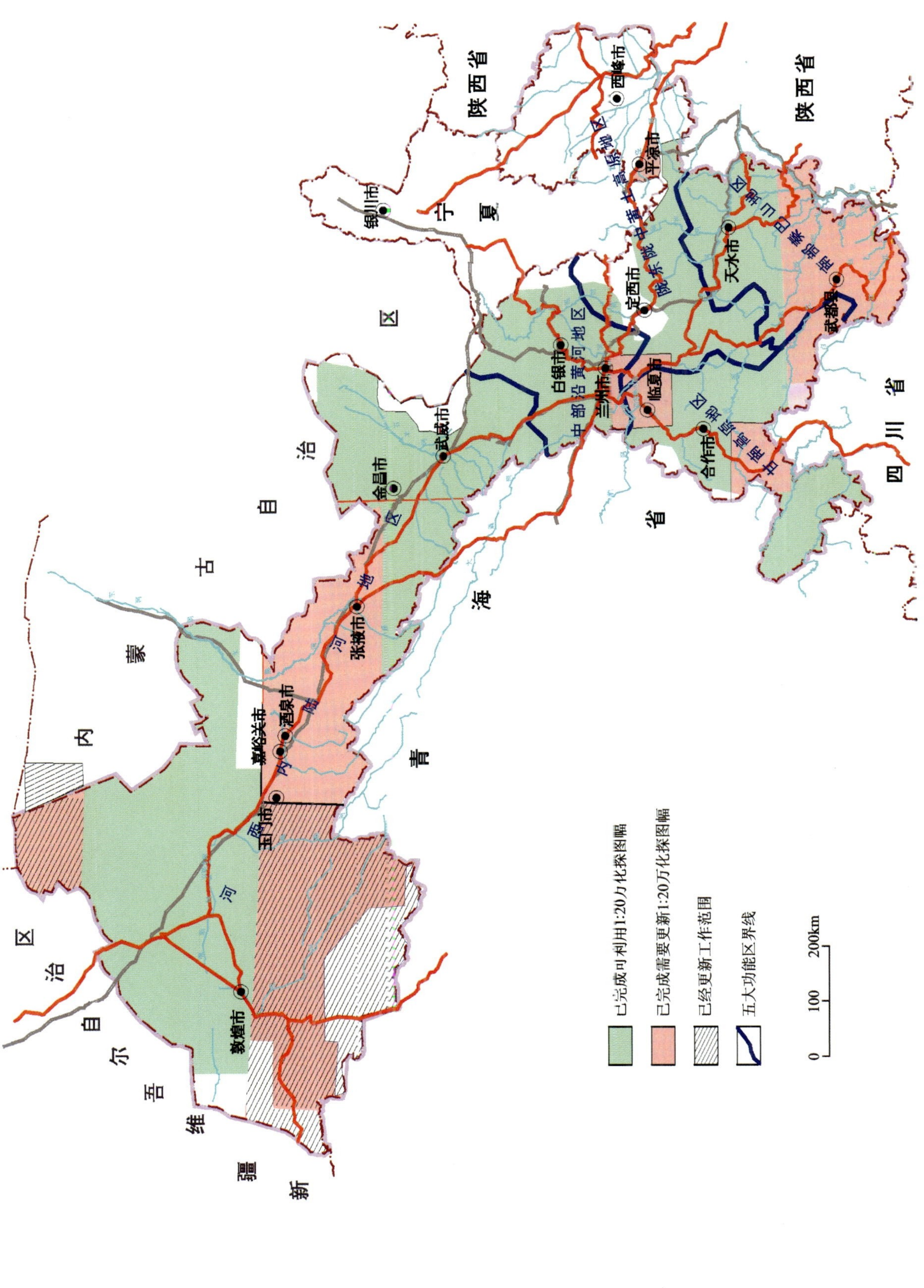

图 2-7 甘肃省 1:20 万区域化探工作程度图

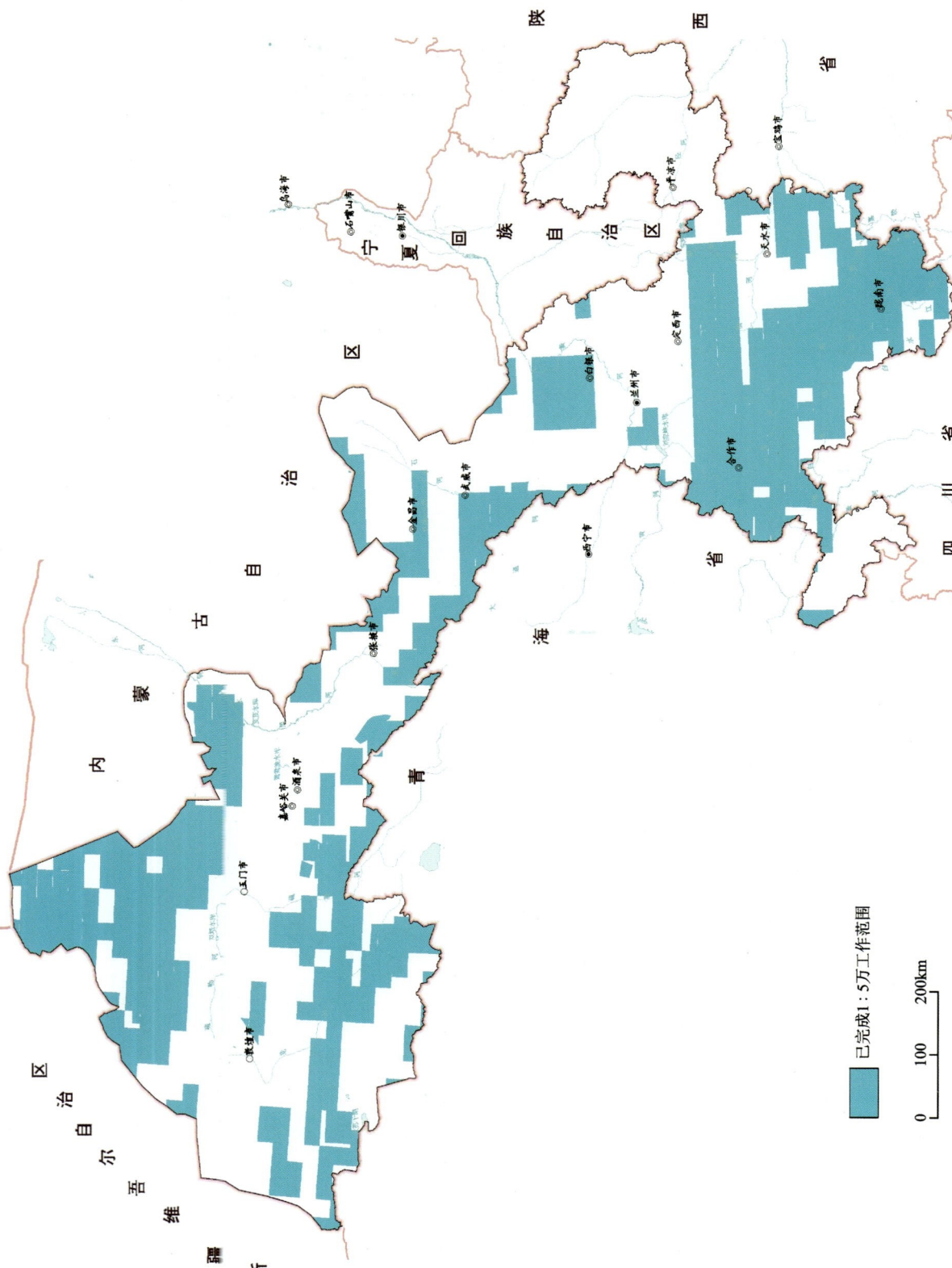

图2-8 甘肃省1:5万区域地球化学调查工作程度图

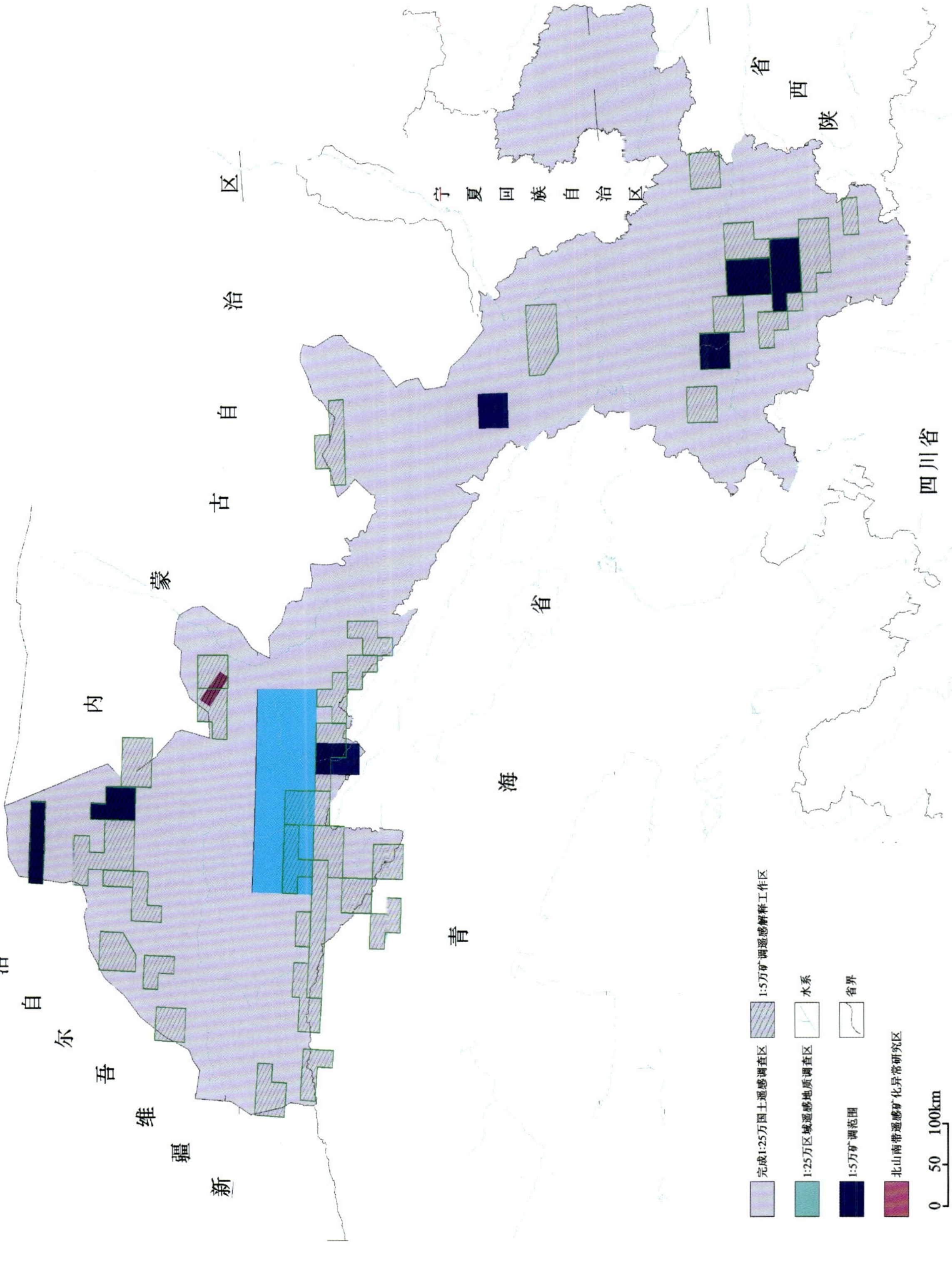

图 2-9 甘肃省遥感工作程度图

1988—1991年,核工业西北地质局二〇三所在北山南带进行了以找金(铀)为主的1∶5万遥感地质矿产调查,运用地面岩石波谱特征、TM遥感数据、航空彩红外摄影、红外细分光谱扫描等多源信息进行综合性遥感应用研究。

1997年甘肃遥感地质中心进行的"甘川陕相邻地区遥感地质解译"涉及了甘肃省南部成县-宕昌以南及碌曲大部分地区,该项目以TM数据为主,开展了地质构造解译,重点识别了区域性断裂构造和环形构造、岩浆岩、地层等地质内容,编制了《甘川陕相邻地区遥感地质图》。

1998—2001年,甘肃省地矿局进行了"甘肃省北山地区遥感地质编图"。

1999—2002年,甘肃省地质调查院承担的"甘肃省祁连山西段昌马幅、酒泉幅1∶25万遥感地质调查"项目对祁连山西段的地质矿产、生态环境、农业等以遥感为手段进行了详细调查,为该区的可持续发展提供了参考资料。

1999—2002年,甘肃省地质调查院承担的"甘肃省国土资源遥感综合调查"是近年来在甘肃省开展的较系统、全面的遥感综合调查项目,以1∶25万TM遥感图像为基础,对甘肃省的矿产(金铜铅锌、煤炭、油气)、土地、森林、水资源、滑坡、泥石流及旅游资源等进行了全面解译和调研,为今后的遥感解译工作打下了坚实基础。

从2004年开始的"战略性矿产远景调查"项目,遍及甘肃省各重要成矿区带,矿化蚀变信息和重要成矿构造、蚀变岩等要素的识别成为主导。上述项目的实施和取得的重要成果为本次项目的实施提供了示范与经验。

五、自然重砂工作

1. 1∶20万自然重砂测量

甘肃省1∶20万区域自然重砂测量工作始于20世纪50年代末期,至1984年结束。该项工作伴随1∶20万区域地质调查及1∶20万化探测量工作近于同步进行,涉及80余个1∶20万图幅,采集了大量重砂样品,成为自然重砂数据库建设的数据源。区域自然重砂资料提供了百余种重矿物的空间分布信息,在全省共发现圈定了重砂异常400余处。该成果在甘肃省矿产资源勘查方面发挥了一定的作用,在成矿远景区的划分上也显现出良好的应用潜力。

2. 1∶5万自然重砂测量

甘肃省1∶5万区域自然重砂测量工作始于1975年,至2006年已完成217幅。1∶5万自然重砂工作一般在长度大于500m的二、三级沟谷中进行,点距一般为500m,样品密度一般为3～4个/km²。用上点多坑法取样,取样深度一般为0.1～0.4m,原始质量25kg。

3. 研究现状

在1∶20万区域地质调查中形成的区域自然重砂异常最重要的用途是通过不同查证程度达到地质找矿的目的。异常查证是利用重砂成果结合地质构造、矿化特征及各种找矿标志等因素圈定的异常进行进一步工作,以寻找重矿物质来源。在甘肃省400余处异常中,对其中40余处异常进行了查证工作,指出了异常存在的地质意义及找矿线索。

20世纪80年代在北山南带和中带局部地区开展了20余幅1∶5万区调工作,同时进行了自然重砂测量工作,1∶5万重砂工作主要布置于前人1∶20万重砂异常区,目的是缩小找矿靶区,为摸清局部重砂矿物的分布特征奠定基础。

1995—1996年,甘肃省地矿局酒泉地质矿产调查队对甘肃省北山地区(甘肃省境内)7.3万km²范围内开展了1∶20万区划工作,提交了《甘肃省北山金铜(镍)矿成矿带成矿远景区划报告》。较系统地收集了本区已有的地质调查、矿产勘查、科研、物化探、重砂资料,并进行了综合分析研究;划分出Ⅳ级成矿带28个、Ⅴ级成矿带40个;预测全区金矿资源量251t、铜资源量212万t、镍资源量34.8万t。这份报告也成为甘肃省可查询到的唯一一份可供参考的较全面总结甘肃省利用自然重砂资料进行分析研究及矿产预测的报告。

"地质大调查"项目开展以来,对自然重砂开展的工作主要有:

(1)2001年,"甘肃北祁连西段铜多金属资源评价"项目中石油河—黑大坂一带钨矿评价:工作目的为扩大矿体规模,缩小找矿靶区,在石油河钨矿区及外围布置1:2.5万重砂面积测量(30km²)。工作区位于石油河花岗闪长岩岩株的内外接触带上,工作区东西长7km,南北宽5km,面积30km²。区内共采集样品179个,平均6个/km²。

从统计结果来看,区内见矿率及含量最高的矿物为白钨矿,其次为钼族、铅族和黑钨矿,伴生有益矿物有锡石、泡铋矿、黄铜矿、磁铁矿等。大多数样品含硬锰矿、萤石、重晶石等指示矿物。

对重砂高值点进行溯源追索,结果在面积约0.4km²的黑云母二长花岗岩岩枝的外接触带的变粒岩中新发现了5条钨矿(化)体。

(2)2003年,《甘肃省金塔县老虎山一带铅锌钨异常查证工作地质报告》中开展1:5万自然重砂工作(面积40km²),采集了200件样品。

测区内的重矿物做简项鉴定,主要做白钨矿、自然金、铅矿物、锡石、自然铂等矿物的鉴定,在老虎山测区所分析的重矿物除自然铂未发现外,其余均有发现;在穿山驯测区所分析的重矿物除自然铑和自然金未发现外,其余均有发现。对具有找矿意义的3种矿物(白钨矿、锡石、钼铅矿)编制了重砂成果图,对老虎山测区中有自然金重砂的采样点进行了复查。

(3)2004年,"甘肃土达坂—掉石沟一带铅锌多金属资源评价"项目完成了1:5万自然重砂测量400km²,其中在四十里井北1:5万自然重砂测量效果明显。

测区位于四十里井北1:20万重砂异常中,该异常面积约50km²,近东西向展布,异常分布于酸性岩体与前长城系接触部位,具有良好的成矿地质条件。本次工作共采自然重砂样235个,圈出白钨矿自然重砂异常4个。

(4)2007—2013年,"甘肃省矿产资源潜力评价"项目完成了甘肃省自然重砂综合研究和编图工作。矿产资源潜力评价工作以甘肃省1:20万自然重砂测量资料及甘肃省1:20万自然重砂数据库数据为主,个别矿产预测工作区内结合了1:5万自然重砂资料及数据。

第三节 矿产勘查及成矿规律研究

一、矿产勘查

甘肃省石墨矿资源量相对丰富,其矿产勘查工作大致可分为3个阶段。

第一阶段:1958—2000年期间,这一阶段是社会主义初期建设阶段,需要各种矿产资源为社会主义建设服务,甘肃省的地质工作任务是以寻找黑色金属、有色金属和能源矿产为主,因此,地质勘查工作得到较多重视,在甘肃省内发现和勘探了白银铜矿、金川铜镍矿和镜铁山铁矿等。晶质石墨矿的普查勘探工作较少,具体如下。

1942年,经济部中央地质调查所王曰伦、何春荪在甘肃省会宁县罐子峡发现了石墨。2017年甘肃省煤炭地质勘查院在会宁县罐子峡—静宁县白土岔一带进行了石墨矿调查,认为石墨为石炭系羊虎沟组含煤岩层,通过接触热变质叠加动力变质作用而形成,属微晶石墨,固定碳品位2.54%～7.27%,达不到工业要求。

1958—1960年,甘肃省地质局花牛山地质队、602地质队、新疆维吾尔自治区地质局第六大队、新疆冶金局七〇四队、八一钢厂、中国冶金地质总局西北局五队等单位在瓜州县(原安西县)红柳河西—水沟子一带陆续进行过Fe、Mn、Co、石墨等矿产评价工作,但石墨矿工作程度较低。

1972年,甘肃省地质局第二区域测量队在检查拉排沟铜镍矿点时发现了拉排沟晶质石墨矿,并大致了解了其分布范围、成矿地质条件、赋存规律。

1975年,甘肃省地质局区测一队在进行1∶20万西渠幅区测时发现民勤唐家鄂博山石墨矿。1989—1993年,甘肃省地质局第六地质队对唐家鄂博山石墨矿开展了普查、详查和局部勘探工作,提交了《甘肃省民勤县唐家鄂博山石墨矿区地质普查报告》(1990年)、《甘肃省民勤县唐家鄂博山石墨矿地质详查报告》(1991年)、《甘肃省民勤县唐家鄂博山石墨矿①号矿体47-55线地质勘探报告》(1993年),矿床规模达到大型。

1987年,甘肃省地矿局酒泉地质矿产调查队对红柳河西—水沟子一带石墨矿开展地质普查评价工作。圈出石墨矿体17个,提交《甘肃省安西县红柳河西-水沟子石墨矿、肃北蒙古族自治县拉排沟石墨矿化超基性岩体普查评价报告》,提交矿石储量57 406.55t,其中C级矿石储量15 463.95t,基本满足地方开采要求。

20世纪90年代初,在酒泉市肃北蒙古族自治县掉石沟一带开展铅锌矿普查时,也发现了晶质石墨矿,当时未对该矿种进行系统勘查,仅依靠少量工程估算晶质石墨矿物资源量36万余吨。

第二阶段:2001—2015年期间,随着改革开放的推进,我国经济发展进入快车道,对大宗矿产的需求不断扩大。在国土资源大调查工作的部署下,以寻找贵金属和有色金属为主要任务,通过开展1∶20万、1∶5万区域化探扫面和1∶5万矿产远景调查工作,对贵金属和有色金属开展了调查评价工作,使得贵金属和有色金属勘查取得了长足的进步,但对石墨的勘查相对较少,具体如下。

2012年,中国建筑材料工业地质勘查中心甘肃总队对临泽县榆树河、穿心河两个矿区海泡石矿分别进行了普查工作,对两矿内的共生石墨矿同时进行了评价,其中榆树河矿区提交(333+334?)资源量2 829.99t;穿心河矿区提交(333+334?)资源量890.57t。

2012—2013年,中国建筑材料工业地质勘查中心甘肃总队对天水市开展了非金属矿调查工作,发现了麦积区花庙一带石墨矿点,提交(334?)资源量27.3万t。

第三阶段:2016年至今,随着国务院批复的原国土资源部部署的《全国矿产资源规划(2016—2020年)》将24种矿产包括晶质石墨矿列入战略性矿产目录,甘肃省加大了晶质石墨勘查投入,取得了较好的找矿成果,具体如下。

2014—2016年,中国建筑材料工业地质勘查中心甘肃总队对肃北蒙古族自治县白石头沟石墨矿进行了预查工作,提交(334?)资源量112.22万t。

2015—2016年,甘肃省地矿局水文地质工程地质勘察院对肃北蒙古族自治县拉排沟晶质石墨矿进行了普查,勘查区探获(333+334?)矿石量17.54万t,晶质石墨矿物量0.64万t,固定碳平均品位3.65%。

2016—2017年,甘肃省地质调查院对天水市麦积区花庙子晶质石墨矿进行了普查,由于外部环境问题,经向甘肃省地矿局及地勘基金中心申请批准后,项目提前终止。

2016—2017年,中国建筑材料工业地质勘查中心甘肃总队对肃北蒙古族自治县鹰咀山一带进行了调查工作,在掉石沟地区发现了敖包山晶质石墨矿,提交(334?)资源量293.07万t;在白台沟地区发现了红柳峡晶质石墨矿,提交(334?)资源量112.00万t。

2017年,中国建筑材料工业地质勘查中心甘肃总队对瓜州县狼山口石墨矿开展了普查工作,最终认为该区石墨矿体一般为透镜状或条带状,厚度及延伸较小,均为小型矿体,固定碳整体含量中等,石墨片径较小,小片径石墨含量大于90%,石墨矿石质量一般。

2016—2019年,甘肃省地矿局第四地质矿产勘查院先后对肃北蒙古族自治县鹰咀山一带的敖包山、白台沟、大水峡北、大案盆沟、红柳峡、白台沟东等石墨矿进行了普查地质工作,经过勘查资源量估算均达到大型规模。

2018年，甘肃省地质调查院在实施"甘肃省阿克塞哈萨克族自治县柳城子—红柳沟石棉矿地区1∶5万矿产远景调查"项目时发现了豺狼沟大鳞片石墨矿，矿石中石墨片度0.147mm（+100目）以上的占比约89%，0.175mm（+80目）以上的大鳞片占比约83%，0.287mm（+50目）以上的特大鳞片占比达69%。2019—2023年，甘肃省地质调查院开始了两期的普查工作，提交了一个大型晶质石墨矿。

2018—2019年，甘肃省地矿局第三地质矿产勘查院先后对敦煌市东五一沟、浪柴沟晶质石墨矿进行了普查地质工作，经过勘查资源量估算均达到大型规模。

二、区域成矿规律研究

20世纪60年代初至70年代末，甘肃省开展了1∶20万区域地质调查工作，对所发现的各种矿产进行成矿规律研究，只是研究范围仅限于图幅范围内。70年代以后，依据各自不同目的任务与要求，甘肃省陆续开展了全省性的专题研究、综合整理和总结工作。在综合研究全省矿产普查勘探成果资料的基础上，对区域成矿地质特征和矿产分布规律作了研究与探讨，大大提高了全省地质矿产研究程度，为地质科学研究和矿产普查勘探及有关部门提供了丰富的基础资料。较重要的有：编制出版了1∶100万甘肃省构造体系与铁、铜、磷、铬矿分布规律图等图件及说明书，编制了各主要矿种的区划，编制了1∶50万、1∶100万矿产图及说明书；2007—2013年开展了"甘肃省矿产资源潜力评价"工作，提高了全省地质矿产研究程度；在此基础上，编写了"甘肃省区域矿产总结"，编制了1∶100万甘肃省矿产图、1∶100万甘肃省黑色金属矿产、有色及贵金属矿产、非金属矿产、燃料矿产、稀有稀散放射性矿产等矿产分布规律图，对几十年来甘肃省地矿工作成果进行了一次系统总结。

第四节 矿产预测评价

甘肃省几乎没有进行针对晶质石墨矿的成矿远景预测工作。20世纪80—90年代，为加快社会主义经济建设，地质工作重点转移到经济效益较好的矿种，主要是贵金属、有色金属和黑色金属成矿远景区划。90年代之后的二轮成矿区划工作主要是针对贵金属和有色金属，基本未涉及非金属矿种。2007—2013年开展的"甘肃省矿产资源潜力评价"工作，对甘肃省23个矿种的资源潜力进行了预测，但未对石墨矿进行预测。

第五节 开发利用现状

根据查询资料和调研情况，目前甘肃省开采石墨的矿山有：酒泉金元泉矿业有限责任公司肃北蒙古族自治县白石头沟石墨矿、民勤唐家鄂博山石墨矿、甘肃仟盛电缆桥架制造有限公司肃北蒙古族自治县西蒙赫勒石墨矿（拉排沟石墨矿）。目前仅酒泉金元泉矿业有限责任公司肃北蒙古族自治县白石头沟石墨矿生产，根据调研对各采矿权及生产情况简要介绍如下。

1. 酒泉金元泉矿业有限责任公司肃北蒙古族自治县白石头沟石墨矿

该矿位于肃北蒙古族自治县石包城乡鱼儿红村，采矿证有效期：2017年2月28日—2027年2月28日，采矿许可证面积：0.833 1km²，开采方式：露天开采，主要开采矿种为石墨，属于区域变质成矿，类型为变质型。矿山开拓方式为公路开拓，采用选矿工艺为浮选。

据 2020 年甘肃省自然资源厅在酒泉金元泉矿业调研数据,公司晶质石墨产品价格 2 800～3 000 元/t (不含运费),主要销往山东,运费 600～800 元/t。这个价格已经比非洲矿山的晶质石墨进口到港价格高出一倍,企业处于亏损停产状态。2022 年项目对酒泉金元泉矿业有限责任公司进行了调研,据公司相关人员介绍,项目已完成了升级改造,复产后生产石墨精粉 12 803.55t,实现销售收入 2 979.52 万元。2023 年 5 月,项目组成员了解到:2023 年 3 月,公司落实"三抓三促"要求,按照肃北蒙古族自治县安全环保要求开始复工复产,第一季度生产 20 天,生产石墨精粉 500～600t;第二季度生产约 3 000t 石墨精粉;预计可年产 15 000t 高品位石墨精粉,实现销售收入 4.5 亿元,但公司不能提供盈利情况。

另据甘肃省自然资源厅相关调研,矿山企业近五年生产情况:2018 年产量 10 985.02t,售价 2 277.38 元/t,销售收入 1 408.09 万元,上缴资源税 4.56 万元;2019 年产量 27 272.44t,售价 2 452.75 元/t,销售收入 5 529.24 万元,上缴资源税 14.17 万元,其他税 2.24 万元;2020 年产量 13 243.3t,售价 2 176.93 元/t,销售收入 3 776.45 万元,上缴资源税 49.15 万元,其他税 3.5 万元;2021 年产量 1 370.78t,售价 2 039.43 元/t,销售收入 279.56 万元,上缴资源税 7.56 万元,其他税 0.26 万元;2022 年产量 12 803.55t,售价 2 880.46 元/t,销售收入 2 979.52 万元,上缴资源税 88.8 万元,其他税 10.44 万元。矿产品主要销往广东、山东、浙江、河南等地。矿山企业回采率平均达到 95.38%,贫化率平均 7%,损失率平均 5%,选矿回收率平均 86%。

2. 民勤唐家鄂博山石墨矿

民勤唐家鄂博山石墨矿位于民勤县城北、民左公路 94km 东侧处,共发现 6 个矿体,固定碳含量平均 9.11%,石墨矿石量 1 009.5 万 t。该石墨矿属沉积变质型。石墨片径大于 0.351mm 者占 4.17%,0.175～0.351mm 者占 31.24%,0.175～0.104mm 者占 37.04%,0.104～0.074mm 者占 18.13%,小于 0.074mm 者占 9.42%。

2005 年将民勤唐家鄂博山石墨矿采矿权有偿配置给太西煤集团民勤实业有限公司,2016 年申请将矿山名称变更为甘肃睿博石墨新材料有限公司唐家鄂博山石墨矿,开采矿种为石墨,设计生产规模为 0.6 万 t/年。矿山 2011 年开始筹建,至 2016 年 5 月因公司资金困难矿山暂停建设。2022 年 8 月与甘肃中鑫钱盾矿业科技有限公司达成共识,签署合作协议共同投资开发建设 3 万 t/年石墨采选项目,计划 2023 年 8 月建成投产。但因设计产能超过采矿许可证产能,项目建设工作只能暂缓,目前正在对采矿许可证设计产能进行变更。

3. 甘肃仟盛电缆桥架制造有限公司肃北蒙古族自治县西蒙赫勒石墨矿

该矿位于肃北蒙古族自治县党城湾镇,采矿权有效期:2020 年 4 月 20 日—2025 年 4 月 20 日,采矿许可证面积:1.738 2km²,开采方式:露天/地下开采,主要开采矿种为石墨。该矿 2020 年 4 月 20 日取得采矿许可证,由于该矿正在进行矿石的选矿实验,未能正式投产生产,矿山一直处于停产状态。

第三章
地质矿产概况

第一节 成矿地质背景

一、地层

甘肃省位于青藏高原东北缘,地域狭长,呈北西向-南东向延伸,斜跨北山、祁连和秦岭山系,具有多种类型的沉积建造和复杂的沉积相,不同地区的地层独具特色。以野马街-马鬃山断裂、阿尔金断裂、龙首山断裂、碧口-勉略断裂为界,甘肃省分属天山-兴蒙地层大区、华北地层大区、塔里木地层大区、秦祁昆地层大区、西藏-三江地层大区。

地层除太古宇外,其他时代地层均有分布。三叠系及其以前地层以海相为主,兼有活动型、稳定型和过渡型沉积,其后皆为陆相。元古宇组成变质结晶基底,变质年龄1949Ma。中—新元古界在北山及龙首山为陆源碎屑岩及碳酸盐岩,具盖层属性;北祁连区为浊积岩及基性火山岩组合,具洋壳及弧后洋盆沉积特征;震旦系均有冰碛层。下古生界在塔里木地层大区寒武系—志留系为被动陆缘沉积;祁连分区寒武系—奥陶系为巨厚的中基性火山岩及细碧-角斑岩系,志留系为浊积岩;鄂尔多斯地层区为稳定的碳酸盐岩,属陆表海环境产物。上古生界在北山地层分区发育齐全,下石炭统具大洋拉斑玄武岩及硅质岩组合;罗雅楚山-柳园地层分区上石炭统—下二叠统为双峰式火山岩组合;北祁连分区泥盆系为磨拉石建造,石炭系—二叠系以海陆交互相含煤沉积为主;秦岭地层区的上古生界最发育,为过渡型及稳定型碎屑岩、碳酸盐岩。北祁连小区及其以北地区的三叠系为陆相,中祁连分区以南均为过渡型浅海相沉积,西秦岭、积石山为主要发育区,属特提斯型生物区系。侏罗纪以后,省内无海相地层。第四系以冰川、荒漠砂、砾及黄土沉积为特征。甘肃省地层划分具体见图3-1,表3-1。

(一)天山-兴蒙地层大区与塔里木地层大区

1. 新太古代—古元古代地层

新太古代—古元古代敦煌杂岩ArPtD,主体为一套高绿片岩相—低角闪岩相强变形强混合岩化表壳岩夹TTG岩系,构成基底岩系。岩石类型以结晶片岩、石英岩、大理岩、片麻岩、斜长角闪岩等为主。时代为新太古代—古元古代,通过变质变形、同位素等分析认为,长山子、盐池东等地属太古宙古陆核。

长城系分为古硐井群和铅炉子沟群,由低绿片岩相变质细碎屑岩-中基性火山岩组成,形成于大陆坡-浅海环境,属活动-准活动类型沉积。古硐井群由浅变质细碎屑岩夹大理岩组成,局部伴随中酸性火山岩,具低绿片岩相变质;铅炉子沟群下部以变质火山碎屑岩、中性—基性火山岩夹变质碎屑岩及泥质岩为主,上部以浅变质的细碎屑岩和泥质岩为主,具韵律构造。蓟县系—青白口系统称为圆藻山群,由浅海-滨海环境碳酸盐岩、碎屑岩不等厚互层组成,自下而上分为平头山组、野马街组和大豁落山组。平头山组为一套浅变质台地相碳酸盐岩建造;野马街组以杂色—灰色细碎屑岩为主;大豁落山组主要为白云岩、灰岩夹大理岩,以暴露带沉积与叠层石礁碳酸盐岩沉积为特点。

震旦系洗肠井群由冰碛岩、杂色页岩、板岩及碳酸盐岩组成,局部夹中基性火山岩,横向变化明显,相序随地而异。

2. 早古生代地层

早古生代地层组成较为复杂。牛圈子蛇绿岩带以北,寒武系有破城山组,分布零星,仅见于破城山北侧,以深灰色—黄褐色碎屑岩夹硅质岩、灰岩扁豆体为主;志留系为公婆泉群,主要分布于公婆泉铜矿外围和窑洞努如北,总体以中酸性火山碎屑岩为主,夹少量基性—中基性熔岩、火山碎屑沉积岩类,属与俯冲有关的岛弧火山岩。

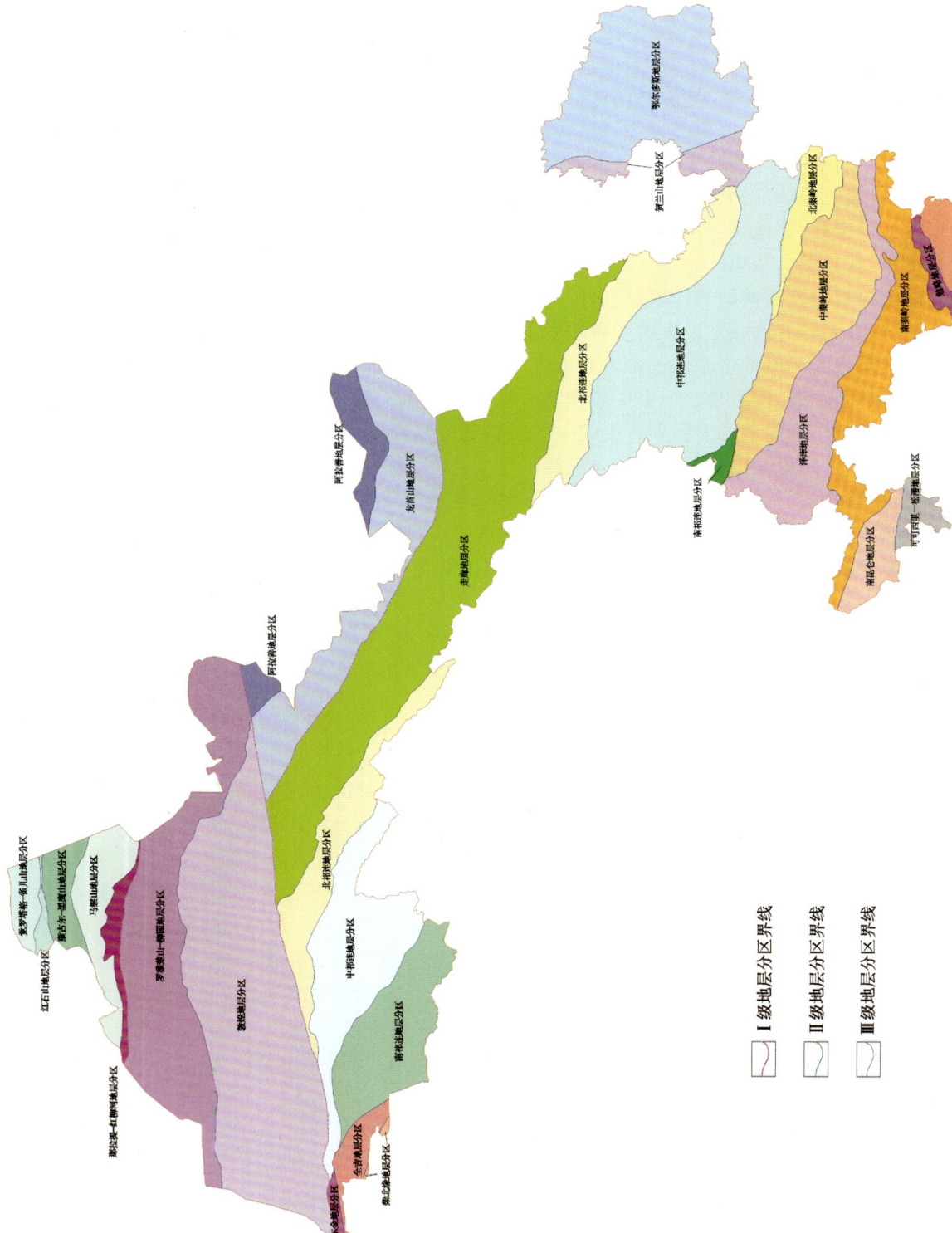

图3-1 甘肃省地层区划示意图

表 3-1 甘肃省岩石地层区划表

地层大区	地层区	地层分区
天山-兴蒙地层大区	额济纳-北山地层区	觉罗塔格-雀儿山地层分区
		康古尔-黑鹰山地层分区
		红石地层分区
		马鬃山地层分区
	那拉提-红柳河地层区	那拉提-红柳河地层分区
塔里木地层大区	敦煌地层区	罗雅楚山-柳园地层分区
		敦煌地层分区
华北地层大区	鄂尔多斯地层区	鄂尔多斯地层分区
		贺兰山地层分区
	阿拉善地层区	阿拉善地层分区
		龙首山地层分区
秦祁昆地层大区	北祁连地层区	走廊地层分区
		北祁连地层分区
	中—南祁地层区	中祁连地层分区
		南祁连地层分区
	全吉地层区	全吉地层分区
	阿尔金地层区	阿尔金地层分区
	柴北缘地层区	柴北缘地层分区
	南昆仑地层区	南昆仑地层分区
	秦岭地层区	北秦岭地层分区
		中秦岭地层分区
		泽库地层分区
		南秦岭地层分区
		勉略地层分区
西藏-三江地层大区	巴颜喀拉地层区	摩天岭地层分区
		可可西里-松潘地层分区

牛圈子蛇绿岩带位于南罗雅楚山—双鹰山一带,寒武纪有双鹰山组和西双鹰山组。双鹰山组由黑色泥硅质板岩、千枚岩、含磷结核硅质岩和生物灰岩等组成;西双鹰山组由黑色硅质岩和薄层臭灰岩组合,下部常含磷、钒、铀矿产,含三叶虫、小型腕足类及单板类化石,形成于陆棚浅海-次深海非补偿性海盆。奥陶系由罗雅楚山组、锡林柯博组、白云山组组成,由富含笔石及少量腕足类化石、沉积韵律明显的碎屑岩-火山岩序列组成,夹碳酸盐岩,下部以细碎屑岩为主,中部以黑色硅质岩夹泥灰岩及砂岩透镜体为特点,上部为粗碎屑岩及碳酸盐岩组合。

罗雅楚山-双鹰山以南五峰山、花牛山、长流水一带,奥陶系有花牛山群断续分布,由陆源碎屑岩—碳硅质岩—碳酸盐岩序列组成,形成于陆缘斜坡-次深水环境,韧性变形较强。音凹峡南小草湖一带见志留纪变火山岩,由基性和酸性火山岩组成。

3. 晚古生代地层

泥盆系：南部红柳园—金塔一带，有三个井组、墩墩山群，总体为滨海-河湖相杂色粗碎屑岩-陆相中基性火山岩序列，属内陆山间磨拉石-火山盆地沉积，三个井组为碎屑岩夹中性—酸性火山岩偶夹碳酸盐岩组合，墩墩山群底部为巨砾岩，主体为中性—酸性火山熔岩及火山碎屑岩。北部红石山—雀儿山一带为雀儿山群，由中基性—酸性火山岩夹碎屑岩及灰岩组成，属活动型滨浅海环境。

石炭系：南部红柳园—金塔一带，早期有红柳园组、石板井组—干泉组，晚期为芨芨台子组，主要由海相陆源碎屑岩、火山碎屑岩、火山岩熔岩不等厚相间组成，晚期夹有碳酸盐岩，属裂谷型新生盆地沉积。马鬃山以北石炭系大面积分布，下石炭统绿条山组为一套浅海相碎屑岩组合；白山组下部以巨厚的中酸性火山岩夹大理岩为主，上部以板岩、千枚岩夹硅质岩为主，属活动型浅海环境，时代为早石炭世晚期；扫子山组为浅变质碎屑岩系夹硅质岩、玄武岩、安山岩组合，形成于洋盆拉张环境，时代属早石炭世晚期—晚石炭世早期。

二叠系：红柳园—金塔一带由双堡塘组、金塔组、方山口组组成。双堡塘组以海相碎屑岩为主，夹灰岩扁豆体；金塔组由玄武岩、火山角砾岩、碎屑岩及少量灰岩透镜体组成，含浅海相腕足类和菊石化石；方山口组主体为中酸性火山岩和少量基性火山岩，夹有碎屑岩和粉砂质灰岩，底部有复成分砾岩，生物群具混生特点，以安加拉植物群分子为主，形成环境属河流相-扇三角洲相。马鬃山北东见少量与上述组合相当的地层出露。

4. 中—新生代地层

北山的中生代地层均为山间陆相盆地沉积。三叠系二断井组、珊瑚井组由山麓相紫红色砂砾岩-河流沼泽相杂砂岩、粉砂岩组成。侏罗系芨芨沟组、水西沟组、头屯河组均为河湖相含煤碎屑岩建造，不同的盆地其颜色、沉积序列略有差异。白垩系有赤金堡组、新民堡群（下沟组、中沟组），由紫红色、灰绿色、深灰色山麓-河湖相碎屑岩、含煤碎屑岩、蒸发岩组成，含热河动物群。

新近系苦泉组以红色粉砂质泥岩和泥质粉砂岩为主，夹砂岩及石膏薄层，为炎热气候条件下的湖相沉积。

第四系广泛分布于山间盆地和山间谷地等低洼地带，包括山前和山间冲、洪积砂砾，山谷、河床冲积砂卵石，以及风积砂、土等。

（二）华北地层大区

甘肃省仅涉及该区的西部。阿拉善—龙首山地区以发育前寒武纪地层为主要特征；鄂尔多斯及其西南缘—陇东地区以显生宙地层为主。

1. 鄂尔多斯地层区

太古宙—古元古代桑干杂岩仅见于华池县钻孔内，为黑云斜长片麻岩。该杂岩在宁夏回族自治区为片麻岩、片岩、混合岩，属角闪岩相变质。

中—新元古代地层仅见于华亭市马峡口，称贺兰山群，由浅变质碎屑岩和碳酸盐岩组成，下分黄旗口组和王全口组。

寒武系—中奥陶统主要由碳酸盐岩夹泥质岩组成，含锰、碳、铀、磷质页岩，包含雨台山组、马家沟组、姜家湾组等9个地层单位，形成于陆棚滨-浅海-近海盆地，以鄂尔多斯盆地为中心，以中奥陶统马家沟组沉积范围最广、坳陷幅度最大。中—晚奥陶世大部分地区隆升成陆。

晚石炭世—侏罗纪为海陆交互相-陆相沉积，为华北区主要成煤、成油时期。自下而上依次为：太原组铅锌铝质泥质岩-含煤碎屑岩夹不稳定灰岩组合；山西组、石盒子组含煤碎屑岩组合；石千峰群含石膏紫红色碎屑岩组合；崆峒山组、二马营组、延长组含煤、含油碎屑岩组合；富县组含油碎屑岩组合；延安组、直罗组、安定组含煤、含油碎屑岩组合；芬芳河组紫红色碎屑岩组合。

白垩系仅有早期沉积。保安群（洛河组、环河组、罗汉洞组、泾川组）、六盘山群（三桥组、和尚铺组、李洼峡组、马东山组）均由山麓-山间盆地-河流相杂色碎屑岩组成，六盘山群局部出现石膏和油页岩，沉积有向西迁移趋势。

新近系称干河沟组，为灰色砂砾岩、石英砂岩、砂质泥岩，局部含石膏或泥灰岩，属山间盆地沉积。第四系有水成黄土、分成黄土、洪积扇、冲积砂、砾、黏土等堆积。

2. 阿拉善地层区

太古宇—古元古界有龙首山岩群，由各类片麻岩、透辉石大理岩、磁铅锌石英岩、云母片岩、变粒岩等组成，具高绿片岩相—低角闪岩相变质，变形强烈。金川含铜镍超基性岩体赋存于其中。

蓟县纪墩子沟群出露在韩母山北侧之墩子沟一带，为一套长英质粗碎屑岩、硅质灰岩及千枚岩组合，属滨-浅海相碎屑岩夹碳酸盐岩建造，具低绿片岩相变质。

震旦纪韩母山群包括烧火筒沟组与草大坂组，出露在韩母山—墩子沟一带，为一套下部冰成岩类，上部以碳酸盐岩为主，具轻微变质的地层序列。

该区缺失古生代地层。至中生代侏罗纪始出现陆相含煤建造，共有5个地层单位：芨芨沟组、龙凤山组、新河组、沙枣河组、享堂组，均为山间湖盆沉积。白垩系庙沟组为碎屑岩夹泥灰岩组合，金刚泉组为粉砂质泥岩、粉砂岩夹中粗砂岩，均为山麓-湖泊相沉积。

（三）秦祁昆地层大区

1. 祁连地层区及全吉、阿尔金、柴北缘地层区

祁连地层区及全吉、阿尔金、柴北缘地层区位于甘肃省中部，西被阿尔金断裂所截，南、北均以断裂为界分别与秦岭区和华北区相邻，各时代地层较为发育。走廊地区以显生宙地层为主；北祁连地区以早古生代海洋盆地沉积为特征；中祁连地区主要由前震旦纪地层组成；南祁连地区及全吉、阿尔金、柴北缘地层区以发育海相二叠纪—三叠纪地层为特点。

1）太古宙—元古宙地层

古元古代—新太古代在祁连西段为北大河岩群，祁连东段为马衔山岩群。北大河岩群组成复杂，为一套低角闪岩相变质岩系，原岩属海相碎屑岩-火山岩-碳酸盐岩组合，局部夹条带状磁铅锌矿，碎屑岩具复理石沉积特征，火山岩属双峰式火山岩，具裂陷盆地沉积特征，为多金属含矿地层，如塔儿沟钨矿等。马衔山岩群主要由片麻岩、变粒岩、石英片岩、大理岩、斜长角闪（片）岩等变质岩类组成，角闪岩相—绿片岩相变质，原岩为火山岩-碎屑岩-碳酸盐岩组合，混合岩化普遍，内有变质侵入体。

中元古代地层在祁连西段有朱龙关群（熬油沟组、桦树沟组）、托莱南山群（南白水河组、花儿地组）。朱龙关群主要由变质中、基性火山岩-泥碎屑岩夹大理岩组成，具复理石沉积特征，含铅锌、铜矿产，形成于陆缘斜坡环境。托莱南山群为巨厚的碳酸盐岩和杂色碎屑岩，夹铅锌矿层，为铅锌、铜矿产的主要含矿地层，浅海相沉积，变质程度低绿片岩相。祁连东段的中元古代地层有葫芦河组、兴隆山群、高家湾组。葫芦河组由石英片岩、变质石英砂岩夹千枚岩组成，以普遍含钙为特征；兴隆山群由浅变质中基性火山岩、火山碎屑岩、碎屑岩、碳酸盐岩组成，变形强烈，变质达低绿片岩相；高家湾组为碳酸盐岩夹少量钙质千枚岩和板岩的地层序列。

新元古代地层的分布与中元古代地层一致。青白口系龚岔群（包括其他大坂组、五个山组、哈什哈尔组、窑洞沟组），为浅变质碎屑岩与碳酸盐岩建造，碎屑岩以紫红色、灰绿色为特征，含凝灰质、菱铅锌矿及多金属矿，含叠层石，形成于陆棚滨-浅海及局限台地环境。震旦纪地层称白杨沟群，由杂色板岩、砂岩、砾岩、碳酸盐岩组成，早期属陆缘冰成岩，晚期为陆棚浅海相。

2)早古生代地层

寒武系在北祁连下部以基性、中基性火山岩为主（黑茨沟组），形成大量的铜矿化点，上部为正常沉积碎屑岩（香毛山组），普遍认为形成于伸展型海洋盆地。在祁连走廊地区由成熟度低的杂色陆源碎屑岩、泥质岩不等厚互层组成（大黄山组），具复理石沉积特征，形成于陆缘浅海-斜坡环境。

奥陶纪地层组成比寒武纪地层复杂。①北祁连地区由火山岩夹硅质大理岩（阴沟群）-碎屑岩、薄—厚层灰岩夹中基性火山岩（中堡群）-碳酸盐岩（妖魔山组、南石门子组）-火山岩夹灰岩、硅质岩及碎屑岩（扣门子组）组成，形成于洋盆、岛弧、弧后盆地等沉积构造环境。北祁连寒武纪—奥陶纪地层是祁连地区以铜为主的多金属成矿带主要赋矿层位，如九个泉铜矿、寒山金矿等。②祁连走廊地区由酸性火山岩（车轮沟组）-碎屑岩、凝灰岩、灰岩（中堡组）-杂色泥质岩、碎屑岩夹含砾板岩、灰岩（天祝组、斯家沟组、斜壕组）组成，形成于陆缘浅海-斜坡环境。③南祁连中西段由基性和酸性火山岩（吾力沟群）-碎屑岩夹火山岩（盐池湾组）-中基性火山岩（多索曲组）组成，中祁连兰州一带雾宿山群与此组合相似，为具低绿片岩相变质的中基性火山岩夹正常沉积岩（粉砂岩、千枚岩、灰岩），形成于伸展型裂谷（陷）环境。

志留纪地层分布于南、北祁连，中祁连缺失。整体为浅海相碎屑岩沉积。北祁连分为肮脏沟组、泉脑沟山组和旱峡组，由陆源泥质岩、碎屑岩夹少量火山岩组成，有从绿色→杂色→紫红色的颜色变化，形成于滨浅海环境，下部局部含石膏，上部有含铜砂岩层位出现，如天鹿铜矿等。南祁连巴龙贡噶尔群为一套陆缘浅海环境碎屑岩夹火山岩沉积，具复理石沉积特征。

3)晚古生代—三叠纪地层

以中祁连为界，南、北祁连有所不同。北部发育较全，泥盆系为陆相，石炭系为海陆相，二叠系始为陆相；南部大部缺失泥盆系—石炭系沉积，二叠系—三叠系为海相-海陆相。

北祁连泥盆系老君山组为厚层砾岩、砂砾岩夹少量粉、细砂岩，局部夹中基性火山岩，沙流水组为砂岩夹泥岩、含砾粗砂岩，上部夹不稳定灰岩。均为山麓河湖相沉积，代表祁连加里东造山后山间磨拉石沉积。

石炭纪地层：在北祁连和走廊地区，由陆源碎屑岩夹碳酸盐岩（前黑山组、臭牛沟组）-含煤碎屑岩（羊虎沟组）组成，早期碎屑岩含石膏，形成于滨海潟湖-滨浅海环境，晚期形成于海陆过渡带。中、南祁连地区，由砂岩、砾岩、灰岩（阿木尼克组）-潟湖相含膏泥碎屑岩、白云岩、灰岩（党河南山群）-海陆相含煤碎屑岩（羊虎沟组）组成。石炭纪祁连近海盆地主要分布于北祁连—走廊地区，中、南祁连为隆起剥蚀区，因此大部缺失石炭系沉积。

二叠纪—三叠纪地层：北祁连和走廊地区为内陆盆地陆相沉积，窑沟群（红泉组、大泉组；五佛寺组、丁家窑组）由杂色泥质岩、碎屑岩不等厚相间组成，大泉组出现安加拉植物群与华夏植物群混生；南营儿组杂色砂岩、粉砂岩、泥页岩夹煤线，局部夹油页岩。中、南祁连地区以海相沉积为主（巴音河群、诺音河群；郡子河群；默勒群），由杂色泥碎屑岩、灰岩夹互组成，构成两个大的海侵-海退沉积旋回，含丰富海相生物化石，巴音河群下部粗碎屑岩夹灰岩、上部页岩夹灰岩→诺音河群下部砂岩、中部砂页岩夹灰岩、上部页岩→郡子河群（下环仓组、江河组）下部砂岩、上部碎屑岩与灰岩互层→默勒群（阿塔寺组、尕勒得寺组）下部砂岩、上部粉砂岩和页岩夹碳质页岩。默勒群海陆相含煤碎屑岩的出现代表海水最终退出，全面转入陆相沉积。

4)中—新生代地层

侏罗纪—白垩纪地层以山间湖盆沉积为主，除河西走廊外，多为小型山间盆地。

下侏罗统由灰绿色、灰白色碎屑岩夹煤线或不稳定煤层组成（大西沟组、大山沟组、炭洞沟组、炭和里组），河西走廊夹数层玄武岩（芨芨沟组），包含有山麓洪积、扇前沼泽和河湖相沉积。中侏罗统下部以含煤碎屑岩为主，局部夹泥灰岩、油页岩、石膏（窑街组、龙凤山组、中间沟组、郎木寺组），上部以不含煤杂色碎屑岩为特征（新河组、红沟组），为河湖、湖沼相沉积。下侏罗统由紫红色碎屑岩组成（享堂组、博罗组），局部夹泥灰岩，形成于干旱炎热山麓河湖相。

白垩纪地层分布基本继承侏罗纪盆地，但范围有所扩大，多数缺失晚白垩世地层。下白垩统由山麓、河湖相杂色砾岩、砂砾岩、页岩、泥岩夹石膏,局部夹含油砂页岩等组成(赤金堡组、新民堡群、可口群)。晚白垩世地层仅在河西走廊盆地(马莲沟组)零星分布。白垩纪地层富含热河动物群化石,形成于干旱炎热环境,从其沉积厚度反映山脉处于快速隆升状态。

古近纪—新近纪地层分布大致继承白垩纪地层,范围有所扩大。普遍缺失古新世沉积,始新世—渐新世地层下部为紫红色砂砾岩,上部紫红色砂岩、泥岩夹石膏层(河西走廊盆地称火烧沟组—白杨河组,兰州盆地称西柳沟组—野狐城组)。新近纪由棕黄色、棕红色砂岩、泥岩、砾岩不等厚互层夹泥灰岩组成(甘肃群、疏勒河组)。第四系有水成黄土、风成黄土、洪积扇、冰碛砂石、冲洪积及冲积砂、砾、黄土等堆积。

2. 南昆仑地层区及秦岭地层区

该区在甘肃省位于西秦岭地区,北以宝鸡-天水韧性断裂与祁连地层区斜接,由于多期构造改造和大规模的位移,致使各地层单位之间多以断裂相接触,造成在具体划分对比上存在不同的认识。

1)北秦岭地层分区

甘肃省境内的北秦岭地层分区仅限于宝鸡-天水韧性断裂与武山关子镇断裂带中间。范围小,争议多,出露地层有限。

古元古界秦岭岩群,由泥质—长英质变质岩、变基性火山岩和碳酸盐岩3种基本变质岩石组成(片麻岩类、大理岩类、石英片岩类),原岩为陆源碎屑岩、泥质岩夹碳酸盐岩、基性火山岩和少量酸性火山岩,达角闪岩相变质,混合岩化强烈,经历了多期变形和变质作用,深熔作用强烈,主体时代为古元古代。

中—新元古界宽坪岩群,位于秦岭岩群北侧,由绿片岩、斜长角闪(片)岩,石英片岩、片麻岩,石英大理岩、透辉石大理岩组成,原岩为火山岩-陆源碎屑岩-碳酸盐岩组合,经历绿片岩相—角闪岩相变质。

震旦系—奥陶系丹凤群分布于武山、天水关子镇、李子园一带,为一套陆内裂谷型火山-沉积建造。下部为变基性、中基性火山岩夹陆源碎屑岩和碳酸盐岩;中部为变酸性—中酸性火山岩夹碎屑岩及碳酸盐岩;上部为一套浅变质的陆源碎屑岩夹碳酸盐岩。变质程度为低绿片岩相—低角闪岩相。该群是北秦岭重要的含矿层位。如柴家庄金矿、东峪金矿及分水岭铅银矿等,非金属矿主要有大理岩矿床。依据所含古生物化石推断其主体时代为早古生代,目前争议不大,但由于受后期构造-岩浆的强烈改造不排除其内卷入有更新或更老地层的可能,故统归为新元古代—早古生代。

晚古生代地层零星分布。在天水有大草滩组,由杂色砂砾岩夹板岩组成,但是原地沉积或从中秦岭推覆而来尚未确定。

中—新生代地层发育不全,地层单位基本采用祁连或中南秦岭区的名称。

2)中秦岭及泽库地层分区

中秦岭及泽库地层分区以晚古生代地层为主。最老的为前泥盆系吴家山组。见于成县吴家山、礼县洮坪一带,主要岩性为黑云石英片岩、二云石英片岩、变砂岩夹大理岩。变质程度为高绿片岩相,变形强烈,1:5万区调认为属晚志留世,有1249Ma的同位素年龄,从而认为其属元古宙,是中秦岭及泽库地层分区的变质基底。见有含金石英脉和铅锌矿化。

泥盆纪地层主要为长石石英砂岩、粉砂岩呈韵律互层,夹灰岩、少数凝灰质砂岩,具复理石沉积特征。北部以舒家坝群为代表,下部为深海浊流沉积;上部为一套浅滨海相碎屑岩沉积,相关矿产有李坝金矿、花崖沟金矿等。南部吴家山陆岛周边以滨-浅海板岩和千枚岩、砂岩、粉砂岩为主夹较多灰岩(西汉水群,下分安家岔组、黄家沟组、红岭山组、双狼沟组),并构成以铅锌矿为主的含矿层,有厂坝大型铅锌矿等。大草滩组由海陆相杂色砂岩、砾岩、板岩组成,向上夹海相灰岩,普遍含铜矿化,局部有铜矿化点。

石炭系—二叠系由6个地层单位组成,自下而上为:杂色砂岩、页岩夹碎屑灰岩及少数安山岩、英安岩(巴都组)→灰岩夹泥质岩、碎屑岩(下加岭组)→砂岩、粉砂岩、砾岩互变夹薄煤层(东扎口组)→生物灰岩为主(大关山组)→碎屑岩与生物灰岩夹互层(石关组),向南二叠系由含碳酸盐岩砾石复成分细碎屑岩组成(十里墩组),构成一个自南向北的盆地-斜坡-盆地边缘沉积区。

早—中三叠世地层组成为碳酸盐岩-成熟低复陆屑泥质岩、碎屑岩夹灰岩(迭山组上部—隆务河群),构成滨海碳酸盐岩台地-斜坡深海泥碎屑流沉积结构。隆务河群是秦岭地区金、砷、汞、锑含矿岩系,有大水、石鸡坝等矿床。

侏罗纪地层为山间断陷(拉分)盆地陆相沉积,缺失上侏罗统沉积,岩性以砾岩及砂砾岩夹少量泥岩为主。有两种沉积组合:①杂色含煤泥质岩、碎屑岩组合(龙家沟),在徽成盆地局部夹油页岩,以河流-湖沼相为主;②火山岩组合(郎木寺组),以中基性为主,具钾玄岩类特征,晚期过渡为中酸性。

白垩纪地层分布范围较大,普遍缺失上白垩统沉积。沉积组合为杂色泥质岩、碎屑岩组合(东河群),下部巨厚砾岩,中部为泥岩、粉砂岩夹砾岩,上部偶夹煤线,其沉积相序为山麓→河湖→湖沼相。

新近纪地层由河湖相杂色砾岩、砂砾岩、砂泥质岩不等厚互层组成(甘肃群)。

3)南秦岭及勉略地层分区

甘肃省南秦岭及勉略地层分区地区地层分层最老的当属奥陶纪大堡组,呈推覆构造残片出露,主要为浅海相中基性火山岩、碎屑岩沉积。下部为中性火山凝灰岩,夹板岩;上部为灰色、灰黑色含碳质、硅质板岩、粉砂质板岩、粉砂岩夹中性凝灰岩。

志留系白龙江群(迭部组、舟曲组、卓吾阔组)为浅海还原条件下类复理石沉积。由黑色千枚岩、板岩、泥灰岩及白云岩等组成。硅泥岩建造中金、铀、铅锌、铜元素及铂钯等稀散元素明显富集,也是重要的含磷层位。

泥盆纪地层以迭部—舟曲一带所厘定5个岩石地层单位为代表,其序列组合自下而上为灰绿色、灰紫色碎屑岩夹灰岩(普通沟组)→白云岩夹灰岩(尕拉组)→砂岩、页岩夹灰岩(当多组)→灰岩夹砂、页岩(下吾拉组)→灰岩、白云岩(益哇沟组),下与志留系整合或平行不整合。具多组含磷及赤铅锌矿层,局部富集成矿,下吾那组是重要的产金层位。总体构成一个海侵沉积序列,形成于陆棚滨-浅海-次深海环境。徽成盆地以东由古道岭组、星红铺组、铅锌山组组成,岩石组合为灰岩、板岩、碎屑岩。矿产以汞、锑和金为主。

石炭纪—二叠纪地层由浅海相碳酸盐岩夹泥质岩、碎屑岩组成(尕海群、十里墩组、迭山组),其层序为灰岩夹细碎屑岩(岷河组)→碳酸盐岩(大关山组)→含碳碎屑岩夹砾状灰岩(十里墩组)→碳酸盐岩(迭山组)。主体形成于陆棚碳酸盐岩台地-台地边缘环境。在凝灰质、砂质板岩中发现有金矿赋存。

三叠纪地层属特提斯海沉积的组成部分,隆务河群以砂、板岩互层为主夹碳酸盐岩和砾岩,属浅海相类复理石及浊流沉积,是重要矿源层及容矿层,如大水、石鸡坝金矿等。中三叠世晚期隆升成陆,局部形成陆相山间火山盆地(华日组)。

侏罗纪—白垩纪及新近纪地层的层序、单位与中秦岭地层分区相同,均为山间盆地陆相沉积。

(四)西藏-三江地层大区的巴颜喀拉山地层区

西藏-三江地层大区的巴颜喀拉山地层区位于西秦岭南部,碧口-勉略断裂以南,东为摩天岭地层区。

1. 摩天岭地层分区

本区主要由太古宙—元古宙及晚古生代地层组成。

太古宙地层呈构造岩块,由斜长角闪岩、变粒岩、绿片岩、石英片岩等组成(鱼洞子岩群),经不同程度混合岩化,原岩以富铅锌钙碱性火山岩为主,共生有混合花岗岩,具花岗岩—绿岩带组成特征,斜长角闪岩年龄2657Ma(U-Pb)。

长城系—青白口系碧口岩群为浅变质强变形变质火山岩夹陆源碎屑、碳酸盐岩建造。其下部阳坝岩组以变中基性火山岩为主,夹变砂岩、石英岩、片岩,火山岩包含玄武岩、安山玄武岩、流纹岩、石英角斑岩、安山岩、英安岩及同源火山碎屑岩,上部秧田坝岩组以具浊流沉积的陆源碎屑岩、凝灰质碎屑岩为主。阳坝岩组为本区最重要的含火山岩型铜矿的层位。

南华纪—寒武纪地层与下伏青白口纪地层不整合接触,下部为冰碛砾岩、粉砂岩、砂砾质板岩(关家沟组);上部为碳硅质岩、白云岩、灰岩及少量砂岩、板岩,含钒、铀、磷及重晶石矿(临江组)。本区南华纪—震旦纪地层分布于碧口地块及周边,形成于台地、浅海、次深海等多种环境。

早古生代地层在该区缺失。晚古生代地层总体与南秦岭相似,多数呈规模不等构造岩片产出。省内主要由泥盆纪地层组成。中北部文县—金家河一带由粉砂质千枚岩、石英绢云片岩、石英片岩、灰岩不等厚互夹层,夹中基性火山岩(三河口群)组成;西部甘川边界由碳质板岩-含赤铅锌矿砂岩-灰岩(石坊组—当多组、冷堡子组)序列组成,石坊群底部含赤铅锌矿,金、银、铜、钼等元素含量较高。

侏罗纪—白垩纪地层仅有少数沿断裂带分布,其地层组成与南秦岭相同。

2. 可可西里-松潘地层分区

本区主要分布西康群,西康群(省内仅包括杂谷脑组、侏倭组)为厚度巨大的类复理石碎屑岩建造,杂谷脑组以细砂岩为主,夹板岩、砂板岩;侏倭组为细砂岩与千枚岩、板岩不等厚互层。

区内见上—中侏罗统万秀组分布,由砾岩、砂岩、页岩偶夹泥灰岩组成,为山间盆地陆相沉积。

二、火山岩

甘肃省内火山活动频繁,火山岩分布广泛,多呈层状产出于不同时代地层中,部分为潜火山岩。北山构造岩浆岩带中志留统公婆泉群的火山岩为岛弧水下喷发岩系,赋存斑岩型铜矿;下石炭统白山组枕状玄武岩为裂谷环境的产物,两侧钙碱性中酸性火山岩中含铅锌;石炭系干泉群与下二叠统金塔组为裂谷双峰式火山岩。北祁连火山岩带延伸数千余千米,寒武系黑刺沟组属大陆裂谷环境,下奥陶统阴沟群有弧后裂谷、岛弧和洋脊环境,与其产出位置相关;东段白银厂有大型块状硫化物铜矿床的细碧—角斑岩系。碧口的古—中元古界碧口群为海底火山喷发岩系,属边缘海盆地洋壳角斑岩系。甘肃省火山岩分布略图见图3-2。

1. 敦煌—北山地区

敦煌—北山地区主要形成时期在元古宙、奥陶纪—志留纪、泥盆纪—二叠纪,其中在石炭纪—二叠纪和志留纪活动最频繁。

中—新元古代火山岩见于铅炉子沟群,主要为中性—基性火山岩,岩石类型有绿帘绿泥片岩、变英安岩、变安山岩、含火山角砾变玄武质安山岩及凝灰岩等,属亚碱性拉斑玄武岩系列,具岛弧-弧后盆地火山岩特征。

早古生代火山岩形成于奥陶纪和志留纪,是岛弧或活动陆缘的产物。奥陶纪火山活动始于中奥陶世,结束于晚奥陶世早期,窑洞努如一带主要为一套中基性火山岩系,逐渐向基性变化,主要岩性为安山岩、玄武安山岩、英安岩、碧玉岩及安山质凝灰岩、含集块火山角砾岩及角砾凝灰岩等,属岛弧拉斑玄武岩或钙碱性系列。花牛山一带早—中奥陶世,见钙碱系列火山岩,主要岩性为玄武岩、安山岩和流纹岩,构造环境类似于活动大陆边缘。公婆泉群火山岩为岛弧水下喷发岩系,以强烈的中性—中酸性爆发、喷溢活动为主,早期爆发强烈,形成了以角砾熔岩、集块熔岩夹凝灰岩为主的爆发相,晚期以喷溢为主,形成了以安山岩和英安岩为主的喷溢相,赋存斑岩型铜矿。音凹峡南部见双峰式火山岩(小草湖杂岩),岩性组合为变质杏仁状玄武岩、玄武安山岩、变质英安岩和变质流纹岩,属大陆裂谷型拉斑玄武岩。

晚古生代火山活动始于泥盆纪。早—中泥盆世中基性—酸性火山岩(雀儿山群),岩石类型以安山岩、英安岩、流纹岩为主,局部见少量玄武岩、安山玄武岩,为岛弧钙碱性—钠质钙碱性火山岩系。三个井组以中性—酸性火山岩为主,岩石类型为玄武岩、酸性溶岩夹火山角砾岩。墩墩山群为陆相火山喷发

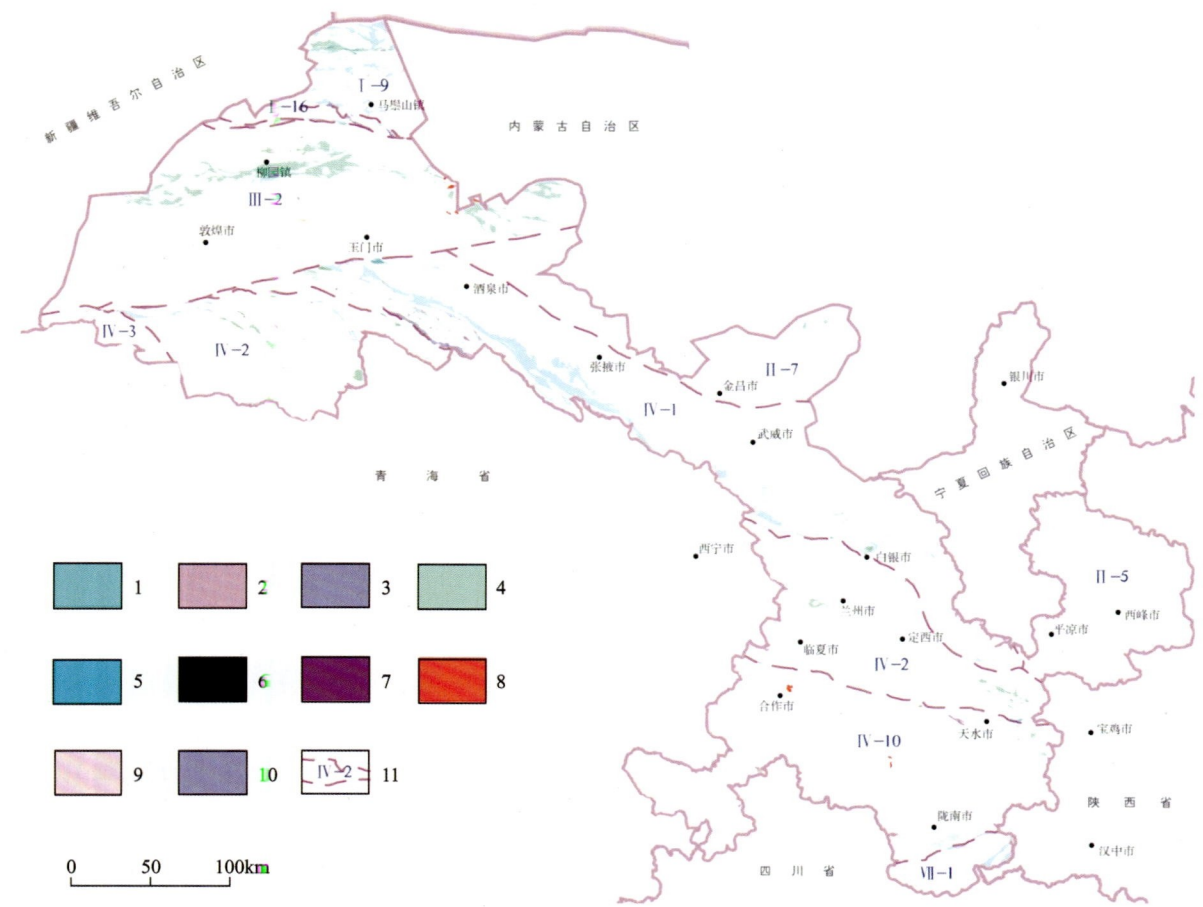

1.裂谷及拉分盆地火山岩组合；2.洋岛-海山火山岩组合；3.活动陆缘火山岩组合；4.岛弧、洋内弧火山岩组合；5.弧后、弧后前陆盆地火山岩组合；6.弧前裂谷-SSZ型蛇绿岩岩石组合；7.含火山岩的前陆盆地岩石组合；8.后碰撞火山盆地岩石组合；9.含火山岩的陆棚碎屑岩盆地岩石组合；10.洋中脊-MORB型蛇绿岩岩石组合；11.构造岩浆岩带界线及编号。

图 3-2 甘肃省火山岩分布略图

岩，垂向上从早到晚火山作用由弱到强，由中基性喷溢相与喷发间歇相交互→强烈的酸性爆发相为主，岩石类型为安山岩、英安岩、英安质火山碎屑熔岩及火山碎屑岩、熔结火山碎屑岩，属板内构造环境。

石炭纪—二叠纪火山岩集中分布在马鬃山微地块两侧，以钙碱性、碱性系列为主。白山组以流纹岩、英安岩、英安质熔岩、凝灰岩等为主，形成巨厚的中性、中酸性、酸性火山岩，系岛弧环境的产物；红柳园组、金塔组、方山口组发育大量钙碱性火山岩和拉斑玄武岩系列，具双峰式特点，海陆交互相，构造环境属陆内裂谷。红柳园组主要由安山岩组成，英安岩、流纹岩、玄武岩较少，具韵律式旋回性特点，以宁静的溢流为主，强烈的爆发次之；金塔组以深海相基性枕状熔岩为主，夹少量安山玄武质凝灰岩、玄武质凝灰岩，代表裂谷最大拉张期准洋壳组合；方山口组由陆相火山岩组成，岩石类型为英安岩、安山岩，少量玄武岩及流纹岩等，属板内裂谷构造环境。

晚侏罗世在红柳园一带山间-断陷盆地陆相碎屑岩中局部夹有少量酸性火山岩及凝灰岩。

2.祁连地区

祁连火山岩带延伸数千余千米，从中元古代到中—新生代均有活动。

中元古代火山岩系（朱龙关群）浅海相火山喷发，主体为玄武质熔岩和基性火山碎屑岩，其中下部为拉斑玄武岩系，上部为碱性玄武岩系。其派生于岩石圈之下地幔柱源的部分熔融，属大陆溢流玄武岩或洋岛环境。

早古生代北祁连分布着一套完整的大陆裂谷、洋脊、岛弧和弧后盆地海相火山岩系。

新元古代末—寒武纪大陆裂谷型火山岩具有碱性玄武岩和拉斑玄武岩两个系列，集中分布于昌马、天祝、白银等地段，具明显双峰式特点，火山岩穹中心为石英角斑岩，周边为细碧岩，空间上连续性好，火山喷出物数量较大。

寒武纪末—早奥陶世洋脊-洋岛型海相火山岩系是北祁连山加里东古洋壳的标志，分布于托莱南山北坡玉石沟、黑茨沟和吊大坂、天祝大克岔等地，主要为基性火山岩系，多为喷发相和次火山相熔岩，未见火山碎屑岩，为具富集型洋脊玄武岩和过渡型洋脊玄武岩特点的低钾拉斑玄武岩系及洋岛拉斑与洋岛碱性玄武岩系。

岛弧火山岩系沿走廊南山分布，东起白银，经永登石灰沟、民乐西道流，至祁连县边麻沟以西，下部为岛弧拉斑岩系，中部为岛弧钙碱岩系，上部为岛弧碱性橄榄粗玄岩系，具有典型岛弧火山岩系岩石地球化学特点。

弧后盆地火山岩带发育于岛弧火山岩带的北东侧，沿走廊南山分布，东起景泰老虎山，经民乐扁都口、张掖苏优河，至肃南大坂—白泉门一带，以基性火山岩为主，有少量酸性和中性火山岩，具明显的岛弧和洋脊火山岩双重岩石地球化学特点，显示是由岛弧裂谷开始，逐渐发展成具洋中脊特点的弧后盆地环境。

另外，在祁连县冰沟、静宁-庄浪葫芦河等地，局部发育有晚奥陶世—志留纪基性、中性和酸性火山岩，属海盆闭合时弧陆碰撞产生的大陆火山岩系，具大陆火山岩岩石地球化学特点，标志着北祁连早古生代洋盆的闭合。

南祁连早古生代火山岩系主要分布在拉脊山地区，寒武纪晚期—早奥陶世以中基性熔岩为主，介于板内碱性玄武岩及过渡型洋中脊玄武岩之间，形成于陆间裂谷小洋盆环境；中—晚奥陶世主要为火山碎屑岩，局部夹少量中基性熔岩，具岛弧钙碱性火山岩地球化学特点，形成于陆间裂谷造山环境。

中—新生代在河西走廊西部早侏罗世含煤碎屑岩组合中局部夹数层玄武岩—安山岩。白垩纪火山岩在阿尔金断裂带北侧见橄榄玄武岩、粗玄岩、次火山岩。

3. 秦岭地区

秦岭地区火山活动微弱。

中—新元古代在北秦岭宽坪岩群中有基性和酸性火山岩，具有大陆板内火山岩的属性，属拉斑玄武岩系列。

震旦纪—奥陶纪在丹凤岩群中发育枕状和块状玄武岩夹少量安山岩、英安岩、流纹岩，有裂谷、洋脊等环境，形成环境复杂，可能为不同成因、不同环境的一系列火山岩岩片。

三叠纪—白垩纪在天水地区见陆相酸性凝灰岩、火山岩，岩性组合为流纹岩、火山角砾凝灰熔岩、火山角砾岩、熔结角砾凝灰岩等，岩石化学具有富硅、富碱、低铝、低钙特征，属非造山偏碱性岩石，类似于大陆裂谷碱性流纹岩，为地壳岩石部分熔融作用的产物，形成于陆内拉张构造环境。

中南秦岭三叠纪—白垩纪在迭部-碌曲和礼县见中酸性火山岩组合（郎木寺组、华日组），属山间盆地多旋回陆相火山活动，表现为河湖相泥质碎屑岩组合中夹中基性—中酸性火山岩，火山岩系下部为中基性火山岩（玄武岩、安山岩），上部为中酸性火山岩。礼县、宕昌、西和三县内见新生代钾霞橄黄长岩—碳酸盐岩，具有与洋岛玄武岩相似的地球化学特点。

4. 碧口地区

中—新元古代碧口群海相火山岩系可划分为3个火山旋回，每个旋回下部为基性火山岩（细碧岩及细碧质凝灰岩），上部为酸性火山岩（石英角斑岩或石英角斑质凝灰岩），属大陆裂谷双峰式火山岩系，是中—新元古代扬子地块北缘大陆拉张作用的产物。

三、侵入岩

甘肃省境内岩浆侵入活动强烈，侵入岩分布广泛，出露面积约 34 000km²，其中北山地区侵入岩面积达 20 000km² 以上（图3-3）。岩石类型除碱性岩不发育外，钙碱性系列岩石从超基性到酸性基本齐全。按时代分为元古宙、早古生代、晚古生代、中—新生代4个岩浆活动期，空间上受不同级别构造的控制。红石山、北祁连、南祁连、北秦岭等岩浆岩带的橄榄岩或蛇纹岩与铬铅锌矿成矿关系密切，金昌超基性岩带赋含大型铜镍矿床，秦岭温泉、"五朵金花"花岗岩体与钨钼矿相关，印支期花岗岩与秦岭"金腰带"众多金矿关系密切。

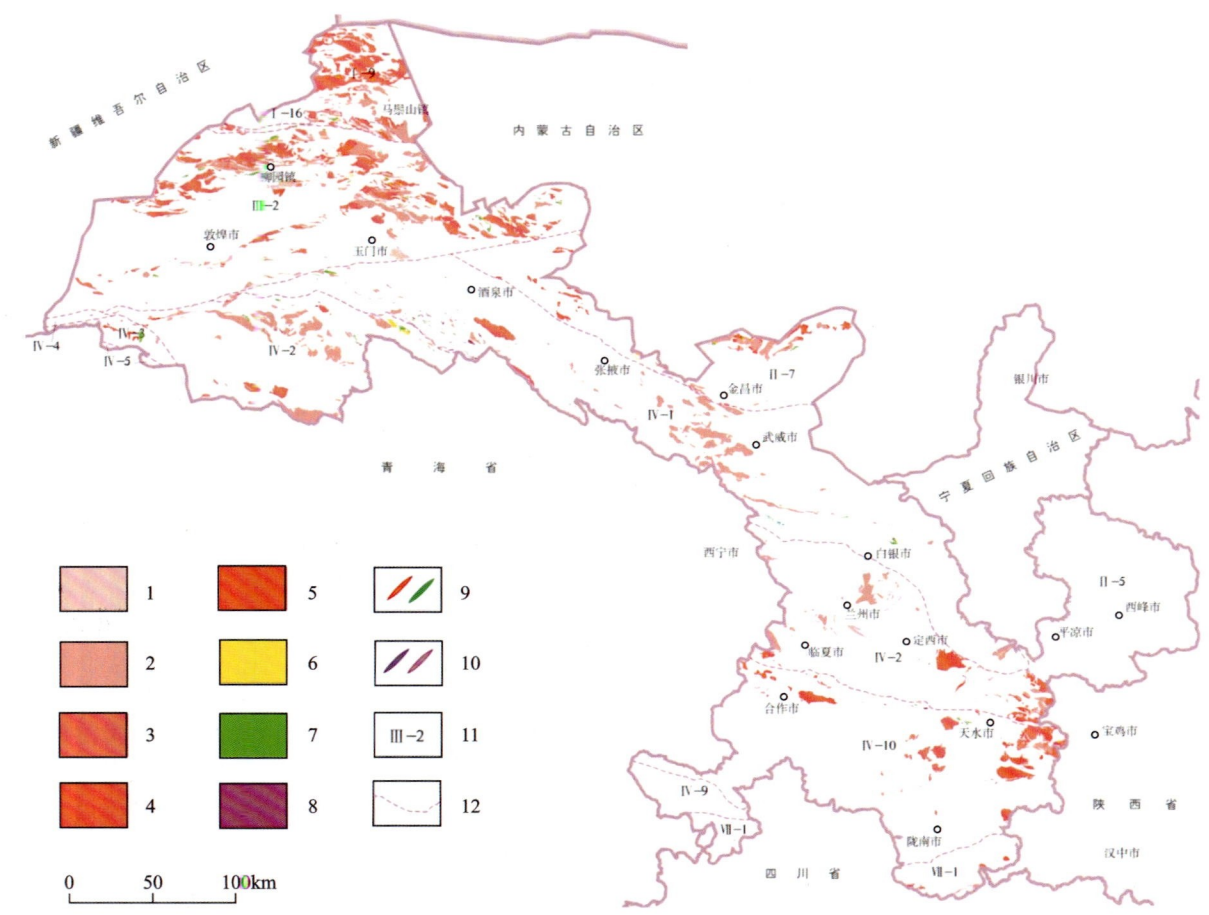

1.前南华纪中酸性侵入岩；2.南华纪—早泥盆世中酸性侵入岩；3.中泥盆世—中三叠世中酸性侵入岩；4.晚三叠世—侏罗纪中酸性侵入岩；5.白垩纪中酸性侵入岩；6.偏碱性—碱性岩类；7.基性岩类；8.超基性岩类；9.酸性岩脉及基性岩脉；10.碱性、偏碱性岩脉及石英脉；11.Ⅱ级构造岩浆岩带编号；12.构造岩浆岩带界线。

图3-3 甘肃省侵入岩分布略图

1.北山地区

北山侵入岩出露面积占基岩面积的1/3以上。侵入规模大，多呈岩基或岩株状产出，尤其中酸性侵入岩岩基具大面积分布的特点，展布多与区域构造线相一致。岩浆活动南带和北带以晚古生代为主，中带元古宙、早古生代、晚古生代岩体均较发育。岩石类型齐全，从超基性、基性到中性、酸性岩均可见及。岩浆活动与内生金属矿产关系密切，红石山铬铅锌矿、四顶黑山铜镍矿、中型公婆泉铜矿、马庄山金矿等均与侵入活动相关。

元古宙侵入活动以基性—酸性岩和大量花岗伟晶岩墙、基性岩墙事件为特点。经历了多期次构造-热事件的叠加改造,以变形变质强烈、含大量表壳岩、构造混杂强烈、与地层边界模糊为特点。主要岩石类型为闪长岩、蚀变石英闪长岩、蚀变英云闪长岩、花岗闪长岩、蚀变二长花岗岩等。基性、超基性侵入岩有红柳沟新元古代辉长岩体、咸水井新元古代辉长岩体、牛角西山长城纪辉长岩体,野马街、马鬃山震旦纪—寒武纪基性、超基性杂岩。

早古生代碰撞前或同碰撞型花岗岩大量发育,是洋陆转化过程岩浆活动的地质记录。中酸性侵入岩主要岩石类型为石英闪长岩、英云闪长岩、花岗闪长岩、二长花岗岩、钾长花岗岩等,多数岩体糜棱岩化,多属过铝质—正常质—铝不饱和质花岗岩,多属钙碱性系列,代表性岩体为马鬃山、野马街南、将军台、五峰山等岩体。基性、超基性侵入岩有奥陶纪火石山、东大泉、查汉乌鲁超基性岩体、白墩子辉长岩体等。晚古生代岩浆活动进入高峰期,岩浆弧型、裂谷型、后碰撞型等侵入岩大面积广泛出露形成于晚石炭世—早二叠世。中酸性侵入岩主要岩石类型为石英闪长岩、英云闪长岩、花岗闪长岩、二长花岗岩等,呈岩基、岩株和岩枝状产出,多呈铝过饱和—铝正常—铝不饱和型,多为钙性—钙碱系列,稀土配分曲线右倾,以 I 型花岗岩为主,少数 S 型,代表性岩体有白头山、红柳沟、拾金坡、新井、野马街、火石山、破城山、平头山、六角井、明水、音凹峡等岩体。基性、超基性岩侵入岩多处见及,分布零星,呈小岩株状产出。泥盆纪有石板墩超基性岩体;石炭纪有红石山蛇绿混杂岩体、四顶黑山基性—超基性杂岩体、红柳沟辉长—闪长岩杂岩体;二叠纪有架子井、沙疙瘩井、旧井东辉长岩体,梁顶包、七桐井、黑石尖辉长辉绿岩体,黑帽顶、四道梁、蛇跃区、三个井超基性岩体,三羊井碳酸盐岩体等。

中—新生代有少量造山后 A 型花岗岩侵入,零星出露,主要形成于三叠纪,其次是侏罗纪,多呈岩株产出,岩石类型为石英闪长岩、二长花岗岩、钾长花岗岩等,代表性岩体有四道梁、红山南、马鞍山、七一山、明水、辉铜山等岩体。基性侵入岩见半滩北山三叠纪石英辉长岩杂岩体。

2. 祁连地区

祁连侵入岩在元古宙—中生代均有分布,以早古生代为主。祁连山西段中酸性侵入岩主要分布于金佛寺、野牛台、大雪山、野马南山、大道尔吉等地。元古宙属前造山花岗岩,早古生代属同造山花岗岩,晚古生代属造山后板内花岗岩。成因类型以 H 型为主,部分具 M 型、S 型的特点。祁连东段中酸性侵入岩主要见于武威二郎山、天祝炭山岭、皋兰什川、榆中铅锌木山、通渭华家岭等地,以奥陶纪、志留纪和二叠纪为主,多属同碰撞花岗岩,具 I—S 型过渡型花岗岩特征。基性、超基性岩主要发育在新元古代和早古生代,多为裂谷拉张环境或活动大陆边缘构造环境的产物。

中元古代中酸性侵入岩出露于北祁连东段马衔山、西段镜铅锌山,南祁连中亦有零星出露。原岩岩石组合为花岗闪长岩—二长花岗岩等,均发育强烈的变质变形,为片麻状变质侵入岩。代表性岩体有柳沟峡变质侵入体、站门沟变质侵入体、马衔山变质侵入体、关山变质侵入体等。

新元古代中酸性侵入岩分布相对广泛,在北祁连东、西段及中祁连均有分布。岩体内片麻状构造、韧性面理发育,原岩为石英闪长岩、花岗闪长岩、二长花岗岩等。代表性岩体有吊大坂变质侵入体、范家渠变质侵入体、元滩河黑云变质侵入体、榆中井儿沟变质侵入体等。中元古代基性—超基性岩出露于北祁连朱龙关河、熬油沟等地,岩石类型为斜辉辉橄岩、橄榄岩、纯橄岩等,基性岩为辉绿岩和辉长岩等,代表了元古宙一次普遍的拉张事件。

早古生代中酸性岩侵入作用最为发育。北祁连山西段可分为南、北两带:南带为英云闪长岩-花岗闪长岩-二长花岗岩侵入体,具俯冲型花岗岩岩石地球化学特点;北带以黑云母二长花岗岩为主,具碰撞型、火山弧型等花岗岩特点,形成于俯冲构造环境。中祁连为英云闪长岩、花岗闪长岩、二长花岗岩,时代为奥陶纪—志留纪,多钙碱性岩系,具岛弧型、俯冲型花岗岩岩石地球化学特点。南祁连亦为英云闪长岩-花岗岩闪长岩-二长花岗岩组合。代表性岩体有北祁连东段井川子石英闪长岩体、北祁连西段青石峡花岗闪长岩体、英云闪长岩体、野牛沟二长花岗岩体、雪水沟花岗闪长岩体、祁连山花岗岩体、中祁连野牛台岩体、野马南山石英二长闪长岩体、黑沟梁岩体、花石山石英闪长岩体等。基性—超基性岩北祁连东段见有通渭黑石头岩体、静宁高家峡岩体、静宁莲花乡岩体。主要岩石类型为蚀变橄榄单辉岩、蚀变辉长岩、辉长苏长岩、辉绿岩等。形成于活动大陆边缘构造环境。

晚古生代中酸性侵入岩主要形成于泥盆纪—早石炭世,岩石组合为英云闪长岩-花岗闪长岩-二长花岗岩-钾长花岗岩,分布于北祁连西段北部、中祁连东段南缘及南祁连党河南山一带。代表性岩体有黄羊河岩体、金佛寺岩体、龙口峪岩体、坪道岩体、碧玉镇岩体、马营岩体、大雪山岩体、玉石沟南岩体等。

三叠纪花岗岩分布在北祁连东段冷龙岭地区、中祁连拉脊山、南祁连党河南山地区,主要岩石类型为英云闪长岩-花岗闪长岩-二长花岗岩-钾长花岗岩,可出现碱性正长岩,形成于板内环境。代表性岩体有车鼓峪岩体、李家湾岩体、陈家大山岩体、又岗岩体、郭家岔岩体等。

侏罗纪—白垩纪花岗岩在祁连造山带仅有零星出露。

3. 西秦岭地区

西秦岭地区侵入岩主要分布在东部江洛镇-贾家河、中部没遮拦梁-关子镇、西部夏河-合作、南部碧口镇-双猫山等地,主要侵入时代为志留纪—侏罗纪,新太古代侵入岩在碧口古陆少见,其中三叠纪—侏罗纪岩体最为发育。

新太古代侵入岩见于碧口地区,围岩碧口岩群,主要岩石类型为辉长闪长质糜棱岩、变辉绿岩,有超基性岩残块。

早古生代志留纪中酸性侵入岩仅见于碧口佛头包,岩体规模小,分布局限,主要岩石类型为花岗闪长岩、石英闪长岩。

晚古生代侵入岩相对较为发育,主要分布于贾家河—观音殿—大帽山和武都—康县一带,北部岩体规模较大,南部以小岩株状产出,侵入时代为泥盆纪—石炭纪,主要岩石类型和代表性侵入体有火炎山泥盆纪正长花岗岩、康县泥盆纪闪长岩、大帽山石炭纪二长花岗岩、汉王镇石炭纪二长花岗岩、嘉陵镇二叠纪石英闪长岩等。

三叠纪—侏罗纪为西秦岭地区侵入活动鼎盛时期,以大规模花岗岩类活动为主,岩体形态多呈近等轴状或略有拉长形状,成群出现,多为复式岩体,受东西向—北西西向区域构造和北北东向深部构造带控制明显。多为铝过饱和、钙碱性—碱钙性岩石系列,同碰撞或后造山环境,以 S 型花岗岩类为主,少量 I 型和 H 型。主要岩石类型为二长花岗岩、花岗闪长岩、英云闪长岩、石英闪长岩等,代表性岩体有五朵金花岩体、糜署岭岩体、温泉岩体、阿尼迈日岩体等。

四、变质岩

1. 变质岩时空分布

甘肃省境内广泛发育变质程度不同的各类变质岩,空间上分布于各个地质构造单元,时间上变质地层波及新太古界至整个古生界,时代较老的岩石遭受多期的变质作用改造。因受变质岩系原岩成分、变质条件及时间、空间差异的制约,变质作用类型和变质相、变质相系多样,变质岩石类型齐全,但分布比较零散,或分布于稳定陆块,或出露于造山带中,祁连、秦岭、北山等地均有出露。变质作用类型以区域变质为主,在大型构造变形带可叠加动力变质,侵入岩体外围局部有热接触变质。由于变质程度差异,新太古代—古元古代变质岩一般变质较深,达角闪岩相,中新元古代变质岩一般为绿片岩相,局部为低角闪岩相。早古生代岩石地层多为低绿片岩相变质。

北山区(天山-北山):总体以海西期低压相系的变质岩、递增变质带、葡萄石-绿纤石相至低角闪岩相变质及强烈混合岩化为特征。自北向南可划分为 5 个变质地带:①红石山变质地带太古宙—古元古界变质地层为北山杂岩及小红山 TTG 岩系,属基底结晶,为区域动力热流变质作用中—低压相系,变质程度为绿帘角闪岩相—角闪岩相。上奥陶统—下—中二叠统变质岩系(变质地层为咸水湖组、公婆泉群、大南湖组、雀儿山群、头苏泉组、白山组、双堡塘组等)为经埋深变质形成的绢云母—绿泥石级的低绿片岩相。②马鬃山变质地带太古宙—古元古界变质地层为北山杂岩,属基底结晶,为区域动力热流变质作用中—低压相系,变质程度为绿帘角闪岩相—角闪岩相。晋宁期变质地层为古硐井群、平头山组、大豁落山组,为区域低温动力低压相系,变质程度为绿帘角闪岩相变质。加里东期以区域低温动力变质为主,形成低绿片岩相变质岩系,海西期则为埋深变质,形成葡萄石—绿纤石相岩系。③平头山变质地带主要为早古生代(变质地层为洗肠井群、破城山组、双鹰山组、西双鹰山组、罗雅楚山组、锡林柯博组)低绿片岩相变质岩系,变质作用类型为区域低温动力变质,变质较浅,变质程度均一。④红柳园变质地带变质岩系主要为古生界,属加里东期和海西期变质期,变质作用为区域低温动力变质作用,形成低绿片岩相变质岩系,海西中晚期为葡萄石—绿纤石相岩系。次为太古宙—古元古界变质岩系,变质地层为北山杂岩,属基底结晶,为区域动力热流变质作用中—低压相系,变质程度为绿帘角闪岩相—角闪岩相。⑤玉门北变质地带太古宙—古元古界变质地层为北山杂岩,属基底结晶,为区域动力热流变质作用中—低压相系,变质程度为绿帘角闪岩相—角闪岩相。中—新元古代变质地层为古硐井群、铅炉子沟群、平头山组和野马街组,为区域低温动力变质作用的低压相系绿片岩相变质。

敦煌-阿拉善区(敦煌、阿拉善、鄂尔多斯):基本为结晶基底裸露区,古—中元古期变质地层为敦煌岩群、龙首山岩群,为区域动力热流变质作用形成的中压相系,形成绿片岩相、绿帘—角闪岩相变质岩系,发育递增变质带。并形成递增变质带,中—晚元古界变质地层为韩母山群、墩子沟群,属区域低温动力变质作用形成的绿片岩相变质岩系。

祁连区(祁连、北秦岭):太古宙—古元古界变质地层为马衔山岩群、化隆岩群、北大河岩群、托赖岩群、陇山岩群,变质作用为区域动力热流变质作用,变质程度达高绿片岩相—角闪岩相,在北祁连南缘断续分布于肃南九个泉、青海祁连县清水沟、百经寺一带,在北祁连蛇绿构造混杂岩带伴生蓝闪片岩、榴辉岩,具高压蓝闪片岩相系,多属中压相系。发育不同程度的混合岩化,岩石塑性变形强烈,原岩多为碎屑岩-碳酸盐岩-火山岩组合,构成结晶基底。中—新元古界变质地层为朱龙关群、湟中群、兴隆山群、南白水河组、海原群、花儿地组、高家湾组、龚岔群及白杨沟群等,变质作用为区域低温动力变质作用,中压相系,变质程度为低绿片岩相。加里东期、海西期变质作用均为低压相系区域低温动力变质作用,形成低绿片岩相变质岩系,局部为葡萄石—绿纤石岩相变质岩系。

西秦岭地区(碧口、玛曲、中南秦岭):太古宙—古元古界变质地层为秦岭岩群、鱼洞子岩群、宁多岩群,经历了区域动力热流变质作用,角闪岩相、绿片岩相变质,混合岩化强烈,叠加了多期次变质作用,深熔作用强烈。中—新元古界碧口岩群、宽坪岩群、阳坝岩组、秧田坝组等,变质作用为低压相系区域动力热流变质作用,绿片岩—角闪岩相变质。加里东期变质地层星散,海西期变质地层广布,为区域低温动力变质作用低压相系绿片岩相变质。

2. 变质地质单元划分

一级变质单元——变质地区由一个或几个变质时期、不同变质作用类型的变质岩系组合而成,是经历了长期复杂的地质活动而后转化为稳定的地区。在具体划分上,一般与一、二级构造单元和前寒武纪地层区划相一致,具有相似结晶基底作为划分的前提。依据这一原则,甘肃省一级变质单元划分为天山—北山变质地区、敦煌变质地区、阿拉善变质地区、祁连变质地区、鄂尔多斯变质地区、西秦岭变质地区、碧口变质地区和玛曲变质地区,共8个。

同一变质地区内根据变质岩系形成的变质作用时期和变质作用类型不同进一步划分二级变质地质单位——变质地带。当变质作用为多期多类型时,则根据其主期或主要组合的不同进行划分。

依据变质地带划分原则,天山—北山变质地区进一步划分为红石山变质地带、马鬃山变质地带、平头山变质地带、红柳园变质地带、玉门北变质地带,共5个,祁连变质地区进一步划分为北祁连变质地带、中祁连变质地带、南祁连变质地带,西秦岭变质地区进一步划分为北秦岭变质地带、中南秦岭变质地带(图3-4)。

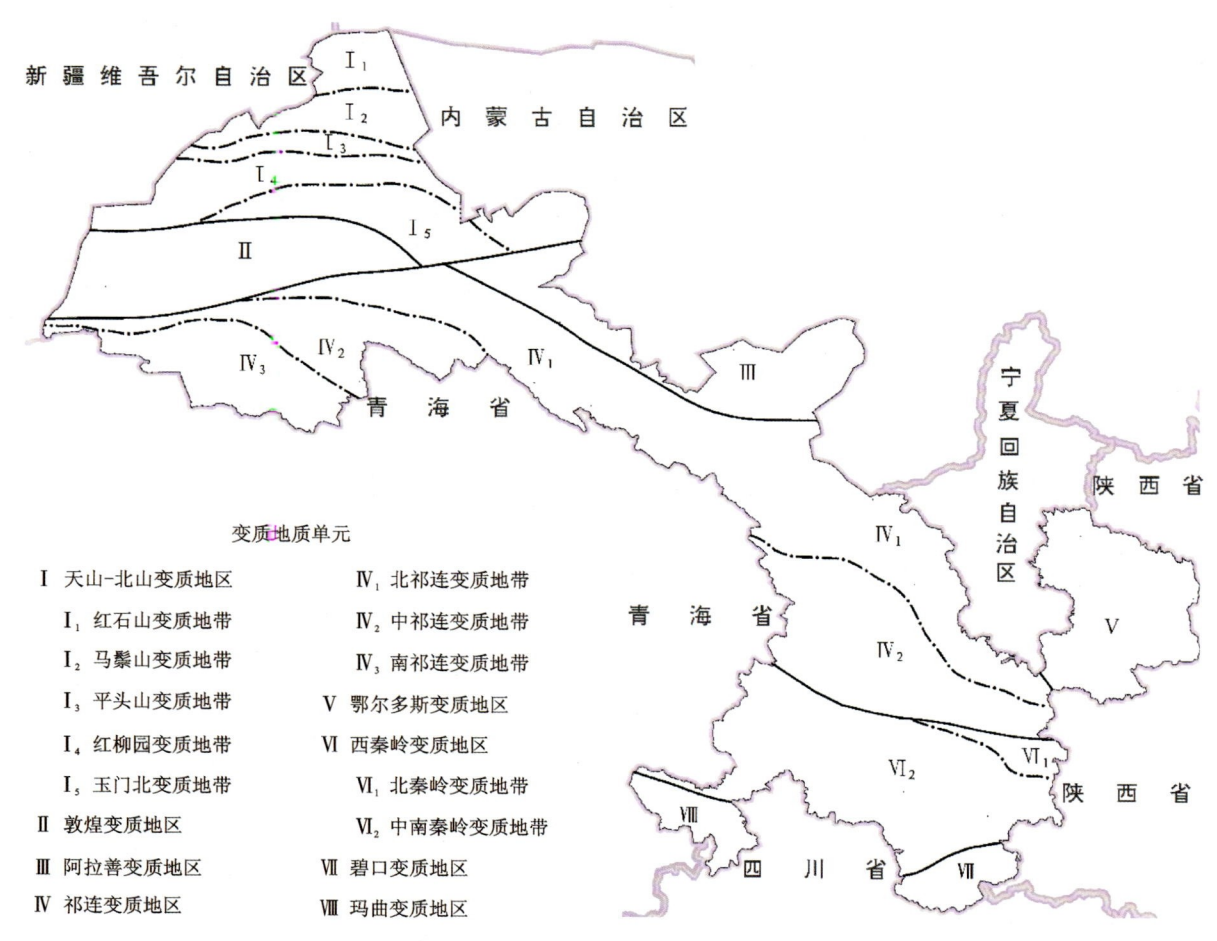

图 3-4 甘肃省变质地质单元划分示意图

3. 变质岩岩石构造组合

1）天山—北山变质地区

该区前寒武纪变质的岩石地层为北山杂岩、古硐井群、铅炉子沟群、平头山组、野马街组、大豁落山组和洗肠井群。

太古宇—古元古代北山杂岩：本区的基底变质岩是 4 个孤立岩石构造组合的总称。①盐池东角闪岩，属非史密斯地层单位，出露面积不足 $10km^2$。断块状出露，呈无层无序状或成层无序状。为斜长角闪岩-黑云斜长变粒岩构造组合，主要由灰绿色斜长角闪岩、角闪岩、石榴黑云片麻岩、石榴黑云二长变粒岩及少量石榴二云片岩、石榴黑云斜长变粒岩、浅粒岩和大理岩透镜体组成，上部见变质中酸性火山岩。原岩为拉斑玄武岩夹中酸性火山岩建造、碎屑岩建造和碳酸盐岩建造。其内斜长角闪岩全岩 Sm-Nd 等时线年龄为 $(2839±163)$ Ma，属新太古代，是该带目前发现的最古老基底岩系。②黄石岭大理岩，也为非史密斯地层单位，出露面积不足 $15km^2$，断块状出露，呈无层无序状或成层无序状。为厚层大理岩构造组合和斜长角闪岩-黑云斜长变粒岩构造组合，主要由褐灰色厚层—地块大理岩、白云质大理岩、云母斜长变粒岩、黑云斜长片麻岩夹含榴黑云斜长片麻岩、浅粒岩、斜长角闪岩组成。原岩为碳酸盐岩建造、陆源碎屑岩建造。二者成岩构造环境为古岛弧。岩石经历了至少两期变质，早期为区域动力热流变质，属低中 P/T 型相系角闪岩相-高绿片岩相变质。晚期叠加低绿片岩相变质。变形为强烈的韧性变形和糜棱岩化。③小红山片麻岩套，非史密斯地层单位。仅分布于本区中东部小红山一带，为英云闪长质-奥长花岗质-花岗闪长质片麻岩构造组合，主要由黑云斜长片麻岩、黑云更长片麻岩、二云斜长片麻岩、含石榴黑云更长片麻岩组成。原岩为TTG岩系,形成于岩浆弧,岩石遭受了区域动力热流低—中P/T型相系低角闪岩相-绿片岩相变质作用的改造,变形强烈,片麻理发育,叠加韧性变形。④结晶片岩,非史密斯地层单位。出露零散,主要分布于本区中南部。主要为无层无序,次为有层无序的变质地层。为云母片岩-石英岩-大理岩构造组合,主要由石榴二云石英片岩、二云石英片岩、十字二云石英片岩、黑云斜长变粒岩、石英岩、大理岩、绢云绿泥片岩组成,偶夹斜长角闪岩及变安山岩。原岩为碎屑岩(泥质岩)建造、中基性火山岩建造和碳酸盐岩建造,成岩于裂谷构造环境,岩石遭受了区域动力热流低—中P/T型相系绿片岩相-低角闪岩相变质作用改造和中深层次的韧性变形及后期叠加的逆冲剪切变形。在斜长角闪岩中获得Sm-Nd全岩等时线年龄(1981±116)Ma,在黑云斜长片麻岩中获得锆石U-Pb同位素年龄为(1756±88)Ma,为古元古代。

上述4个变质岩石构造组合之间未见直接接触或以构造面理接触,故无层序关系,由于变质变形相似,均归为北山杂岩,时代划归为太古宇—古元古代。

长城系古硐井群:属有层有序的正式地层单位。为过渡类型的沉积,属碳酸盐台地相台盆亚相硅源碎屑岩-碳酸盐岩构造组合。主要为千枚岩、变质长石石英砂岩、石英岩、大理岩夹绢云石英片岩、板岩,局部夹变斜长流纹岩、变安山凝灰岩、变凝灰质砂岩。原岩为砂泥岩建造和碳酸盐岩建造。岩石遭受了中—新元古代区域低温动力变质作用低P/T型相系绿帘角闪岩相、绿片岩相变质和韧脆性变形。

长城系铅炉子沟群:为一套岛弧环境变质火山岩夹少量碎屑岩构造组合,碎屑岩成分以凝灰质为主。火山岩既有火山熔岩,又有火山集砾岩及凝灰岩。其上部为变砂岩、粉砂质板岩、千枚岩夹石英岩、红柱石板岩;中部为粉砂质板岩夹变质基性—酸性火山岩;下部为黑云石英片岩、板岩夹大理岩。原岩为基性—酸性火山岩建造和碎屑岩夹碳酸盐岩建造。岩石变质程度为绿帘角闪岩相、绿片岩相,是区域低温动力变质作用的产物。其余特征与古硐井群类同。在该群中获得Sm-Nd全岩等时线年龄值为1622～1624Ma,锆石U-Pb法年龄值为1299Ma,时代为长城纪。

蓟县系平头山组:属正式地层单位,为被动陆缘陆棚滨浅海台盆陆源碎屑岩-碳酸盐岩构造组合。其上部以厚层大理岩、白云岩、结晶灰岩为主,夹泥灰岩、砂质灰岩;中部为磁铁石英岩、变砂岩、变粉砂岩与千枚岩互层;下部为白云质大理岩、白云质灰岩夹角砾状白云岩。原岩为灰岩、镁质碳酸盐岩建造和石英砂岩、泥岩建造。岩石遭受了区域低温动力变质作用改造,具有低P/T型相系绿帘角闪岩相、绿片岩相变质和脆性变形特征。

青白口系野马街组:分布于中北部,属正式地层单位,为被动陆缘陆棚滨浅海的远滨泥岩-粉砂岩构造组合。主要由变粉砂岩、千枚岩、千枚状砂质板岩夹泥灰岩、含钙砂岩和硅质岩等组成,原岩为粉砂岩-泥岩建造。其余特征与平头山组类同。

青白口系大豁落山组:分布于北部,为被动陆缘陆棚滨浅海的台地潮坪-局限台地碳酸盐岩构造组合。主要由砾屑白云岩、角砾白云岩、白云质大理岩、灰岩等组成,局部夹硅质岩,原岩为碳酸盐岩建造。变质变形与平头山组相同。

南华系—震旦系洗肠井群:零散分布于中北部,为被动陆缘相斜坡亚相浊积岩-冰碛岩构造组合。主要由板岩、碳质板岩、含砂砾板岩、变含砾粉—细砂岩夹冰碛砾岩、含砾砂质结晶灰岩、硅质白云岩结晶灰岩等组成,局部夹锰矿层。原岩为泥岩-粉砂岩建造、冰碛岩建造、碳酸盐岩及浊积岩建造。

2)敦煌变质地区

本区变质岩地层广泛分布,且发育比较齐全,不乏层型剖面。前寒武纪变质岩石地层主要为敦煌岩群、古硐井群、铅炉子沟群。

太古宇—中元古界敦煌岩群:区内最发育的也是最老的岩石地层,为强烈变形变质总体无序的非史密斯地层。区内虽为敦煌岩群的命名地,但因该套岩石地层极为复杂,故所提供的资料都难具代表性。根据斜长角闪岩(变质基性火山岩)判断其形成环境较复杂,有岛弧、活动大陆边缘或古老表壳岩之说。敦煌岩群可划分为5个非正式地层单位。①斜长角闪片麻岩岩组:为斜长角闪片麻岩构造组合,以斜长角闪片麻岩为主,夹黑云斜长角闪片麻岩、黑云斜长片麻岩、绿泥石英片岩、片状石英岩和少量大理岩,原岩可能为基性火山岩夹碎屑岩、碳酸盐岩建造。②变粒岩岩组：为变粒岩构造组合，主要为石榴二长浅粒岩、二长变粒岩、斜长变粒岩、黑云二长变粒岩及变英安岩、变流纹岩、英安质糜棱岩等，原岩为粗碎屑岩建造和酸性火山岩建造。③黑云石英片岩岩组：为黑云石英片岩构造组合，主要为黑云石英片岩、二云石英片岩、变粒岩、浅粒岩夹透辉石大理岩、石墨大理岩及斜长角闪片岩等，原岩为富硅泥质碎屑岩夹少量粗碎屑岩建造及中基性火山岩建造、碳酸盐岩建造。④斜长角闪片岩岩组：为斜长角闪片岩构造组合，以斜长角闪岩、斜长角闪片岩为主，夹斜长变粒岩、黑云石英片岩、二长浅粒岩和大理岩等，原岩为基性火山岩夹少量碎屑岩建造。⑤大理岩-蓝晶二云片岩岩组：为大理岩-蓝晶二云片岩构造组合，主要为白云质、硅质条带大理岩、石英大理岩、二云石英片岩、片状石英岩、绢云千枚岩、含石榴二云石英岩、十字蓝晶石榴二云石英片岩、绢云石英片岩等，原岩为碳酸盐岩建造和碎屑岩建造。岩石遭受了古元古代区域动力热流变质作用中P/T型相系角闪岩相变质及强烈韧性剪切、流褶皱和韧脆性断裂变形，各岩组间均为构造接触。

关于该群的时代，不同方法、不同地点、不同作者所获得的数据差异很大。在斜长角闪岩中获得全岩Sm-Nd等时线年龄可大致分为3组。第一组为3488～2936Ma，第二组为2203～1990Ma，第三组为1990～1256Ma。年龄数据很分散，跨度很大，自中元古代—中太古代。据中国地质调查局西安地质矿产研究所《西北地区重要成矿带基础地质综合研究阶段性成果报告》(2007年)记载，在甘肃省西侧阿尔金地区的米兰岩群中，李惠民等(2001)在其中的花岗片麻岩中获得3.6Ga的TIMS法锆石U-Pb年龄，时代相当始太古代—古太古代，乃是西北地区获得的最古老地壳年龄，但与敦煌岩群的关系尚不清楚。总之，敦煌岩群是一个岩石构造组合复杂、成岩构造环境多样、时代跨度大、多相变质变形强烈的无序地层，也是需要进一步研究的课题。

长城系古硐井群：分布于东区北部，属有层有序的正式地层单位。为过渡类型的沉积，为碳酸盐台地相台盆亚相陆源碎屑岩-碳酸盐岩构造组合。主要为千枚岩、变质长石石英砂岩、石英岩、大理岩夹绢云石英片岩、板岩，局部夹变斜长流纹岩、变安山凝灰岩、变凝灰质砂岩。原岩为砂泥岩建造和碳酸盐岩建造。岩石遭受了中—新元古代区域低温动力变质作用低P/T型相系绿片岩相变质和韧脆性变形。

长城系铅炉子沟群：为一套海相岛弧环境变质火山岩夹少量碎屑岩构造组合，碎屑岩成分以凝灰质为主。火山岩既有火山熔岩，又有火山角砾岩及凝灰岩。其上部为变砂岩、粉砂质板岩、千枚岩夹石英岩、红柱石板岩；中部为粉砂质板岩夹变质基性—酸性火山岩；下部为黑云石英片岩、板岩夹大理岩。原岩为基性—酸性火山岩建造和碎屑岩夹碳酸盐岩建造。岩石变质程度为绿片岩相，是区域低温动力变质作用的产物。其余特征与古硐井群类同。在该群中获Sm-Nd全岩等时线年龄值为1624～1622Ma，锆石U-Pb法年龄值为1299Ma，时代为长城纪。

综上所述，敦煌变质地区的前寒武纪变质岩具有双层结构，其下层由具区域动力热流变质作用中P/T型相系角闪岩相变质为特征的敦煌岩群结晶片岩组成基底(陆核或陆块)，其上的克拉通盆地沉积了具区域低温动力变质作用低P/T型相系绿片岩相变质的被动陆缘相碳酸盐岩-陆源碎屑岩，为下古生代地层演化奠定了基础。

3) 祁连变质地区

(1) 北祁连变质地带东北段。

该带的前寒武纪变质岩石地层为海源岩群和白银群。

中元古界海源岩群：属无层无序或有层无序的构造岩石地层单位，呈断块或裸露的基底零散分布。为岛弧-弧后盆地绿片岩-绢云石英片岩-大理岩岩石构造组合。主要由绢云绿泥片岩、绿帘绿泥阳起片岩、绿泥绢云石英片岩、绢云绿泥石英片岩，少量绢云石英千枚岩、大理岩和变砂岩等组成，原岩为砂泥岩建造和拉玄武岩建造。岩石遭受了中元古代区域低温动力变质作用低P/T型相系低绿片岩相变质和强变形的改造，而呈有层无序或无层无序状。在该群中获Sm-Nd等时线年龄值为(1426±69)Ma。

震旦系白银群：仅在白银铜多金属矿及附近出露，为该矿的含矿层岩系。该套地层为弧背盆地浅—半深海沉积环境浅变质的中酸性火山岩-绢云石英片岩构造组合。其上部由绢云绿泥千枚岩、变凝灰质砂岩、变安山岩和同质火山碎屑岩等组成；中部为变英安岩、流纹英安质熔岩和火山碎屑岩夹凝灰质千枚岩及绢云石英片岩等，为含矿层位；下部为千枚岩夹硅质板岩和微晶石英岩等。原岩为钙碱性火山岩建造和砂泥岩建造。具区域低温动力变质作用低 P/T 型相系低绿片岩相变质。初期变形在震旦纪为浅层次脆性变形，早期变形在早古生代，为韧性剪切流变，晚期为脆性变形。

(2) 中北祁连变质地带。

该带的前寒武纪变质岩石地层很发育，不但分布范围广，而且地层齐全，岩石构造组合多样，是中北祁连造山带的重要组成部分。其西、中、东段各有特征，现分述如下。

① 中北祁连变质地带西段。

该段的前寒武纪变质岩石地层为北大河岩群、熬油沟组、桦树沟组、南白水河组、塔昔达坂群、花儿地组、龚岔群和白杨沟群。

古元古界北大河岩群：为稳定大陆边缘和大陆裂谷过渡环境的二云石英片岩-斜长角闪岩-大理岩构造组合。主要为二云石英片岩、斜长角闪岩、斜长角闪片麻岩、大理岩夹白云质大理岩、石英岩和二云片岩等。原岩为砂泥岩建造、碳酸盐岩建造和基性火山岩建造。岩石经历了古元古代末—早古生代区域动力热流变质作用中 P/T 型相系角闪岩相—绿片岩相—低绿片岩相变质和多期变形，S0 已消失，代之以三期贯通性面理。该群片麻岩中获得锆石 U-Pb 年龄为 (2751±147)Ma，变质锆石年龄为 (2190±266)Ma，时代应为古元古代或更老。全岩 Rb-Sr 等时线年龄为 1336Ma 和 1166Ma，应为构造热事件年龄，即变质年龄。

长城系熬油沟组：正式地层单位，为浅海岛弧环境浅变质陆源碎屑浊积岩-双峰式火山岩构造组合。主要由粉砂质板岩、变砂岩、凝灰质板岩和变玄武岩及同质火山碎屑岩夹硅质岩、结晶灰岩、变凝灰质砂岩、变安山岩、变石英角斑岩等组成，原岩为砂泥岩建造和火山岩建造。经历了中元古代—早古生代区域低温动力变质作用低 P/T 型相系绿片相变质和以脆性为主、韧性为次的构造变形。即具有弱变形浅变质特征。

长城系桦树沟组：正式地层单位，浅变质半深海浊积岩、含铁复理石构造组合。由千枚岩、板岩、变砂岩、结晶灰岩夹凝灰质板岩、凝灰岩及少量石英岩等组成，含铁矿层，原岩为砂泥岩建造。其余特征与熬油沟组同。

长城系南白水河组：正式地层单位，浅变质半深海浊积岩构造组合。由变石英砂岩、石英岩、砂质钙质板岩夹硅质岩、结晶灰岩和变含砾粗砂岩等组成，原岩为砂泥岩建造。其余特征同桦树沟组。

蓟县系塔昔达坂群：浅变质台陆源碎屑岩-碳酸盐岩构造组合。由结晶灰岩、白云质灰岩、变砂岩、板岩等组成，原岩为碳酸盐岩及砂泥岩建造。其余特征同熬油沟组。

蓟县系花儿地组：正式地层单位，浅变质陆源碎屑岩-碳酸盐岩构造组合。由结晶灰岩、白云岩、鲕状角砾状灰岩、硅质灰岩、板岩、变粉细砂岩夹白云质灰岩、碳泥质灰岩等组成，底部为变粗砂岩、变含砾砂岩。原岩为碳酸盐岩及砂泥岩建造。其余特征同熬油沟组。

青白口系龚岔群：正式地层单位，为滨-浅海被动陆缘碳酸盐台地相的陆源碎屑岩-碳酸盐岩构造组合。岩石经历了震旦纪—早古生代区域低温动力变质作用低 P/T 型相系低绿片岩相变质，及以脆性为主、局部为韧脆性的弱变形。该群自下而上划分为以下 4 组。

其他大板组：台地陆源碎屑岩-碳酸盐岩构造组合。由变长石石英砂岩、粉砂质板岩、泥质板岩、钙质板岩夹结晶灰岩等组成。原岩为碳酸盐岩以及砂泥岩建造。

五个山组：台地潮坪-局限台地碳酸盐岩构造组合。由结晶灰岩、白云质灰岩、硅质灰岩、鲕状灰岩夹泥质灰岩、变质砂岩等组成，含钾盐和石膏矿。原岩为碳酸盐岩夹砂岩建造。

哈什哈尔组：陆缘斜坡半深海浊积岩构造组合。由泥、砂、钙质板岩、细—粉砂岩夹长石石英砂岩、泥质灰岩等组成，底部为复成分砾岩。原岩为砂泥岩夹砂岩、碳酸盐岩建造。

窑洞沟组：台地潮坪-局限台地碳酸盐岩构造组合。由结晶灰岩、角砾状结晶灰岩、竹叶状结晶灰岩、鲕状结晶灰岩夹泥质灰岩、粉砂质板岩等组成，原岩为碳酸盐岩夹砂泥岩建造。

南华系—震旦系白杨沟群：正式地层单位，为被动陆缘陆棚滨浅海冰前滨海盆地冰碛砾岩-砂岩泥灰岩构造组合。主要由上部泥灰岩夹变砂岩和下部冰碛砾岩、变砾岩组成。原岩为复成分砾岩建造。

综上所述，中北祁连西段的前寒武纪地层，是古元古代以来在长期发育的比较稳定的海槽中充填堆积而成的，具四层结构。第一层可能由沉积于稳定大陆边缘和大陆裂谷过渡并经历多次变质变形位移而成的北大河岩群结晶片岩组成。长城纪初地壳再次裂解，堆积了具有活动类型沉积特征的碎屑岩和火山岩，长城纪后期—蓟县纪裂谷进入稳定沉陷期，沉积了碎屑岩和碳酸盐岩，构成第二层。蓟县纪末或青白口纪初地壳曾有短期回升，而形成剥蚀和沉积缺失，此后则稳定于陆棚环境，其沉积地层为第三构造层。晋宁运动使本地区再次回返剥蚀，尔后局部沉陷并伴随冰川地质事件，堆积了不整合于青白口系之上的白杨沟群碎屑岩和碳酸盐岩，为第四构造层。

②中北祁连变质地带中段。

该段的前寒武纪变质岩石地层为马衔山岩群、湟源岩群、皋兰岩群、兴隆山岩群、湟中群、高家湾组和花石山群克素尔组。

古元古界马衔山岩群：无层无序或有层无序的基底杂岩，其成岩环境为岛弧-弧后盆地。为大理岩-斜长角闪岩-黑云斜长片麻岩-黑云石英片岩构造组合，主要由大理岩、含白云石大理岩、斜长角闪岩、黑云斜长片麻岩、黑云石英片岩、混合片麻岩、黑云二长变粒岩、浅粒岩组成，原岩为碳酸盐岩、碎屑岩及火山岩建造。具区域动力热流变质作用特征，以中—高P/T型相系角闪岩相变质为主要特征，主变质期为中—古元古代。该群丕遭受了强烈的韧性剪切变形，并形成背形构造。糜棱岩化普遍而发育。

古元古界湟源岩群：无序无层或有序无层的非正式地层单位，构成基底杂岩。成岩环境为岛弧-弧后盆地沉积环境。岩石经历了早古生代—古元古代区域动力热流变质作用低—中P/T型相系绿片岩相—角闪岩相变质和早期顺层剪切及后期右行韧性剪切构造变形。自下而上可划分为两个岩组。

刘家台岩组：为云母石英片岩-黑云斜长片麻岩-黑云石英片岩构造组合，主要由石榴云母片岩、石英片岩、石英岩、变质砂岩夹白云石大理岩、黑云石英片麻岩、斜长角闪片麻岩、混合片麻岩等组成。原岩为砂泥质岩、基性火山岩及碳酸盐岩建造。

东岔沟岩组：为云母片岩-石英岩-大理岩构造组合，主要由二云石英片岩、石英岩、二云片岩夹变砂岩、硅质板岩、千枚岩、大理岩等组成，原岩为砂泥岩、碳酸盐岩（或基性火山岩）建造。

该岩群下部刘家台岩组混合花岗岩锆石U-Pb年龄2469Ma，上部东岔沟岩组的片岩Rb-Sr等时线年龄值为1414～1249Ma，变质年龄集中在古元古代—中元古代。

中元古界皋兰岩群：非正式地层单位，该群成岩环境为半深海相弧后盆地环境。具区域动力变质作用低P/T型相系低绿片岩相变质，其后又叠加了热接触变质。其变形以顺层掩卧和韧性剪切为主，后期伴有剪切和破碎带及糜棱岩化带，自下而上分为3个岩组。

一岩组：为黑云母石英片岩-石榴黑云片岩构造组合，主要由黑云石英片岩、石榴十字黑云石英片岩、石榴黑云片岩、黑云母片岩、黑云角闪片岩组成，原岩为粉砂岩-泥岩建造。

二岩组：为黑云石英片岩-黑云方解片岩-黑云角闪片岩构造组合，主要由黑云石英片岩、石榴黑云石英片岩、绢云石英片岩、石榴黑云石英片岩、绢云石英片岩、黑云方解片岩、大理岩、黑云角闪片岩、斜长角闪片岩和石英岩等组成。原岩为砂泥质、泥灰质粉砂岩-泥岩及火山岩建造。

三岩组：为变砂岩-千枚岩组合。其上部为变粉砂岩和千枚岩；下部为变含砾岩屑砂岩、岩屑砂岩和变细砂岩。原岩为陆源碎屑浊积岩建造。

该群中采获的Sm-Nd同位素年龄比较分散，可分为两组：一组等时线年龄为(886.9 ± 24)Ma～(806 ± 60)Ma；另一组为模式年龄1500～1400Ma。K-Ar年龄为540Ma。Rb-Sr同位素等时线年龄为651～461.2Ma。说明成岩年龄老于800Ma，变质年龄集中在元古宙末至早古生代。

长城系兴隆山岩群：形成构造环境为弧背-弧后盆地远滨-半深海相沉积环境。岩石遭受了区域低温动力变质作用低P/T型相系绿片岩相变质和顺层褶皱作用，轴面劈理发育，次级紧闭褶皱普遍。自下而上划分为3个岩组。但变质变形自下而上逐步减弱。

一岩组：为绢云石英片岩-二云片岩-绿泥片岩构造组合，主要由绢云石英片岩、绢云石英千枚岩夹片状石英岩、二云母片岩、黑云母片岩、绿泥石片岩组成，原岩为砂泥岩建造。

二岩组：为变凝灰岩-石英千枚岩-绢云绿泥片岩构造组合，主要由变凝灰岩、变玄武岩、变凝灰质砂岩、变安山质凝灰岩、绢云石英千枚岩、绢云绿泥片岩等组成，原岩为玄武岩及砂泥岩建造。

三岩组：为变玄武岩-板岩-变砂岩构造组合，主要由变玄武岩、变安山玄武岩夹变凝灰岩、凝灰质千枚岩、石英千枚岩、云母片岩、粉砂质板岩、变质砂岩等组成，原岩为玄武岩、砂泥岩建造。

长城系湟中群：正式地层单位，为被动陆缘陆棚滨浅海相稳定类型沉积，经历了中元古代—早古生代区域低温动力变质作用低 P/T 型相系低绿片岩相变质、顺层韧性剪切及脆性褶皱作用，自下而上分为磨石沟组和青石坡组。

磨石沟组：浅变质海岸沙丘-后滨砂岩构造组合，主要由石英岩、石英片岩夹硅质千枚岩组成。原岩为石英砂岩建造。

青石坡组：浅变质台地陆源碎屑岩-碳酸盐岩构造组合，主要由粉砂质板岩夹变粉砂岩、钙质板岩、千枚岩和结晶灰岩组成。原岩为泥砂岩及灰岩建造。

该群获同位素等时线年龄为 796.3Ma，青石坡组赋存磷矿，磨石沟组赋存石英岩和铁锰矿。

蓟县系高家湾组：为浅海陆棚环境堆积的白云岩-石英岩-板岩-变砂岩构造组合，其上部为白云岩夹石英岩、结晶灰岩；下部为硅质、碳质、钙质板岩，千枚岩，变砂岩。原岩为碳酸盐岩及砂泥岩建造。属区域低温动力变质作用绿片岩相。

蓟县系花石山群克素尔组：正式地层单位，为被动陆缘陆棚碳酸盐岩台地沉积陆源碎屑岩-碳酸盐岩构造组合。主要由泥灰岩、微晶灰岩夹少量钙质、碳质板岩组成，原岩为灰岩夹泥岩建造。属碳酸盐岩台地相的台地亚相堆积。变质变形与青石坡组相同，二者为连续沉积。

上述情形表明，中祁连变质地带中段的前寒武纪地层，具四层结构。最底层为成岩于古元古代弧盆构造体系的马衔山岩群砂泥岩、碳酸盐岩和基性火山岩及侵入其中的钙碱性花岗岩。中元古代早期剧烈的构造作用致使上述地层和侵入体发生强烈变形变质而形成结晶基底，同时在兰州附近再次裂解形成新的弧盆构造体系，堆积了具有活动陆缘特色的皋兰岩群和兴隆山岩群火山岩系，但其活动性并不均一，具有局限性，本段西部沉积的被动陆缘稳定型碎屑岩和碳酸盐岩建造——湟中群，则是这种构造特征的反映。可能在中元古代中期，波及范围较小的造山运动，堆积了蓟县系高家湾组和花石山群克素尔组陆棚构造环境下的碳酸盐岩及碎屑岩建造组合。显示出克拉通盆地性质的多样性和沉积环境的多变性。

③中北祁连变质地带东段。

该段的前寒武纪变质岩石地层为陇山岩群和葫芦河岩群。

古元古界陇山岩群：无层无序或有层无序非正式地层单位，沉积环境为大陆裂古环境。为变粒岩-大理岩-黑云斜长片麻岩-斜长角闪岩-含铁石英岩构造组合，主要由透辉斜长变粒岩、透辉透闪变粒岩、透闪变粒岩、透辉方柱变粒岩、斜长角闪片岩夹含铁石英岩、石英片岩、大理岩、白云岩等组成。原岩为陆源碎屑岩建造、碳酸盐岩建造和基性火山岩建造。岩石经历了中元古代—古元古代区域动力热流变质作用低 P/T 型相系低角闪岩相变质，先后经历了六期变形，一、二期为深层次的固态流变，三期为中层次褶皱，四期为叠加的左行韧性剪切带，五、六期为脆性变形。该群中的 Sm-Nd 同位素年龄为 (1460±32)Ma 和 (938±20)Ma。

中—新元古界葫芦河岩群：无层无序或有层无序非正式地层单位，沉积环境为弧后前陆盆地环境。为黑云石英片岩-二云石英片岩-千枚岩-变砂岩构造组合，主要由黑云石英片岩、二云石英片岩、千枚岩、绢云石英千枚岩夹变粉砂岩、变石英细砂岩和榴云片岩等组成。原岩为砂泥岩建造。岩石具区域低温动力变质特征，显示低 P/T 型相系低绿片岩相变质作用形成的组构。岩石地层经受三期变形，一期为顺层韧性剪切，二期为逆冲性韧性剪切，三期为脆性断裂。Rb-Sr 等时线年龄为 (756±12)Ma。

中北祁连东段前寒武纪地层，为中级变质程度。呈二层楼结构，下层为古裂谷相沉积形成基底，上层为弧后前盆地相堆积形成盖层。

(3)南祁连变质地带。

本带变质岩仅分布在该带的西南缘,前寒武纪变质岩石地层为达肯大坂岩群。

古元古代达肯大坂岩群:无层无序的非正式地层单位,为大陆裂谷相沉积的二云母片岩-斜长角闪岩-黑云角闪斜长片麻岩构造组合,主要由二云片岩、黑云石英片岩、斜长角闪岩、十字二云石英片岩和黑云角闪斜长片麻岩等组成,原岩为泥砂岩及火山岩建造。岩石遭受了区域动力热流变质作用中P/T型相系角闪岩相变质的改造和多期变形,可见三期面理和复式背形构造,该群构成全吉地块和南祁连褶皱带基底。

4)阿拉善变质地区

该带的前寒武纪变质岩石地层为龙首山岩群、墩子沟群和韩母山群。

古元古代龙首山岩群:有层无序或无层无序的非正式地层单位。成岩于被动陆缘碳酸盐岩台地相,形成于岛弧或活动大陆边缘环境。为变粒岩-浅粒岩-镁质大理岩构造组合。主要由斜长角闪变粒岩、二云石英片岩、大理岩夹二云石英片岩、浅粒岩、白云岩、黑云钾长混合岩、角闪斜长混合岩、黑云片麻岩、石英片岩和含磷白云质大理岩及变砂岩等组成。原岩为碳酸盐岩和陆源碎屑岩建造,岩石在震旦纪—早古生代遭受区域低温动力变质作用低P/T型相系低绿片岩相-低角闪岩相变质和韧性剪切变形,片理、片麻理发育,局部糜棱岩化发育。混合岩全岩 Rb-Sr 等时线年龄值为2065Ma,黑云母 K-Ar 法同位素年龄值为1600Ma,锆石 Sm-Nd 同位素年龄值为1508Ma。

蓟县系墩子沟群:正式地层单位,为滨浅海陆棚台地陆源碎屑岩-碳酸盐岩构造组合。上部由千枚岩夹石英岩和结晶灰岩等组成,中部为结晶灰岩夹千枚岩,下部由变质长石石英砂岩及底部变质砾岩组成。原岩为碳酸盐岩及碎屑岩建造。岩石具弱变形浅变质特征,具有区域低温动力变质作用低P/T型相系低绿片岩相变质特点,变形主要为劈理,局部具糜棱岩化。本群不整合于龙首山群之上,产叠层石和微古植物化石。

南华系—震旦系韩母山群:正式地层单位,为被动陆缘陆棚台盆陆源碎屑岩-碳酸盐岩构造组合。主要由结晶灰岩、白云质灰岩、白云岩、砾状灰岩、泥炭质灰岩夹千枚岩、板岩、大理岩等组成,底部由变砾岩、含砾千枚岩、变粉砂岩等冰成岩组成。原岩为碳酸盐岩及碎屑岩建造。变质变形与墩子沟群相同,与墩子沟群为不整合关系。

龙首山变质地带前寒武纪变质地层为古元古界龙首山岩群构成结晶基底,长城系裸露侵蚀,蓟县纪海侵堆积了墩子沟组,构成第一盖层。青白口纪阿拉善陆台再次造山上升,至南华纪—震旦纪复又海侵,沉积了韩母山群,形成第二盖层,从而造就了三层结构。

5)鄂尔多斯变质地区

鄂尔多斯变质地区为中—新生代掩盖区,仅西缘零星出露有蓟县纪—震旦纪变质地层。新元古界蓟县纪(王全口组)仅零星出露,由碳酸盐岩台地相的镁质碳酸盐岩组成,形成于被动大陆边缘构造环境,为区域低温动力变质作用的低压相系绿片相变质。震旦系由碳酸盐岩台地相的镁质碳酸盐岩夹硅质岩组成,为区域低温动力变质作用低P/T型相系绿片相(GS)变质。

据一些掩盖区钻孔资料,在三叠系的长石砂岩中见有浊沸石、绿泥石、石英等变质矿物,可能属于巨型沉积盆地的埋深变质产物。

6)西秦岭变质区

(1)北秦岭变质地带。

该带的前寒武纪变质岩石地层为秦岭岩群、宽坪岩群和木其滩岩组。

古元古界秦岭岩群:非正式地层单位。形成于大陆裂谷环境,是区域动力热流变质作用形成的古元古代基底杂岩。岩石经历了古元古代—古生代六期变形,一期为深层次固态流变,二期为面状韧性剪切变形,形成不同程度的糜棱岩化,三、四期形成中浅层次的褶皱及左行斜冲走滑变形,五期为右行剪切变形,六期为浅层次脆性变形。在该群的长英质片麻岩中获得锆石 U-Pb 同位素年龄分别为 1 531.9Ma

和1 010.3Ma。由三类岩石构造组合组成。

长英质片麻岩组：为花岗闪长片麻岩构造组合。主要由条带状眼球状含石榴石黑云斜长/二长片麻岩、角闪黑云斜长片麻岩、黑云斜长变粒岩、黑云二长花岗质片麻岩、斜长花岗质片麻岩和斜长角闪片岩等组成。原岩为长英质碎屑岩建造和花岗岩。

富铝片麻岩组：为富铝片麻岩（孔兹岩系）构造组合。主要由含石榴石黑云斜长/二长片麻岩、含夕线石黑云斜长/二长片麻岩、黑云斜长片麻岩夹白云石大理岩、含石墨大理岩及斜长角闪片岩等组成。原岩为黏土质碎屑岩建造。

上述长英质片麻岩组和富铝片麻岩组均属中P/T型相系角闪岩相变质。

大理岩-钙硅酸粒岩组：为镁质大理岩-变粒岩构造组合。由条带状大理岩、白云石大理岩、石墨大理岩、透辉大理岩夹浅粒岩组成。原岩为碳酸盐岩及砂岩建造，岩石具低压相系角闪岩相变质特征。

中—新元古界宽坪岩群：非正式地层单位。构造环境为活动大陆边缘环境，岩石经受了中元古代—早古生代的区域动力热流变质作用，形成了低P/T型相系角闪岩相变质岩。原岩经历了五期变形。一期为深层次的紧闭同斜倒转褶皱，伴生片理、片麻理，二期为叠加构造面理，三期为左行走滑韧-脆性剪切变形，四、五期为浅层次脆性变形。同位素年龄为1974～813Ma。自下而上由两个岩组组成。

片麻岩组：为黑云斜长片麻岩-斜长角闪岩-大理岩构造组合。主要由黑云斜长片麻岩、角闪黑云斜长片麻岩夹斜长角闪岩、大理岩、浅粒岩等组成。原岩为基性火山岩建造、杂砂岩及泥质灰岩建造。

大理岩组：为厚层大理岩构造组合。由大理岩、石英大理岩、透辉石大理岩组成。原岩为碳酸盐岩建造。

新元古界木其滩岩组：非正式地层单位。为洋壳斜长角闪片岩-石英片岩-大理岩构造组合，以斜长角闪片岩为主，夹少量石英片岩和大理岩。原岩为基性火山岩、硅质岩及灰岩建造。岩石早古生代遭受了区域低温动力变质作用低P/T型相系绿帘角闪岩相变质。变形较强烈，一期为强烈的构造置换，形成透入性片理和同斜紧闭褶皱，二、三期为韧性剪切变形和糜棱岩化，四、五期为脆性变形，发生于印支期—喜马拉雅期。本组斜长角闪片岩Rb-Sr等时线年龄为$(540±18)$Ma，Sm-Nd全岩等时线年龄为$(932±54)$Ma。

北秦岭分区的前寒武纪基底主要是由下部古元古代大陆裂谷构造环境堆积的秦岭岩群和中—新元古代在其基础上发育的活动陆缘构造环境中堆积的宽坪岩群以及后期叠加其上的洋壳——木其滩岩组蛇绿岩套组成，构成三层结构，并遭受了区域动力热流变质作用（角闪岩相变质）和强烈变形及位移而形成西秦岭造山带的结晶基底。

（2）中南秦岭变质地带。

该带的前寒武纪变质岩石地层出露少而零星，为吴家山岩群。

中元古界吴家山岩群：非正式地层单位，该群成岩于被动大陆边缘浅海陆棚碎屑岩-碳酸盐岩台地相。属稳定沉积类型。但遭受了高绿片岩相变质，变形比较强烈，变质期为中元古代—早古生代。早期表现为深层塑性流变，形成区域性片理，后期叠加同斜褶皱和逆冲推覆断裂等。自下而上由两个岩组组成。

碎屑岩组：为二云石英片岩-变粉砂岩构造组合。由二云石英片岩，片理化、透辉石化变粉砂岩夹变石英砂岩，条带状大理岩等组成。原岩为砂泥质碎屑岩建造。

碳酸盐岩组：为大理岩-二云石英片岩构造组合。由条带状大理岩、石英大理岩、二云石英片岩夹透辉石石英粉砂岩、黑云石英片岩组成。原岩为碳酸盐岩及砂泥质碎屑岩建造。

7）碧口变质区-摩天岭变质地带

该带位于甘肃省南端，分布范围小。前寒武纪变质岩石地层为渔洞子沟岩群、阳坝岩组、秧田坝岩组、关家沟组和临江组。

新太古代渔洞子沟岩群：仅局部出露，无层无序的非正式地层单位。为大陆裂谷变质表壳岩-片麻岩构造组合，由云母斜长片麻岩、角闪斜长片麻岩、绿帘绿泥斜长片麻岩夹斜长角闪岩、长英质浅粒岩、变粒岩等组成,原岩为碎屑岩及基性火山碎屑岩建造。该群可能是陆核的组成部分,变形强烈,以中深层次塑性流变和韧性剪切变形为主,发育片麻理、糜棱面理。具有区域动力热流变质特征,变质相为绿片岩相—绿帘角闪岩相。主变质期为新太古代,但后期有绿片岩相级的退变质。该群获得Sm-Nd等时线年龄为(2688±84)Ma。

中—新元古界阳坝岩组:正式地层单位,为弧后盆地(洋岛)变质火山岩-板岩-变砂岩构造组合。由变质基性—酸性火山熔岩夹变凝灰质砂岩、变砂岩、板岩、含铁石英岩、绢云石英片岩等组成。原岩为火山岩及碎屑岩建造。

中—新元古界秧田坝岩组:正式地层单位,为弧后盆地变质杂砂岩-千枚岩-变凝灰质砂岩构造组合。主要由变杂砂岩、变凝灰质砂岩、板岩、千枚岩夹变砾岩、变含砾砂岩、变凝灰质砾岩等组成。原岩为凝灰质碎屑岩和碎屑岩建造。

阳坝岩组与秧田坝岩组在横向上时有相变和过渡现象。二者均具有弱变形和浅变质特点,为区域低温动力变质作用低P/T型相系绿片岩相变质。由于晚南华纪关家沟组不整合于该期变质地层之上,故其为新元古代变质。

南华系关家沟组:正式地层单位,为大陆边缘岛弧极浅变质碎屑岩构造组合。主要由含砾砂岩、细粒石英砂岩、粉砂质泥岩夹粉砂岩、粉砂质泥岩等组成,底部为砾岩。原岩为复成分砂砾岩-石英砂岩-冰碛岩建造。新元古代—早古生代被区域低温动力变质作用轻微改造,仅达低P/T型相系低绿片岩相,本组不整合于秧田坝岩组之上。

震旦系临江组:正式地层单位,被动陆缘陆棚滨浅海局限盆地极浅变质台盆陆源碎屑岩-碳酸盐岩构造组合,主要由白云岩、含碳粉-微晶灰岩、硅质岩、含锰结核粉砂岩等组成,原岩为碎屑岩及碳酸盐岩建造。岩石地层具葡萄石相变质和轻微变形,形成板理和劈理。

上述岩石地层特征表明摩天岭地区的前寒武纪地壳具有三元结构,下部为新太古界深变质的渔洞子沟岩群结晶片岩;中部为中新元古界浅变质的阳坝岩组和秧田坝岩组活动型弧盆系沉积;上部则为极浅变质变形的稳定型被动陆缘相和碳酸盐岩台地关家沟组与临江组。

8)玛曲变质区

玛曲变质区位于甘肃省西南,北以欧拉秀玛侏罗纪盆地与西秦岭分区为界,西、南、东延入青、川二省境内。本地区变质岩可见两个层次:下部为古—中元古界宁多岩群,区域动力热流变质作用中—低P/T型相系角闪岩相斜长角闪岩-黑云斜长片麻岩-镁质大理岩变质建造;上部为二叠系马尔争组绿片岩相变质砂岩-板岩-微晶灰岩变质建造,其中夹变玄武岩。

与变质作用相关的矿产有沉积变质的铅锌、锰、磷、钒、白云岩、石英岩、石膏等矿床,如镜铅锌山铅锌矿;层控变质再造型铅、锌、汞、锑、铀矿床;层控变质细碧-角斑岩系铜及多金属矿床;石榴石、石墨、夕线石、红柱石等非金属变成矿床;与混合岩化、混合伟晶岩化有关的白云母、水晶、绿柱石、钾长石、铌、钽、稀土、铀矿床;与混合热液有关的铅锌、金、铜矿床等。

五、大型变形构造

1. 红柳河-洗肠井蛇绿混杂岩带

红柳河-洗肠井蛇绿混杂岩带为天山-兴蒙造山系的二级构造单元,南以牛圈子-火石山断裂与塔里木古陆块(笔架山柳园裂谷带)为界,北以勒巴泉-马鬃山北组合断裂为界与额济纳-北山弧盆系接触。该结合带分布于勒巴泉—野马街—马鬃山一带,呈北西向—北西西向带状展布,由断裂和韧性剪切带围限的构造地层体、寒武纪—震旦纪马鬃山混杂岩及中奥陶世牛圈子混杂岩构成。

震旦纪沿双鹰山—大豁落山一带形成裂谷型被动大陆边缘,同时由洗肠井洋和马鬃山边缘裂谷形成,出现一套深水或半深水的火山-沉积组合,并有以构造形式产出的超基性—基性岩体,具裂谷蛇绿岩的特征。于志留纪演化成具现代西太平洋边缘性质的沟-弧-盆体系,公婆泉岩浆弧是在早期裂离块体基础上发展起来的成熟岛弧型钙碱性系列火山岩及同造山花岗岩深成岩体。志留纪末—泥盆纪通过边缘洋盆或弧后盆地的普遍挤压、闭合过程,最终实现陆缘与岛弧的完全碰撞缝合,红柳河-牛圈子-洗肠井蛇绿构造混杂岩和构造混杂岩带则代表了弧-陆碰撞的缝合线,造山效应形成早期的被动陆缘冲断褶皱席、弧后冲断带和混杂带及岛弧向陆的褶皱冲断带、韧性剪切带,伴随着岛弧与微陆块、被动陆缘与微陆块的斜向敛合,导致造山带强烈增厚、堆叠并产生大量同造山花岗岩深成杂岩。

在碰撞造山作用下,前陆地带继承志留纪形成的冲断构造,发生大规模的逆冲推覆构造作用,以马鬃山地块为中轴,呈背冲式向南北两侧推覆,向南形成平头山逆冲推覆构造;向北逆冲形成破城山逆冲推覆构造,但破城山逆冲推覆构造遭受后期破坏十分强烈,构造形迹残缺不全。同时,裂谷带也受挤压而闭合。

2. 北祁连蛇绿混杂岩带

该蛇绿混杂岩带以规模巨大的断裂带形式出现,呈北西西向-南东东向延伸数百千米,沿断裂带及其附近分布有大小数百个辉长岩、橄榄岩、细碧角斑岩、枕状玄武岩等,多蛇纹石化,并与深海硅质岩和放射虫硅质软泥共存,属较典型的蛇绿岩套,时代为寒武纪—奥陶纪。在黑河—八宝河一线南侧玉石沟一带,出露有洋脊型仰冲岩片,其中玄武岩、辉绿岩及辉长岩皆为洋中脊玄武岩(MORB)范畴,表明当时北祁连中段曾出现洋中脊。但根据北祁连西段研究(左国朝等,1999),该地区未出现真正洋盆,而是被众多的前震旦纪古微陆块所分割的一系列寒武纪—奥陶纪裂谷带,以浪头沟裂谷-海沟带作为两板块间的边界。北祁连东段的缝合带是根据零星露头及磁异常带推测的界线,大体是由西向东沿冷龙岭南麓经中堡、白银至静宁一线,呈北西向-南东向延伸,但由于该地区大面积被黄土覆盖,研究程度极差。

上述蛇绿岩带是在震旦纪打开的有限小洋盆,于志留纪闭合,代表华北板块与中祁连-柴达木板块间的缝合线。

3. 红石山蛇绿混杂岩带

红石山蛇绿混杂岩带向东经百合山、蓬勃山被巴丹吉林沙漠覆盖,向西与新疆东天山的康古尔塔格缝合带相连。红石山蛇绿混杂岩带受早石炭世上隆异常地幔柱的作用,在陆内裂陷-裂谷盆地的基础上,演化形成晚古生代中期有限小洋盆,并于晚古生代中晚期闭合形成的构造蛇绿混杂岩带。带内以多级韧性剪切构造、断裂构造限定的,规模不等的敦煌岩群、白山组、扫子山组、绿条山组等外来岩块构成。它们早期为红石山海槽两侧大陆边缘陆块及边缘沉积体系,在闭合过程中卷入构造拼合带。岩块内部变形变质有所差异,靠近断裂带北部,岩块变形变质较弱,大部分保持了沉积岩的面貌,岩块内部多以逆冲断裂构造为主。而南部大陆的岩(块)片,发育多期构造面理、韧性剪切带和后期脆性逆冲断裂系统,其边界均以韧性剪切带或韧脆性-脆性断裂与相邻地层或构造岩块接触。主要包括敦煌岩群构造混杂岩、早石炭世红石山洋壳蛇绿岩残片、玄武岩片、白山组构造混杂岩片、扫子山组构造混杂岩片、绿条山构造混杂岩片。

4. 阿尔金转换断裂带

阿尔金转换断裂带是祁连构造区和塔里木板块的重要构造分区界线,在基底构造岩相、区域构造格局和构造演化方面,断裂两侧具有重要的差异。因此,有人认为该断裂是一个发育时间长、切割深、延伸远、活动性强的转换断裂。该断裂带全长 1500km,平移断距 400~700km。在新元古代—早古生代,其西端的西昆仑山与东端北祁连山以拉张为主,阿尔金转换断裂以右行平移为主。早古生代—晚古生代以来其东西端转换以挤压为主,阿尔金断裂带也相应转变为以左旋为主的平移特征。

20 世纪 90 年代以来,于阿尔金断裂带相继发现红柳沟-拉配泉新元古代蛇绿岩和早古生代阿帕-茫崖蛇绿岩带和榴辉岩,经系统研究,共发现了 71 个规模不等的镁铅锌质—超镁铅锌质岩体,在阿帕地段见有基性火山岩、枕状熔岩和硅质岩。在茫崖附近有基性火山岩、少量硅质岩和辉长岩及安山岩,它们均呈透镜体状赋存于复理石及碳酸盐岩地层中,其中玄武岩的 Sm-Nd 等时线年龄为(481.3 ± 53) Ma,表明早奥陶世阿帕-茫崖蛇绿混杂岩带曾是洋区。和政军等(1999)在阿尔金山中段的阿克塞红柳沟地区,于原定的新元古代青白口纪地层中的硅质条带泥灰岩中发现了晚古生代放射虫化石,经鉴定时代为晚泥盆世(至早石炭世?),为此,有人提出阿尔金断裂带与恩格尔乌苏断裂带可能在晚古生代早期是连通的同一条洋区的观点,后期演化为现今分割塔里木板块与华北板块及中祁连-柴达木板块间的一条北东东向的缝合带。

六、大地构造位置及特征

(一)大地构造分区及基本特征

甘肃省的构造部位独特,构造形迹十分复杂。长期以来,不同学者对本区的构造分区及其构造演化持有多种观点。按全国大地构造分区方案,甘肃省涉及 5 个一级、13 个二级构造单元,划分为 31 个三级构造单元(图 3-5,表 3-2)。

1. Ⅰ 天山-兴蒙造山系

Ⅰ天山-兴蒙造山系包括Ⅰ-9 额济纳-北山弧盆系、Ⅰ-16 那拉提-红柳河结合带两个二级构造单元。额济纳-北山弧盆系进一步分为 4 个三级构造单元。

Ⅰ-9-1 圆包山岩浆弧:位于红石山裂谷带(缝合线)以北,哈萨克斯坦板块南缘,地质建造为奥陶纪—泥盆纪火山-沉积地层、中酸性侵入岩,大地构造相(环境)类型为哈萨克斯坦板块南缘加里东期—海西早期岩浆弧带。

Ⅰ-9-2 红石山裂谷:介于哈萨克斯坦板块与旱山地块之间,自东天山沿红石山向东延伸,构造阶段为古生代裂谷演化(板块汇聚)阶段,地质建造为康古尔塔格-红石山蛇绿混杂岩带,大地构造相(环境)类型为裂谷(蛇绿混杂岩带)。

Ⅰ-9-3 明水岩浆弧:位于公婆泉岛弧西北侧,构造阶段为加里东期—海西早期板块俯冲阶段,地质建造为中酸性深成岩浆侵入奥陶纪—泥盆纪地层中。

Ⅰ-9-4 公婆泉岛弧:位于红柳河-洗肠井缝合线北侧,构造阶段为加里东期板块俯冲阶段,地质建造为奥陶纪—志留纪火山沉积地层、加里东期中酸性侵入岩,大地构造相(环境)类型为加里东期活动陆缘。

Ⅰ-16-3 红柳河-洗肠井蛇绿混杂岩带:沿塔北缘-红柳河-洗肠井-野马街延伸,构造阶段为奥陶纪—志留纪板块汇聚阶段,地质建造为蛇绿混杂岩带,大地构造相(环境)类型为板块缝合带。

2. Ⅱ 华北陆块

Ⅱ华北陆块包括Ⅱ-5 鄂尔多斯陆块、Ⅱ-7 阿拉善陆块 2 个二级构造单元。鄂尔多斯陆块、阿拉善陆块进一步分为 2 个三级构造单元。

1)Ⅱ-5 鄂尔多斯陆块

Ⅱ-5-1 鄂尔多斯盆地:位于甘肃省庆阳地区,构造阶段为中—新生代盆地演化阶段,地质建造为第四纪黄土覆盖,大地构造相(环境)类型为中—新生代断陷盆地。

Ⅱ-5-2 贺兰山被动陆缘盆地:位于鄂尔多斯盆地西侧,为早古生代华北陆块南部被动陆缘盆地,地质建造为早古生代海相沉积地层,大地构造相(环境)类型为被动陆缘。

2)Ⅱ-7-2 阿拉善陆块

Ⅱ-7-2 迭布斯格-阿拉善右旗陆缘岩浆弧:位于潮水盆地,构造阶段为海西期陆缘裂谷演化阶段,地质建造为石炭纪—二叠纪地层及海西期侵入岩。

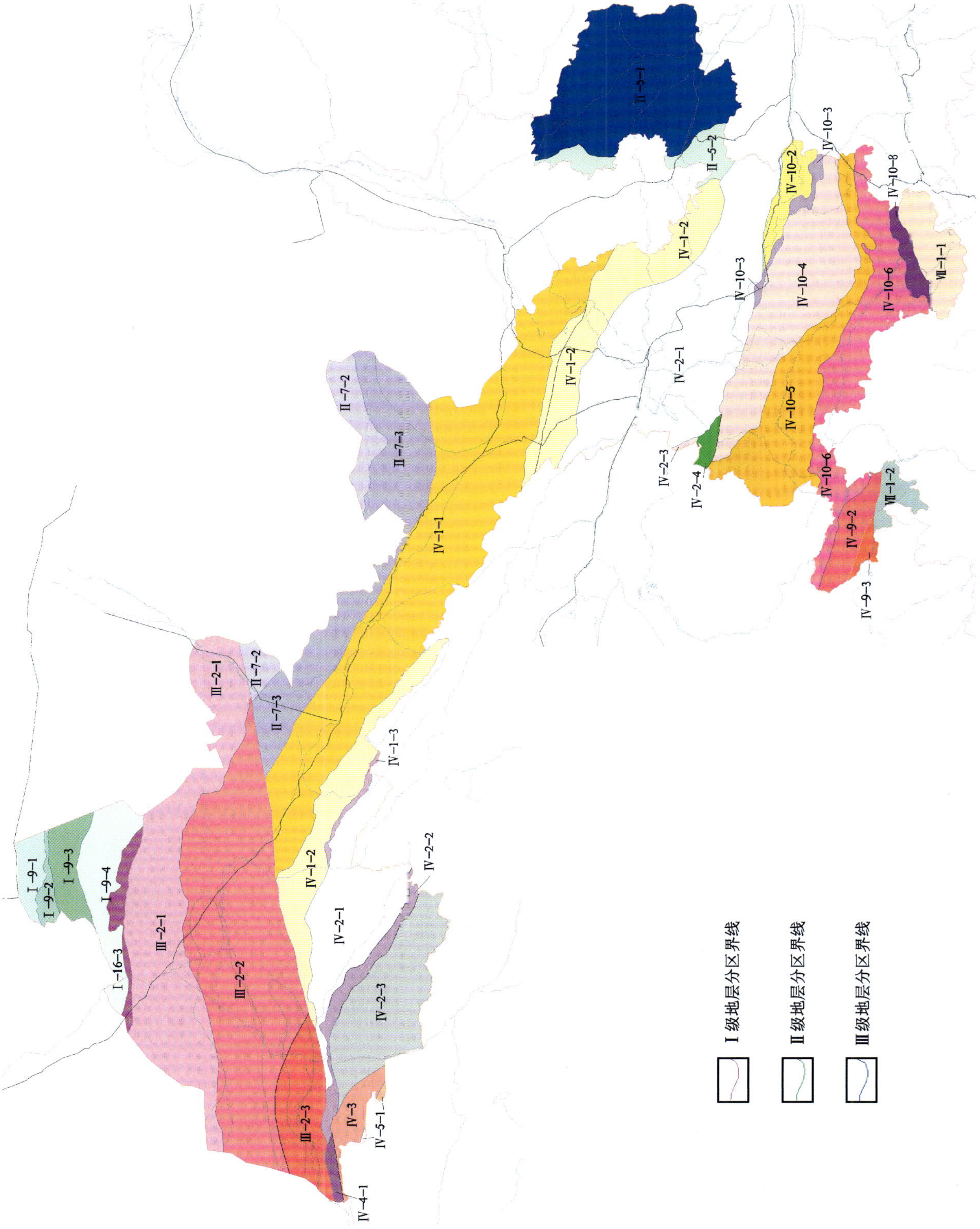

图 3-5 甘肃省大地构造分区示意图

表 3-2　甘肃省Ⅰ-Ⅲ级大地构造分区表

Ⅰ级	Ⅱ级	Ⅲ级
一级构造单元	二级构造单元（大相）	三级构造单元（相）
Ⅰ 天山-兴蒙造山系	Ⅰ-9 额济纳-北山弧盆系	Ⅰ-9-1 圆包山岩浆弧
		Ⅰ-9-2 红石山裂谷
		Ⅰ-9-3 明水岩浆弧
		Ⅰ-9-4 公婆泉岛弧
	Ⅰ-16 那拉提-红柳河结合带	Ⅰ-16-3 红柳河-洗肠井蛇绿混杂岩带
Ⅱ 华北陆块	Ⅱ-5 鄂尔多斯陆块	Ⅱ-5-1 鄂尔多斯盆地
		Ⅱ-5-2 贺兰山被动陆缘盆地
	Ⅱ-7 阿拉善陆块	Ⅱ-7-2 迭布斯格-阿拉善右旗陆缘岩浆弧
		Ⅱ-7-3 龙首山基底杂岩带
Ⅲ 塔里木陆块	Ⅲ 敦煌陆块	Ⅲ-2-1 柳园裂谷
		Ⅲ-2-2 敦煌基底杂岩隆起
		Ⅲ-2-3 阿尔金北陆核
Ⅳ 秦祁昆造山系	Ⅳ-1 北祁连弧盆系	Ⅳ-1-1 走廊弧后盆地
		Ⅳ-1-2 走廊南山岛弧
		Ⅳ-1-3 北祁连蛇绿混杂岩带
	Ⅳ-2 中-南祁连弧盆系	Ⅳ-2-1 中祁连岩浆弧
		Ⅳ-2-2 党河南山-拉脊山蛇绿混杂岩带
		Ⅳ-2-3 南祁连岩浆弧
		Ⅳ-2-4 宗务隆山-夏河甘加裂谷
	Ⅳ-3 全吉地块	—
	Ⅳ-4 阿尔金弧盆系	Ⅳ-4-1 红柳沟-拉配泉蛇绿混杂岩带
	Ⅳ-5 柴北缘结合带	Ⅳ-5-1 柴北缘蛇绿混杂岩带
	Ⅳ-9 南昆仑结合带	Ⅳ-9-2 木孜塔格-西大滩-布青山蛇绿混杂岩带
		Ⅳ-9-3 玛多-玛沁增生楔
	Ⅳ-10 秦岭弧盆系	Ⅳ-10-2 北秦岭岩浆弧
		Ⅳ-10-3 商丹蛇绿混杂岩带
		Ⅳ-10-4 中秦岭陆缘盆地
		Ⅳ-10-5 泽库前陆盆地
		Ⅳ-10-6 西倾山-南秦岭陆缘裂谷带
		Ⅳ-10-8 勉略蛇绿混杂带
Ⅶ 西藏-三江造山系	Ⅶ-1 巴颜喀拉陆块	Ⅶ-1-1 摩天岭陆缘裂谷盆地
		Ⅶ-1-2 可可西里-松潘前陆盆地

Ⅱ-7-3 龙首山基底杂岩带:位于阿拉善地块南缘龙首山山体,构造阶段为加里东造山期北向逆冲;造山后向南伸展,地质建造为龙首山岩群结晶基底变质岩系。其间有加里东期裂谷沉积,伴随超基性、基性岩浆侵入和喷溢,大地构造相(环境)类型为大型变形构造带。

3. Ⅲ 塔里木陆块

甘肃省涉及的是Ⅲ-2敦煌陆块,进一步细分为3个三级构造单元。

Ⅲ-2-1 柳园裂谷:位于塔里木地块北缘,构造阶段为石炭纪—二叠纪塔北陆缘裂谷演化,大地构造相(环境)类型为陆缘裂谷构造环境。

Ⅲ-2-2 敦煌基底杂岩隆起:位于敦煌—三危山一线,构造阶段为塔里木地块南缘基底隆起,地质建造为敦煌岩群沉积变质岩系,大地构造相(环境)类型为动力变质作用。

Ⅲ-2-3 阿尔金北陆核:位于阿尔金构造带北侧,塔里木地块南缘,构造阶段为太古宙结晶基底演化阶段,地质建造为花岗质片麻岩系、铝硅酸盐变质岩系,大地构造相(环境)类型为初始地壳形成。

4. Ⅳ 秦祁昆造山系

甘肃省内涉及Ⅳ-1北祁连弧盆系、Ⅳ-2中-南祁连弧盆系、Ⅳ-3全吉地块、Ⅳ-4阿尔金弧盆系、Ⅳ-5柴北缘结合带、Ⅳ-9南昆仑结合带、Ⅳ-10秦岭弧盆系等7个二级构造单元。

1)Ⅳ-1 北祁连弧盆系

Ⅳ-1-1 走廊弧后盆地:介于阿尔金构造带以西,祁连山前断裂以北,龙首山以南,构造阶段为加里东期板块俯冲阶段,地质建造为弧后盆地,出露幔源超基性、基性岩,大地构造相(环境)类型为弧后盆地。

Ⅳ-1-2 走廊南山岛弧:位于北祁连结合带北侧,构造阶段为寒武纪—奥陶纪板块俯冲阶段,地质建造为中寒武世—早奥陶世火山-沉积建造,大地构造相(环境)类型为活动陆缘构造环境。

Ⅳ-1-3 北祁连蛇绿混杂岩带:分布于北祁连弧盆系大相的南部边缘,呈北西西-南东东走向的串珠带状断续出露,是早古生代北祁连洋盆向南、向北俯冲消减的地质记录,残存有基底残块、外来岩块、蛇绿岩、无蛇绿岩碎片的浊积岩、残余海盆沉积岩层等。

2)Ⅳ-2 中-南祁连弧盆系

Ⅳ-2-1 中祁连岩浆弧:位于中祁连北缘,构造阶段为加里东期祁连大洋南向俯冲阶段,地质建造为火山-沉积和阿拉斯加岩浆岩、野马南山-大雪山中酸性深成岩,大地构造相(环境)类型为活动陆缘。

Ⅳ-2-2 党河南山-拉脊山蛇绿混杂岩带:位于党河南山—乌兰达坂山一带,构造阶段为加里东期陆缘拉张,地质建造为早古生代火山-沉积建造,大地构造相(环境)类型为陆缘裂谷。

Ⅳ-2-3 南祁连岩浆弧:位于党河南山裂谷带南侧,构造阶段为加里东期板块俯冲阶段,地质建造为加里东期中酸性岩浆岩带,大地构造相(环境)类型为活动陆缘。

Ⅳ-2-4 宗务隆山-夏河甘加裂谷:位于宗务隆山—夏河甘加一带,构造阶段为晚古生代陆缘裂谷阶段,地质建造为晚古生代地层,大地构造相(环境)类型为大陆裂谷。

3)Ⅳ-3 全吉地块

构造阶段为加里东期板块碰撞-后构造伸展阶段,地质建造为前寒武纪基底变质岩系,大地构造相(环境)类型为造山后构造产物。

4)Ⅳ-4 阿尔金弧盆系

Ⅳ-4-1 红柳沟-拉配泉蛇绿混杂岩带:位于板块结合带内,构造阶段为加里东期板块俯冲及碰撞阶段,地质建造为构造混杂岩,由地层岩片(外来)、蛇绿岩和岩浆岩块体组成,大地构造相(环境)类型为板块俯冲-碰撞产物。

5)Ⅳ-5 柴北缘结合带

Ⅳ-5-1 柴北缘蛇绿混杂岩带:位于板块结合带内,构造阶段为加里东期板块俯冲及碰撞阶段,由地层构造岩片、蛇绿岩和岩浆岩块体组成的构造混杂岩,大地构造相(环境)类型为板块俯冲-碰撞结合带。

6）Ⅳ-9 南昆仑结合带

Ⅳ-9-2 木孜塔格-西大滩-布青山蛇绿混杂岩带：位于板块结合带内，构造阶段为海西期板块俯冲及碰撞阶段，地质建造为构造混杂岩，由地层构造岩片、蛇绿岩和岩浆岩块体组成，大地构造相（环境）类型为板块缝合带。

Ⅳ-9-3 玛多-玛沁增生楔：在省内位于孜塔格-布青山蛇绿混杂岩南侧，仅涉及哈日无蛇绿岩碎片的浊积岩亚相，为无蛇绿岩浊积岩石构造组合。

7）Ⅳ-10 秦岭弧盆系

Ⅳ-10-2 北秦岭岩浆弧：位于商丹蛇绿混杂岩带北侧，构造阶段为寒武纪—奥陶纪板块俯冲阶段，地质建造为寒武纪—早奥陶世火山-沉积建造，大地构造相（环境）类型为活动陆缘构造环境。

Ⅳ-10-3 商丹蛇绿混杂岩带：位于板块结合带内，构造阶段为加里东期板块俯冲及碰撞阶段，地质建造为构造混杂岩，由外来岩片、蛇绿岩和岩浆岩块体组成，大地构造相（环境）类型为板块俯冲-碰撞蛇绿混杂岩结合带。

Ⅳ-10-4 中秦岭陆缘盆地：位于商丹蛇绿混杂岩带南侧，西秦岭北部，构造阶段为晚古生代后造山阶段，地质建造为晚古生代海相、海陆交互相沉积地层，大地构造相（环境）类型为板内构造。

Ⅳ-10-5 泽库前陆盆地：位于宕昌-岷县-合作断裂以南，迭山山脉以北，构造阶段为印支期碰撞阶段，地质建造为三叠纪浊流沉积，大地构造相（环境）类型为前陆盆地。

Ⅳ-10-6 西倾山-南秦岭陆缘裂谷带：位于西秦岭南部西倾山，构造阶段为早古生代陆缘裂谷阶段，地质建造为早古生代地层，大地构造相（环境）类型为陆缘裂谷。

Ⅳ-10-8 勉略蛇绿混杂带：位于甘肃省东南角，北界以断裂与西倾山-南秦岭陆缘裂谷带为邻，南界以断裂与摩天岭陆缘裂谷盆地相隔，东延进入陕西省，西延进入四川省，是勉略裂谷关闭的地质记录，为伸展环境中酸性火山熔岩—火山碎屑岩岩石组合及康县基底残块浅粒岩-变粒岩夹磁铁石英岩组合。

5. Ⅶ 西藏-三江造山系

甘肃省仅涉及1个二级构造单元，即Ⅶ-1巴颜喀拉地体，进一步细分为2个三级构造单元。

Ⅶ-1-1 摩天岭陆缘裂谷盆地：位于西秦岭南部文县摩天岭地区，构造阶段为南华纪陆缘裂谷构造阶段，地质建造为火山-碎屑建造，大地构造相（环境）类型为陆缘裂谷。

Ⅶ-1-2 可可西里-松潘前陆盆地：位于迭山-西倾山以南，构造阶段为印支期碰撞阶段，地质建造为三叠纪海相地层，大地构造相（环境）类型为前陆盆地。

（二）大地构造演化特征

甘肃地区完好地记录了地壳演化的信息。区内地层发育较为完整，岩浆活动和变质作用强烈，岩石类型多样，地质构造复杂，充分反映了西北地区所具有的造山带区系特色。依据板块构造的时空演化特点、沉积建造、火山建造、岩浆建造、变质变形特征、构造分区特点等，将甘肃省大地构造演化历史划分7个构造演化阶段。

1. 始太古代初始地壳形成阶段

根据前寒武纪地质及锆石同位素年代学研究，已知敦煌以西的阿北地区，存留有3.6Ga古老花岗质岩石（阿可塔什塔格花岗片麻杂岩）。这一发现表明阿尔金山东端北侧，确有始太古代古老初始地壳存在。

2. 太古宙—古元古代结晶基底发展阶段

甘肃省的结晶基底变质岩系分布较为广泛，主要出露于敦煌地块、马鬃山地块、中祁连山微地块和龙首山断隆带等地区。由奥长花岗片麻杂岩及其铝硅酸盐岩组成的表壳岩所构成。其中,在水峡口获得锆石同位素年龄值大于2.0Ga,龙首山获得3.1～2.03Ga的同位素年龄数据。这些结晶基底变质岩系大多产生于新太古代—古元古代,代表早期地壳形成时期。

敦煌地块与阿北地块相连,同属古老地壳岩石,前人称为敦煌地轴。

3. 中—新元古代褶皱基底形成阶段

中—新元古代沉积变质地层在甘肃省北山、祁连山和西秦岭等地区均有出露。由沉积岩和火山-沉积岩构成,变形强烈。它们多构成加里东期及其后构造运动的褶皱基底。

4. 早古生代造山期演化阶段

加里东期是甘肃地区的主造山期。北祁连造山带、红柳河-野马街造山带、红石山造山带均形成于这一时期,确立了甘肃省大地构造基本架构。奥陶纪前表现为基底裂解期,奥陶纪为板块主俯冲期,志留纪为造山后残留盆地演化期。

5. 晚古生代陆表沉积演化阶段

除北山地区北部红石山地区外,甘肃省大部分地区均为陆表海或海陆交互相沉积区,局部发育裂谷和裂陷槽沉积环境。

6. 中生代上叠盆地发展阶段

中生代时期,区内主要为山间断陷盆地。其中北山和祁连山分布的陆相盆地以河湖相沉积为主。西秦岭中部为三叠纪裂陷槽,充填了巨厚的浊流沉积。

7. 新生代地质发展阶段

新生代继承了地质时期形成的地质地貌景观。在盆地低洼地带,形成河流相、湖泊相、山麓洪积相和风成黄土高原相松散物质堆积。

第二节 区域地球物理、地球化学和遥感特征

一、区域地球物理特征

1. 区域重力场特征

甘肃省及邻区的布格重力异常皆为负值,且由北向南呈逐渐下降的趋势,变化梯度南陡北缓。布格重力异常的最大值在北山的额济纳旗一带,约为$-160\times10^{-5}\,m/s^2$。最小值分布在甘南地区,为$-410\times10^{-5}\,m/s^2$。全区最大重力差值达$240\times10^{-5}\,m/s^2$。布格重力异常值变化最大处分布于河西走廊过渡带。在阿拉善地区变化较为缓和。布格重力异常等值线的展布方向以北西向为主,东西向和北东向次之,其他方向分布得很少。

甘肃省及邻区存在4条近东西向和3条近南北向或北东东向明显的重力梯级带。近东西向的重力梯级带为嘉峪关-高台-山丹-金昌重力梯级带、阿尔金山-走廊南山重力梯级带、西秦岭北缘重力梯级带和阿尼玛卿山重力梯级带。近南北向或北北东向重力梯级带为狼山-武威-共和重力梯级带、鄂尔多斯西缘重力梯级带和通渭-武都重力梯级带。这些梯级带使甘肃省及邻区的重力场特征表现为南北分带和东西分块的基本特征,同时也反映出深部构造和浅部构造呈立体交叉的格局。根据重力场和梯级带

的特征,可将甘肃省及邻区划分出以下构造单元。

北部异常区:位于北山—阿拉善北部地区,布格重力值$-200\times10^{-5}\sim-150\times10^{-5}\mathrm{m/s^2}$,异常走向在西部以东西向为主,北东东向次之,中部及东部正、负异常带呈北东向相间分布。

中部异常强烈变化区:位于嘉峪关-高台-山丹-金昌重力梯级带以南,中昆仑-阿尼玛卿重力梯级带以北,是一条长达1300km、宽约200km规模巨大的弧型重力梯级带,重力值由$-260\times10^{-5}\mathrm{m/s^2}$降至$-370\times10^{-5}\mathrm{m/s^2}$。

东部异常区:位于甘肃省东部地区,布格重力值$-260\times10^{-5}\sim-200\times10^{-5}\mathrm{m/s^2}$,异常走向在西部以北西向为主,重力高、重力低异常相间分布。

南部异常区:位于中昆仑-阿尼玛卿重力梯级带以南,重力异常变化平稳,形态宽缓,呈弧形展布,重力异常值在$-450\times10^{-5}\sim-500\times10^{-5}\mathrm{m/s^2}$之间变化。

2. 区域磁场特征

甘肃省的航磁异常分布特征:西以星星峡—车尔臣河一线为界,东至鄂尔多斯西缘,为区域性低负磁异常分布区,东西两侧为大片宽缓和紧闭线性高磁异常区。据此划分出蒙甘青构造域、新疆构造域、鄂尔多斯构造域。在甘肃省的低负磁异常背景上,根据异常强度变化可将该区分为4个磁场区,即北部低负磁场区、中部强磁异常场区、中部弱磁异常区、南部平稳磁场区(图3-6)。

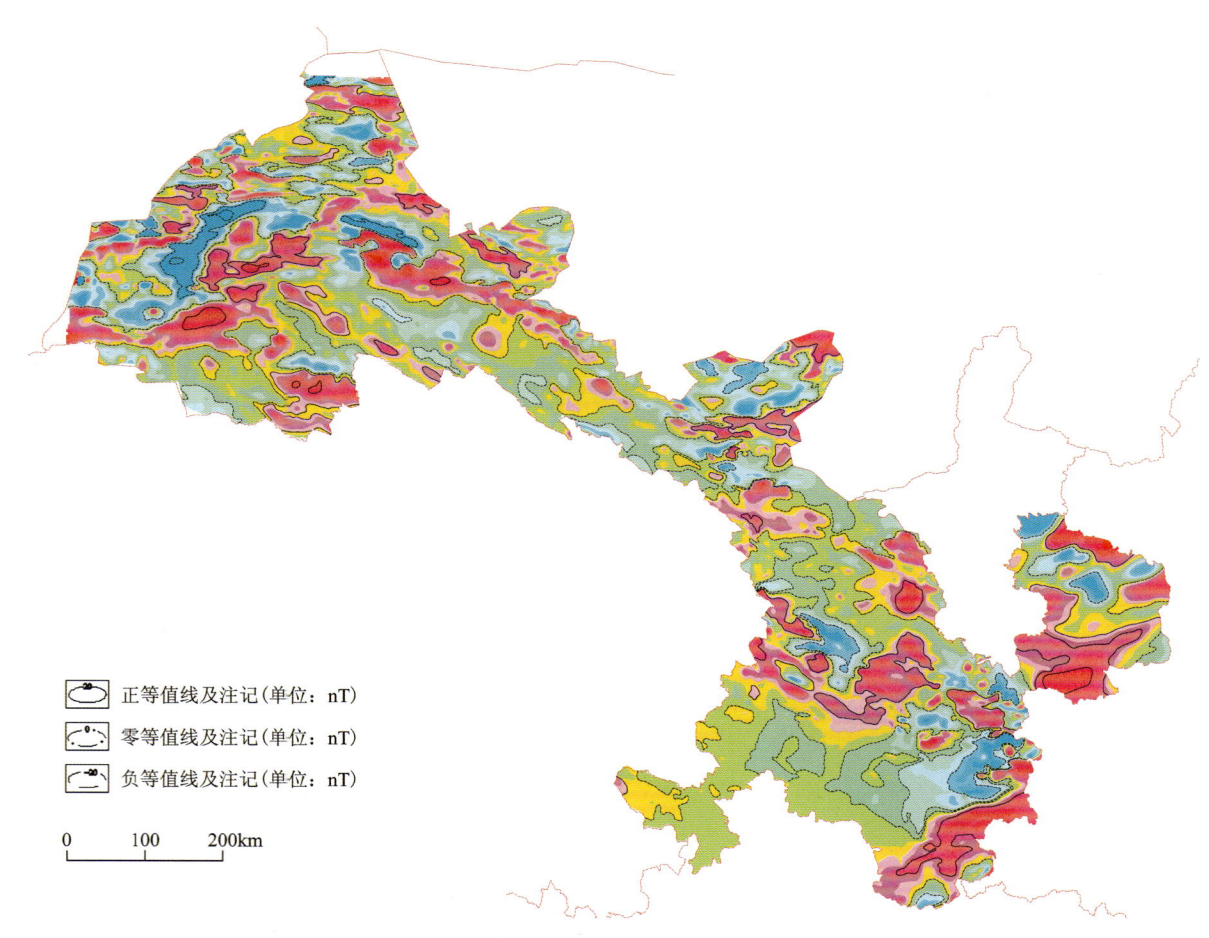

图3-6 甘肃省航磁异常影像图

北部低负磁场区(Ⅰ):分布于北山-银额盆地,以$-1000\sim-50\mathrm{nT}$的磁场为背景,其间分布规模不大,极大值为$50\sim100\mathrm{nT}$和$-70\sim40\mathrm{nT}$的正、负航磁异常。在西部异常呈东西向断续分布,东部则以北东向分布为主,东西向次之,由3条强弱相间的向南凸的弧形异常带构成。

中部强磁异常场区(Ⅱ):位于敦煌、金塔、阿拉善一带,在敦煌、金塔、雅布赖等地展布着强度高、规模大的宽缓正磁异常带。正磁异常值大于100nT,极大值为200nT,这些异常在敦煌为北东走向,在花海、金塔为北西西走向,在雅布赖为北东走向,其边界围绕着十分明显的梯级带,总体构成呈斜卧的反"S"形。

中部弱磁异常区(Ⅲ):该区是一条背景值为-50nT的负磁场区,其中分布着呈串珠状排列的3条北西向的低值正磁异常带,分别是北祁连磁异常带、柴北缘-中祁连东段磁异常带、东昆仑-西秦岭北缘磁异常带。这3条异常带在武威—共和一带明显发生错断或位移。

南部平稳磁场区(Ⅳ):位于巴颜喀拉-西秦岭,区内局部异常稀少,磁场平静。

从重磁场分布的特征来看,蒙甘青地区地球物理场的变化较复杂,它是陆壳结构、沉积盖层、构造运动以及火山活动等多种因素的综合反映。因此区域重力场、磁场的变化为构造分区提供了依据。

二、区域地球化学特征

元素区域地球化学特征见表3-3和表3-4。

依据区域地球化学场浓集比率K_k(K_k=测区均值/对比区均值)及变异系数C_v(C_v=测区离差/测区均值)来考察元素在区域内的分配及局部富集特征。

表3-3 甘肃省地球化学场及背景场参数特征表

元素及氧化物	全国背景值	记录数	最大值	最小值	平均值	标准差	变异系数(C_v)	K_k
Ag	77	68 057	9 999.99	2	68.767	87.588	1.27	0.89
As	10	68 057	837.9	0.05	10.754	11.173	1.04	1.08
Au	1.32	68 057	944	0.1	2.121	7.742	3.65	1.61
B	47	59 743	980	0.3	35.544	22.386	0.63	0.76
Ba	490	68 057	9 999.99	0.8	585.557	299.977	0.51	1.2
Be	2.1	68 057	73	0.01	1.805	0.891	0.49	0.86
Bi	0.31	68 055	34	0.01	0.326	0.278	0.85	1.05
Cd	140	68 056	9 999.99	4	136.698	213.456	1.56	0.98
Co	12.1	68 057	248	0.01	11.246	6.078	0.54	0.93
Cr	59	68 057	3664	0.1	61.11	48.659	0.8	1.04
Cu	22	68 056	2 296.6	0.01	22.89	19.742	0.86	1.04
F	490	68 057	9 999.99	20	504.539	226.32	0.45	1.03
Hg	36	68 057	9 999.99	0.5	35.258	162.591	4.61	0.98
La	39	68 057	1084	0.1	33.527	10.948	0.33	0.86
Li	32	68 057	606	0.2	24.817	13.452	0.54	0.78
Mn	670	68 057	9 999.99	22.3	608.841	271.475	0.45	0.91
Mo	0.84	68 054	1275	0.01	0.827	5.169	6.25	0.98
Nb	16	68 057	706	0.1	12.349	4.907	0.4	0.77
Ni	25	68 057	1 679.5	0.01	27.97	30.19	1.08	1.12
P	580	68 057	9 999.99	23.7	590.881	249.019	0.42	1.02

续表 3-3

元素及氧化物	全国背景值	记录数	最大值	最小值	平均值	标准差	变异系数(C_v)	K_k
Pb	24	68 054	3240	0.1	20.412	19.925	0.98	0.85
Sb	0.69	68 057	993.61	0.01	1.111	8.593	7.73	1.61
Sn	3	68 057	156	0.02	2.576	1.636	0.64	0.86
Sr	145	68 057	7226	10.8	224.845	123.501	0.55	1.55
Th	11.9	66 448	1 847.1	0.1	10.607	8.073	0.76	0.89
Ti	4105	68 056	9 999.99	3	3 207.04	1 166.62	0.36	0.78
U	2.45	68 057	102	0.01	1.751	0.913	0.52	0.71
V	80	68 057	1 424.1	1.31	66.83	32.613	0.49	0.84
W	1.8	68 057	353	0.01	1.57	3.157	2.01	0.87
Y	25	68 057	285	2.4	22.8	5.741	0.25	0.91
Zn	70	68 057	9 999.99	2	60.967	70.711	1.16	0.87
Zr	270	68 057	2 240.3	0.45	194.125	74.709	0.38	0.72
SiO_2	65.31	66 448	91.68	0.01	62.985	9.562	0.15	0.96
Al_2O_3	12.83	65161	24.6	0.01	11.619	2.422	0.21	0.91
Fe_2O_3	4.5	68 057	55.8	0.01	3.908	1.614	0.41	0.87
CaO	1.8	66 448	55.6	0.09	5.404	4.161	0.77	3
MgO	1.37	68 057	37.19	0.01	2.257	1.654	0.73	1.65
K_2O	2.36	68 052	241	0.01	2.351	1.16	0.49	1
Na_2O	1.32	68 057	41.05	0.01	2.018	0.98	0.49	1.53

注:Au、Ag、Hg 含量单位为 10^{-9},氧化物含量单位为 10^{-2};其他含量单位均为 10^{-6}。

表 3-4 全省地球化学特征表

名称	K_k	C_v			
		>0.8	0.5～0.8	0.3～0.5	<0.3
与中国水系沉积物元素含量背景值相比(K_k 全)	>1.10	Au、Sb、Ni	CaO、MgO、Sr、Ba	Na_2O	
	1.10～0.90	As、Bi、Cu、Hg、Cd、Mo	Cr、Co	F、P、K_2O、Mn	SiO_2、Y、Al_2O_3
	<0.90	Ag、Zn、W、Pb	Th、Sn、Li、B、U	V、Fe_2O_3、La、Be、Ti、Nb、Zr	

注:①K_k>1.10 为高背景,1.10～0.90 为正常背景,K_k<0.90 为低背景;C_v>0.8 为局部强富集,0.8～0.5 为局部次强富集,0.5～0.3 为局部弱富集,C_v<0.3 为均匀分散。
②中国水系沉积物元素含量背景值,据任天祥(1998)。

与全国水系沉积物元素含量背景值相比(K_k),甘肃省 Au、Sb、Ni、CaO、MgO、Sr、Ba、Na_2O 等为高背景,说明甘肃省地质构造复杂,显示测区含大量非均匀分布的碳酸盐岩,同时也说明甘肃省大面积分布的干旱、半干旱气候对元素分布的影响,Ni 为高背景元素,显示测区分布基性、超基性岩体岩脉。Au、Sb 等元素呈局部强富集及局部次强富集,显示测区经受了较强的构造活动且高中低温热液活动强烈。

局部强富集的 Au、Sb、Ni、As、Bi、Cu、Hg、Cd、Mo、Ag、Zn、W、Pb 说明这些元素为主要的成矿元素及伴生元素。可以看出甘肃省各级构造活动强烈,成矿作用强烈。

三、区域遥感地质特征

(一)区域遥感特征及地貌分区

甘肃省位于黄土高原、内蒙古高原和青藏高原三大高原的交会处,总体地貌类型为山地型高原。根据甘肃省地貌形态、植被发育程度和基岩出露情况等原则,全省可划分为5个影像区、13个影像亚区。再根据影像亚区内色调、影纹结构、微地貌、植被、水系等特征可以划分为基岩、第四纪沉积物成因类型等57个影像小区(影像单元)。这些影像小区由不同的地貌单元组成,出露着不同的岩石地层、构造岩浆及不同类型的矿产,由不同类型的影像色调、不同的影纹及影像构造,形成不同的遥感影像特征,共同组成甘肃省独特的遥感影像特征。

(二)遥感数据光谱特征

在甘肃省内,TM/ETM遥感数据从单波段光谱特征及其地质矿产信息分析可知:总体上地质信息丰富、影像醒目的较佳单波段及其优化排序为TM7、TM4和TM1。

经统计,地质信息量大,同时相关性又较小的波段排序如下:

(1)单波段地质信息量从大至小的顺序:TM7、TM4、TM1。方差较大波段为TM1、TM7、TM4、TM8。

(2)相关性分析:TM4和其他波段间相关性均较小,波段组合中TM7、TM4、TM1之间相关性较小。

从上可见,单波段分析和统计特征较为一致,即TM7、TM4、TM1这3个波段较优,可以组合成TM741最佳波段组合。本区以TM741-8波段组合作为基础图象应为最佳选择。

(三)区域地表覆盖类型及其遥感特点

甘肃省地域辽阔,地形狭长,在复杂地质构造和地貌、气候演化过程中,形成了丰富多彩的自然景观和生态环境。北山、祁连山西段和龙首山地区,基岩裸露,地表覆盖类型是以风积、残坡积和冲洪积为主的第四系沉积物,水系、植被均不太发育。甘肃省中部和陇东地区第四纪堆积物厚度较大、保存完好,主要为风积、洪积等成因的黄土层,在六盘山、陇西地区基岩出露相对较多,而在陇东地区,基岩仅在沟谷等深切割地带出露。在甘南—西秦岭一带,植被较发育,灌木丛、草地和林地将大部分地表覆盖,第四纪堆积物以冲洪积、残坡积物为主,基岩出露较差。

(四)区域水体、水系特点

甘肃省位于我国湿润区向西部干旱区的过渡地带,地表水系复杂多样,省内河流分为内陆河、黄河和长江三大流域,共12个水系。其中,内陆河流域有疏勒河、黑河和石羊河3个水系;黄河流域有黄河干流、大夏河、洮河、湟水、渭河、泾河和北洛河7个水系;长江流域有嘉陵江和汉江2个水系。全省多年平均年径流量大于1亿m³的河流共有79条,多年平均年径流量大于10亿m³的较大江河共有12条。

(五)遥感影像可解译程度

甘肃省地貌类型复杂,地表覆盖相差较大。北山、龙首山地区属典型的大陆性干旱气候,多风少雨,植被稀少,基岩裸露,地形起伏变化较小,有利于遥感技术方法直接获取丰富的地表地质信息,从遥感图像上能够全面、直观地反映各类地质体及构造单元的宏观地质特征,遥感影像制图和遥感异常的提取效果都较好。祁连山、西秦岭地区潮湿多雨,植被发育,地形陡峻,在遥感图像上形成大量阴影干扰,地表地质信息难以识别，解译效果不佳。河西走廊及陇东地区，为大面积第四纪松散堆积和黄土覆盖，在影像上除地形、地貌的判译外，可解译或识别出区域性断裂构造（带）、活动断裂，以及某些具有隐伏或半隐伏特征的线-环构造、侵入岩体等，其他与成矿有关的地质信息难以识别。

总体来看，影响本省遥感解解译和异常提取的主要因素有以下几点。

1. 第四系松散堆积物覆盖

广泛分布的第四系松散堆积物为甘肃省遥感解译的主要影响因素之一，北山、龙首山地区的浅层松散堆积物，祁连山区的冰川、冰碛物，走廊、陇中—陇西地区的黄土覆盖，西秦岭地区冲洪积物等，都对甘肃省遥感异常提取和遥感地质解译有巨大影响。

2. 高寒高山岩石中度裸露区和第四纪松散堆积物浅层覆盖

高寒高山岩石中度裸露区和第四纪松散堆积物浅层覆盖主要影响地区为祁连山地的高山地区。强烈风化形成的残积、坡积、崩塌堆积、冰川堆积及冰雪等，严重影响遥感解译的效果，造成遥感异常被掩盖、夸大或偏移。

3. 植被中高度覆盖

植被中高度覆盖主要影响地区为西秦岭。植被中高度覆盖对遥感解译效果影响极大，严重干扰遥感异常信息的提取。

综合来看，影响遥感异常提取和遥感地质解译效果的因素较多，北山、龙首山地区遥感地质可解译程度和异常提取的效果较好，阿尔金、祁连山西段遥感地质可解译程度和异常提取的效果中等，西秦岭、甘南地区遥感地质可解译程度和异常提取的效果较差，走廊与陇中黄土地区遥感地质可解译程度和异常提取的效果很差。

第三节 区域矿产特征

一、成矿带特征及矿产分布

甘肃省划分出4个Ⅰ级成矿域（古亚洲、秦祁昆、特提斯、滨太平洋），8个Ⅱ级成矿省（Ⅱ-2准噶尔、Ⅱ-4塔里木、Ⅱ-5阿尔金-祁连、Ⅱ-6昆仑（造山带）、Ⅱ-7秦岭-大别-苏鲁、Ⅱ-8巴颜喀拉-松潘、Ⅱ-14华北、Ⅱ-15上扬子），18个Ⅲ级成矿带，各矿产分布情况见表3-5，图3-7。据国情调查成果，截至2021年底，各成矿带内矿区情况见表3-6～表3-8。

（一）觉罗塔格-黑鹰山成矿带（Ⅲ-8）

该成矿带全称觉罗塔格-黑鹰山铁-铜-镍-金-银-钼-钨-石膏-硅灰石-膨润土-煤成矿带（Ⅲ-8），地处西伯利亚板块南缘之北山古生代造山带的红石山晚古生代弧盆系构造体系中。地理上位于甘肃省西北端，行政区划仅涉及肃北蒙古族自治县。北界为国界，南界为破城山逆冲断裂带，成矿带呈近东西向展布，向东延入内蒙古自治区内，向西延入新疆维吾尔自治区内，面积约9290km²。

1. 区内大地构造单元

本成矿带所处一级构造单元为西伯利亚板块，所以二级构造单元为北山古生代造山带，所处三级构造单元为红石山晚古生代弧盆系（Ⅰ-6-1），包含3个四级构造单元：圆包山（中蒙边境）岩浆弧、红石山蛇绿混杂岩和明水岩浆弧。

表 3-5　甘肃省成矿单元划分表

Ⅰ级（成矿域）	Ⅱ级（成矿省）	Ⅲ级（成矿带）	Ⅳ级（成矿亚带）
古亚洲成矿域（Ⅰ-1）	准噶尔成矿省（Ⅱ-2）	Ⅲ-8 觉罗塔格－黑鹰山铁－铜－镍－金－银－钼－钨－石膏－硅灰石－膨润土－煤成矿带	Ⅳ-8①四顶顶山－圆包山金－铜－镍成矿亚带
			Ⅳ-8②扫子山－红石山金－钨－铁－铬－钒成矿亚带
			Ⅳ-8③明水金－铁－钨－铜－银－锡－白云母成矿亚带
	塔里木成矿省（Ⅱ-4）	Ⅲ-14 金窝子－公婆泉铁－铜金－铅－锌－锰－钨－锡－钼－钒－铀－磷成矿带	Ⅳ-14①红柳河金－铁－铅锌－铜成矿亚带
			Ⅳ-14②勘巴泉－公婆泉铜铁－锰－煤－磷－硫铁矿－石墨成矿亚带
		Ⅲ-15 敦煌铁－铜－镍－金－银－钨－锑－铅－铅－锌－砷－锰钒铀磷钠成矿带	Ⅳ-15①方山口－鹰嘴红山铁－金－铁－铅锌－铜－钼－铜（镍）－锰－镁－重晶石－煤－萤石－白云岩成矿亚带
			Ⅳ-15②小独山－白山堂钨（银）－铜（铅－锌）－铁－铌钽－镁－铬－稀土－芒硝煤－红杜台－安白渭白长石成矿亚带
			Ⅳ-15③西湖硼砂－钾盐－页岩气成矿亚带
			Ⅳ-15④多坝沟－玉门钒－铁－金－铌钽－镁－磷－萤石成矿亚带
		Ⅲ-19 阿尔金金－铁－铬－石棉－和田玉成矿带	Ⅳ-19①红柳沟－拉配泉锰－萤石铜矿成矿亚带
		Ⅲ-20 河西走廊铁－锰－萤石－盐类－凹凸棒石－油成矿带	Ⅳ-20①酒泉－皇城金－铜－煤－高岭土－花岗岩－泥炭－黏土－膨润土－重晶石－磷成矿亚带
			Ⅳ-20②嘉峪关－武威金－铁－铜－锰－铬－石油－煤－油页岩成矿亚带
秦祁昆成矿域（Ⅰ-2）	阿尔金－祁连成矿省（Ⅱ-5）	Ⅲ-21 北祁连铜－铅－锌－铁－铬－金－银－硫铁矿棉成矿带	Ⅳ-21①九个泉－景泰铜铁－金－锑－钨－稀土－锰－石膏－煤成矿亚带
			Ⅳ-21②昌马－靖远铁－金－铜－铅－锌－锰成矿亚带
			Ⅳ-21③肃北－香毛山金－铜铁－钨－钼－铝－锌－石膏－锰成矿亚带
			Ⅳ-21④柳沟峡－小柳沟铁－钨－铜－铅－锌－铬－白云岩－磷成矿亚带
			Ⅳ-21⑤野牛沟－黄藏寺铜铬－锰成矿亚带
			Ⅳ-21⑥白银铜－铅－锌－金－银－锰－灰岩石沸石英岩成矿亚带

续表 3-5

Ⅰ级（成矿域）	Ⅱ级（成矿省）	Ⅲ级（成矿带）	Ⅳ级（成矿亚带）
秦祁昆成矿域（Ⅰ-2）	阿尔金-祁连成矿省（Ⅱ-5）	Ⅲ-22 中祁连铁-铜-铬-镍-钨-钼-铅-锌-磷-石墨-红柱石-菱镁矿成矿带	Ⅳ-22①玉石沟-川刺沟钨-银-铁-煤成矿亚带
			Ⅳ-22②别盖山-硫磺山铅-锌-钨（钼）-铜-铬-自然硫成矿亚带
			Ⅳ-22③大道尔吉-黑沟口铬-铅-锌-铁-金-稀土-菱镁矿-石墨成矿亚带
			Ⅳ-22④炭山岭-清水铁-铜-铅-锌-钨-镁-金-锰-煤-磷-芒硝-石英岩-黏土-长石成矿亚带
			Ⅳ-22⑤河桥镇-兴隆山锰-镁-铁-煤-石油-油页岩-石英（砂）岩-灰岩-玄武岩-萤石-方解石成矿亚带
		Ⅲ-23 南祁连（含拉脊山）铅-锌-金-铜-镍-铬成矿带	Ⅳ-23①党河南山铌钽-金-石棉-蓝晶石成矿亚带
			Ⅳ-23②哈勒腾河-青海湖金-钾盐成矿亚带
	昆仑（造山带）成矿省（Ⅱ-6）	Ⅲ-24 柴达木北缘铅-锌-锰-铬-金-白云母成矿带	Ⅳ-24①日月山-化隆铜-金-石榴石-钾盐成矿亚带
		Ⅲ-66 北秦岭金-银-铁-铜-铬-鸳鸯玉-灰岩-煤-透辉石成矿带	Ⅳ-66①化石沟-小哈尔腾铜-金-石榴石-钾盐成矿亚带
	秦岭-大别-苏鲁成矿省（Ⅱ-7）	Ⅲ-28A 中秦岭铅-锌-铜（铁）-金-锑-银-钼-钨（锡）-砷-灰岩-红柱石-大理岩-萤石-盐类-煤-泥炭-洮砚石-重晶石成矿带	Ⅳ-66①武山-天水金-银-镁-铁-铜-铬-鸳鸯玉-灰岩-煤-透辉石成矿亚带
			Ⅳ-28A①临潭-徽县铅-锌-铜（铁）-金-锑-银-钼-钨（锡）-砷-灰岩-红柱石-大理岩-萤石-盐类-煤-泥炭-洮砚石-重晶石成矿亚带
		Ⅲ-28B 南秦岭铅-锌-铜（铁）-金-汞-锑成矿带	Ⅳ-28B①夏河-两当金-锑-汞-银-铁-铜-泥炭-煤成矿亚带
			Ⅳ-28B②碌曲-舟曲-广金坝金-锰-镁-铜-锑-汞-砷-硒-石膏-磷成矿亚带
			Ⅳ-28B③玛曲（西倾山）金-铁-灰岩成矿亚带
			Ⅳ-28B④新关-阳山金-铁-石英岩成矿亚带

续表 3-5

Ⅰ级（成矿域）	Ⅱ级（成矿省）	Ⅲ级（成矿带）	Ⅳ级（成矿亚带）
特提斯成矿域（Ⅰ-3）	巴颜喀拉-松潘成矿省（Ⅱ-8）	Ⅲ-29 阿尼玛卿铜 钴 锌-金-银成矿带	Ⅳ-29① 布青山 积石山铜 钴 金 锑成矿亚带
		Ⅲ-30 北巴颜喀拉-马尔康金-镍-铂族-铁-锰-铅-锌-锂-铍-白云母成矿带	Ⅳ-30① 加给龙洼-昌马河金-锑-稀土-钨-锡-汞成矿亚带
滨太平洋成矿域（叠加在古亚洲成矿域之上）（Ⅰ-4）	华北成矿省（Ⅱ-14）	Ⅲ-18 阿拉善（台隆）铜-镍-铂族-铁-稀土-石墨-芒硝-盐类成矿带	Ⅳ-18① 北大山-西红山铬-铁-煤成矿亚带
			Ⅳ-18② 龙首山铜-镍-贵金属-铁-锰-镁-稀土-萤石-凹凸棒石-石膏-膨润土-石英岩-芒硝-煤-磷-硅石-灰岩成矿亚带
		Ⅲ-59 鄂尔多斯西缘（陆缘坳褶带）铁-铅-锌-磷-石膏-芒硝成矿带	Ⅳ-59① 平凉-安口镇铝土矿-煤-灰岩 黏土-磷-油页岩-灰岩成矿亚带
		Ⅲ-60 鄂尔多斯（盆地）铀 油气 煤 盐类矿集区	Ⅳ-60① 晥东小水油 煤 人然气 △灰砂岩 盐成矿亚带
	扬子成矿省（Ⅱ-15）	Ⅲ-73 龙门山-大巴山（台缘坳陷）铁-铜铅-锌-锰-钒-磷-硫-重晶石-铝土-磷成矿带	Ⅳ-73① 文县东-康县金（钼-钴）-锰-重晶石-磷（钴）-铁-磷成矿亚带
			Ⅳ-73② 碧口-阳坝铜金（钴）-铁-磷成矿亚带

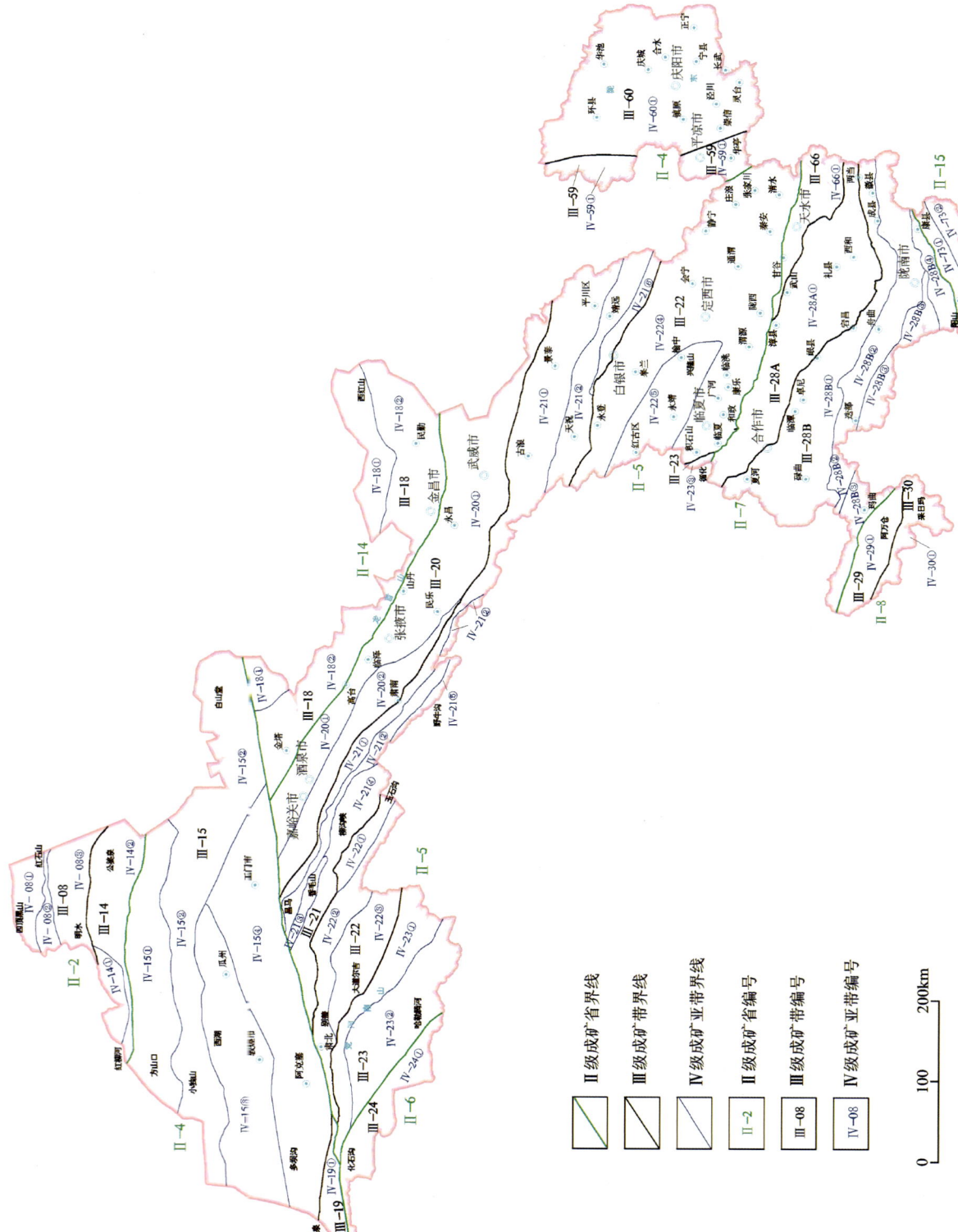

图 3-7 甘肃省成矿区带划分图

第三章 地质矿产概况

表 3-6　甘肃省Ⅲ级成矿(区)带能源矿产区统计表

编号	矿种	金窝子-公婆泉成矿带(Ⅲ-14)	敦煌成矿带(Ⅲ-15)	阿拉善成矿带(Ⅲ-18)	阿尔金成矿带(Ⅲ-19)	河西走廊成矿带(Ⅲ-20)	北祁连成矿带(Ⅲ-21)	中祁连成矿带(Ⅲ-22)	南祁连成矿带(Ⅲ-23)	北秦岭成矿带(Ⅲ-66)	中秦岭成矿带(Ⅲ-28A)	南秦岭成矿带(Ⅲ-28B)	鄂尔多斯西缘成矿带(Ⅲ-59)	鄂尔多斯成矿区(Ⅲ-60)	龙门山-大巴山成矿带(Ⅲ-73)	总计
1	煤	5	7	7		61	31	16		1		12	18	20	3	181
2	泥炭					4					1	1				6
3	油页岩												1			1
	合计	5	7	7		65	31	16		1	1	13	19	20	3	188

表 3-7　甘肃省Ⅲ级成矿(区)带金属矿产区统计表

矿产分类	矿产名称	觉罗塔格-黑鹰山成矿带(Ⅲ-08)	金窝子-公婆泉成矿带(Ⅲ-14)	敦煌成矿带(Ⅲ-15)	阿拉善成矿带(Ⅲ-18)	阿尔金成矿带(Ⅲ-19)	河西走廊成矿带(Ⅲ-20)	北祁连成矿带(Ⅲ-21)	中祁连成矿带(Ⅲ-22)	南祁连成矿带(Ⅲ-23)	柴达木北缘成矿带(Ⅲ-24)	北秦岭成矿带(Ⅲ-66)	中秦岭成矿带(Ⅲ-28A)	南秦岭成矿带(Ⅲ-28B)	龙门山-大巴山成矿带(Ⅲ-73)	鄂尔多斯西缘成矿带(Ⅲ-59)	总计
黑色金属	铁	4	7	28	13	1		41	6			3	7	27	1		138
	锰			3		2		10	3						4		22
	铬	1						1	1								3
	钒			7													7
有色金属	铜	1	6	6			1	26	9		1	1	13	1	8		73
	镍			2	1												3
	铅锌			5				5	8			2	36	2			58
	钨	2		3				1		3			1				11

续表 3-7

矿产分类	矿产名称	觉罗塔格-黑鹰山成矿带（Ⅲ-08）	金窝子-公婆泉成矿带（Ⅲ-14）	敦煌成矿带（Ⅲ-15）	阿拉善成矿带（Ⅲ-18）	阿尔金成矿带（Ⅲ-19）	河西走廊成矿带（Ⅲ-20）	北祁连成矿带（Ⅲ-21）	中祁连成矿带（Ⅲ-22）	南祁连成矿带（Ⅲ-23）	柴达木北缘成矿带（Ⅲ-24）	北秦岭成矿带（Ⅲ-66）	中秦岭成矿带（Ⅲ-28A）	南秦岭成矿带（Ⅲ-28B）	龙门山-大巴山成矿带（Ⅲ-73）	鄂尔多斯西缘成矿带（Ⅲ-59）	总计
有色金属	钼			3				1					2				6
	铁											1				2	3
	锡	1															1
	锑							2					5	7			14
	汞												1	2			3
贵金属	金	9	3	50	2		10	19	5	9		47	59	76	19		308
	银								1			1		1			3
稀有、稀土	铌钽			4						1							5
	轻稀土							1									1
合计		18	16	111	16	3	12	107	36	10	1	55	124	116	32	2	659

表 3-8 甘肃省Ⅲ级成矿（区）带非金属矿产矿区统计表

编号	矿种	金窝子-公婆泉成矿带（Ⅲ-14）	敦煌成矿带（Ⅲ-15）	阿拉善成矿带（Ⅲ-18）	阿尔金成矿带（Ⅲ-19）	河西走廊成矿带（Ⅲ-20）	北祁连成矿带（Ⅲ-21）	中祁连成矿带（Ⅲ-22）	南祁连成矿带（Ⅲ-23）	北秦岭成矿带（Ⅲ-66）	中秦岭成矿带（Ⅲ-28A）	南秦岭成矿带（Ⅲ-28B）	鄂尔多斯西缘成矿带（Ⅲ-59）	鄂尔多斯成矿区（Ⅲ-60）	总计
1	磷		2	3		1		2							8
2	石墨		4	1				1							6

续表 3-8

编号	矿种	Ⅲ级成矿带													总计
		金窝子-公婆泉成矿带(Ⅲ-14)	敦煌成矿带(Ⅲ-15)	阿拉善成矿带(Ⅲ-18)	阿尔金成矿带(Ⅲ-19)	河西走廊成矿带(Ⅲ-20)	北祁连成矿带(Ⅲ-21)	中祁连成矿带(Ⅲ-22)	南祁连成矿带(Ⅲ-23)	北秦岭成矿带(Ⅲ-66)	中秦岭成矿带(Ⅲ-28A)	南秦岭成矿带(Ⅲ-28B)	鄂尔多斯西缘成矿带(Ⅲ-59)	鄂尔多斯成矿区(Ⅲ-60)	
3	萤石		5	5		2	4				1				17
4	菱镁矿		1					1							2
5	玻璃用砂岩							1						1	2
6	玻璃用砂							5							5
7	冶金用石英岩			5			2	1							8
8	水泥用石灰岩			3			13	12	1	2	8	6	5		50
9	玻璃用白云岩							1		1					2
10	制灰用石灰岩					1									1
11	铸型用黏土			1		1									2
12	膨润土						4								4
13	沸石					1	2	2							5
14	水泥用大理岩			2				1					1		4
15	陶瓷土					1	1			1		1	1		5
16	芒硝		2	2			1								5
17	建筑石料用灰岩							1							1
18	冶金用白云岩		2				1	1		2		1			7
19	透辉石									1					1
20	饰面用蛇纹岩									1					1
21	长石	1						2							3

续表3-8

编号	矿种	金窝子-公婆泉成矿带（Ⅲ-14）	敦煌成矿带（Ⅲ-15）	阿拉善成矿带（Ⅲ-18）	阿尔金成矿带（Ⅲ-19）	河西走廊成矿带（Ⅲ-20）	北祁连成矿带（Ⅲ-21）	中祁连成矿带（Ⅲ-22）	南祁连成矿带（Ⅲ-23）	北秦岭成矿带（Ⅲ-66）	中秦岭成矿带（Ⅲ-28A）	南秦岭成矿带（Ⅲ-28B）	鄂尔多斯西缘成矿带（Ⅲ-59）	鄂尔多斯成矿区（Ⅲ-60）	总计
22	玉石														1
23	凹凸棒石黏土			2			1								3
24	海泡石黏土			2											2
25	高岭土					1									1
26	饰面用花岗岩		3			3		1							7
27	石棉				3										3
28	蓝晶石		1												1
29	建筑用砂													1	1
30	硅灰石		1												1
31	毒重石										1				1
32	石榴石		1												1
33	冶金用脉石英	1	1												2
34	滑石		1												1
35	红柱石										1	1			2
36	硫铁矿						3								3
37	宝石						1	1							1
38	熔剂用灰岩			2			3								5
39	蛭石			1											1
40	耐火黏土					1	1	1			1				4

续表 3-8

编号	矿种	III级成矿带													总计
		金窝子-公婆泉成矿带(III-14)	敦煌成矿带(III-15)	阿拉善成矿带(III-18)	阿尔金成矿带(III-19)	河西走廊成矿带(III-20)	北祁连成矿带(III-21)	中祁连成矿带(III-22)	南祁连成矿带(III-23)	北秦岭成矿带(III-66)	中秦岭成矿带(III-28A)	南秦岭成矿带(III-28B)	鄂尔多斯西缘成矿带(III-59)	鄂尔多斯成矿区(III-60)	
41	饰面用大理岩			1							1	1			3
42	电石用灰岩						1								1
43	石膏			1			11					2			14
44	方解石							1							1
45	盐矿										1				1
46	玻璃用石英岩			1								1			2
47	水泥配料用黄土					1	2	5			1	1	1		11
48	重晶石		1			1					1	2			5
49	水泥配料用黏土												1		1
50	制碱用灰岩							1						1	1
51	岩棉用玄武岩											1			1
52	水泥配料用红土										1				1
53	砷矿														1
	合计	1	27	30	3	13	48	41	1	10	18	16	8	3	219

2. 岩石建造及其成矿作用

基底为新太古代—元古宙变质建造,早古生代扩张的洋壳开始发生向北俯冲消减,进入沟-弧-盆演化体系,造就了大量的岛弧型钙碱性火山岩和花岗岩的产出。晚古生代地层由以板内裂谷裂陷体系为主的海槽和一些隆起剥蚀区构成,呈现复杂的海陆格局。各时代建造组合如下。

(1)太古宙—元古宙变质岩石建造:太古宇—古元古界北山岩群中变质杂岩是由云母石英片岩-石英岩-大理岩组合构成的岩石建造,形成明水岩浆弧的基底杂岩,另外伴有新元古界形成的花岗闪长质片麻岩正变质岩岩石建造。有变质型大理岩、石英岩矿产。

(2)早古生代构造层岩石建造:北侧额尔齐斯洋盆于奥陶纪—早泥盆世期间向南俯冲消减,形成上奥陶统咸水湖组(O_3xs)基性—酸性火山岩建造,下泥盆统雀儿山群中性—中酸性火山岩建造,咸水湖组基性火山岩、碎屑岩夹灰岩组合,雀儿山群中性—中酸性火山岩夹碳酸盐岩组合,是本带的含矿建造层。在四顶黑山有石炭纪基性—超基性岩侵入,后有海西期闪长岩、花岗岩等中性—酸性岩浆侵入,呈同源岩浆演化多次脉动二侵,形成同心环状套叠的岩体群。弧带内以海西成矿期铜镍-金矿床为主。甘肃省内虽没有形成工业价值的矿体,但在其西延带上产有新疆土墩-黄山大型铜镍矿床。

(3)晚古生代俯冲造山岩石建造:由处于圆包山与明水之间的红石山石炭纪小洋盆俯冲消减形成,石炭纪蛇绿混杂岩、陆源碎屑-火山碎屑浊积岩建造组合构成。石炭纪蛇绿混杂岩由红石山蛇绿岩、硅—泥质岩夹拉斑玄武岩、辉长岩、超基性杂岩组成,在上部的远洋泥硅质建造中,产有火山-沉积型石英磁铁矿层。早石炭世在圆包山地区形成白山组生物碎屑灰岩夹安山质-英安质火山岩-火山碎屑岩建造,在红石山地区形成绿条山组硅质泥岩-硅质岩夹火山岩建造,晚石炭世—早二叠世红石山小洋盆闭合,形成上石炭统扫子山组碎屑浊积岩夹中酸性火山岩-硅质岩-玄武岩建造。二叠纪区内已发展为断陷盆地,形成哲斯组碎屑岩、碳酸盐岩夹火山岩建造。白山组、扫子山组为含矿建造层,内有火山-沉积的石英磁铁矿层,产海相火山岩型铁矿、金矿。同期伴有俯冲岩浆杂岩辉长岩-闪长岩-花岗岩组合、同碰撞岩浆杂岩英云闪长岩-花岗闪长岩-二长花岗岩组合和后碰撞花岗岩组合,是岩浆热液型金、钨、锡等矿产的成矿热液来源。

(4)中—新生代构造层岩石建造:陆内演化阶段形成的岩石建造,局部地段沉积有侏罗纪芨芨沟组,为砂砾岩夹粉砂岩-泥岩建造,上覆盖层为坳陷盆地沉积的白垩系赤金堡组碳质泥岩-复成分砂砾岩建造,新近系苦泉组粉砂岩-泥岩-复成分砂砾岩建造及第四纪地层。

3. 矿区数量及成矿类型

该成矿带位于北山北带明水-旱山微大陆以北,是甘肃省北山地区重要金、铁、钨成矿带,次为锡、银、铬、钪、铜、钼、叶蜡石等,另有水晶、冰洲石、石英石、蛭石、高岭土等非金属矿。本次调查发现带内均为金属矿产,共有矿区18处,包括金矿区9处、铁矿区4处、钨矿区2处、铬矿区1处、铜矿区1处、锡矿区1处。该成矿带内金成矿作用主要与晚泥盆世—早二叠世红石山洋盆裂解、俯冲,至最后闭合过程中的构造-岩浆作用有关。

矿床类型以岩浆热液型、火山岩型和沉积变质矿床为主,带内金属矿产较发育,非金属矿产少见。其中金属矿产成矿类型有岩浆热液型、海相火山岩型、岩浆型、中—高温热液型、沉积变质型、接触交代矿床(矽卡岩)型等。其中金成矿类型有海相火山岩型、岩浆热液型和浅成中低温热液型3类;铜矿主要为接触交代矿床(矽卡岩矿床);铁矿的成矿类型主要为火山沉积变质(改造)矿床、交代热液矿床和沉积变质矿床,赋矿地层为下石炭统白山组中酸性火山岩-火山碎屑岩建造,海西期近东西向活动断裂及北东东向、北西西向区域性断裂是重要导矿构造,大断裂两侧次级构造裂隙是容矿构造,有石炭纪侵入的细粒石英闪长岩侵入体;钨锡矿类型主要有高温热液型和蚀变岩型。

代表性矿床:海相火山岩型南金山金矿、狼娃山铁矿床;岩浆热液型460中型金矿床、霍勒扎德盖东金矿床,黑山梁钨钼矿床,红尖兵山钨矿床等。

(二)金窝子-公婆泉成矿带(Ⅲ-14)

该成矿带全称金窝子-公婆泉铁-铜-金-铅-锌-锰-钨-锡-铷-钒-铀-磷成矿带(Ⅲ-14),地处西伯利亚板块南缘北山古生代造山带之马鬃山早古生代弧沟系中,由公婆泉岩浆弧、红柳河-洗肠井蛇绿混杂岩2个Ⅳ级构造单元构成。呈近东西向带状展布,北与觉罗塔格-黑鹰山成矿带以星星峡—破城山—红土崖一线为界,南界为那拉提-红柳河-牛圈子-洗肠井缝合带,面积约9856km²。

1. 区内大地构造单元

本成矿带所处一级构造单元为西伯利亚板块,所处二级构造单元为北山古生代造山带,所处三级构造单元为马鬃山早古生代弧盆系,包含2个四级构造单元:红柳河-洗肠井蛇绿混杂岩、公婆泉岩浆弧。

2. 岩石建造及其成矿作用

该成矿带主要岩石建造有岩浆基底变质建造、早古生代陆缘弧岩石建造、中—新生代盖层建造。

(1)太古宙—元古宙岩浆弧基底变质建造:公婆泉岩浆弧的基底为中变质杂岩太古宇—古元古界北山岩群云母石英片岩-石英岩-斜长角闪岩-大理岩-黑云斜长变粒岩组合构成的太古宇—古元古界岩石建造,很可能为古裂谷构造中的沉积-火山岩系,浅变质古硐井群白云石大理岩-石英岩-板岩组合构成的长城纪岩石建造,平头山组白云石大理岩-石英岩夹千枚岩-粉砂质板岩组合构成的蓟县纪岩石建造,以及长城纪花岗闪长质片麻岩、二长花岗质片麻岩、蓟县纪二长花岗质片麻岩,还有南华纪—寒武纪裂谷边缘沉积的陆源碎屑浊积岩-玄武质-英安质流纹质火山岩-蛇绿岩组合形成的岩石建造。

(2)早古生代陆缘弧岩石建造:由岩浆弧及弧前陆坡盆地沉积建造构成。主要岩石建造有下奥陶统牛圈子混杂岩、中—上奥陶统窑洞努如岩组、中志留统公婆泉群,以及志留纪—泥盆纪的岩浆侵入体。下奥陶统牛圈子混杂岩在区内西部为硅质建造,东部为玄武岩-安山岩-英安岩建造,是板块碰撞边缘形成红柳河-洗肠井蛇绿混杂岩的组成部分;中—上奥陶统窑洞努如岩组为陆源碎屑浊积岩夹火山岩及火山碎屑沉积岩建造,火山岩属岛弧型安山岩-玄武岩组合、安山岩-英安岩组合;中志留统公婆泉群为安山岩-英安岩夹灰岩-火山碎屑岩建造,火山岩则以具钙碱性向碱性岩过渡的安山岩、英安岩为主,火山碎屑岩为基性凝灰岩组合;弧前陆坡盆地沉积岩系为石英砂岩、粉砂岩、板岩夹砾岩建造。奥陶纪—早志留世侵入闪长岩-花岗岩组合,马鬃山主峰有石英闪长质糜棱岩,野马街南有中细粒石英闪长质糜棱岩。这些属板块碰撞前岩浆弧型花岗岩,与岛弧型火山岩构成了公婆泉岩浆弧带。志留纪—泥盆纪侵入岩属高钾钙碱性后碰撞岩浆杂岩组合,是斑岩型铜矿,热液型铁矿、金矿等的有利成矿弧带。

(3)晚古生代裂陷盆地建造:岩石建造有哲斯组碎屑岩、碳酸盐岩夹火山岩建造,上二叠统红岩井组陆源碎屑浊积岩建造,下三叠统珊瑚井组磨拉石建造。其次有石炭纪后造山板内钙碱性花岗岩组合、石炭纪—二叠纪板内伸展双峰式侵入岩组合及碱性花岗岩组合的岩浆岩建造。

(4)中—新生代盖层建造:盖层有中侏罗统水西沟群砂砾岩夹煤层建造,中侏罗统头屯河组复成分砂砾岩建造,下白垩统赤金堡组碳质泥岩-复成分砂砾岩建造,新近系苦泉组粉砂岩-泥岩-复成分砂砾岩建造及第四纪地层,是煤、油页岩等矿产的成生层。

3. 矿区数量及成矿类型

本次调查在该成矿带内共查明22个矿区,其中能源矿产煤矿区5处,金属矿产矿区共16处,包括铁矿区7处、铜矿区6处、金矿区3处,非金属矿产硫铁矿区1处。

成矿类型主要有岩浆热液型、斑岩型、接触交代(矽卡岩)型、岩浆型、生物化学沉积型等5类,其次有变质型、伟晶岩型等。主矿种金、铁、铜成因类型较复杂,金矿主要为岩浆热液型,铁有沉积变质矿床、岩浆熔离矿床、磁铁矿矽卡岩型矿床,铜矿主要有中—高温热液型、矽卡岩型、斑岩型。成矿时代以早古生代为主，晚古生代次之。

代表性矿床：岩浆热液型瓜州县碎石山南铁矿床、肃北蒙古族自治县红旗沟-红星山铁矿床，公婆泉斑岩型铜矿床，肃北蒙古族自治县红旗沟-红星山磁铁矿矽卡岩型铁矿床，以及肃北蒙古族自治县吐鲁矿区中、大型煤矿床。

（三）敦煌成矿带（Ⅲ-15）

该成矿带全称敦煌铁-铜-镍-金-银-钨-锑-铅-锌-砷-锰-钒-铀-磷-芒硝成矿带（Ⅲ-15），地处塔里木盆地（克拉通），由敦煌地块和东南坳陷2个三级构造单元构成。北以红柳河-洗肠井蛇绿混杂岩带为界，南以阿尔金断裂带为界，呈南西西向-北东东向展布，向东延伸进入内蒙古自治区内，向西延入新疆维吾尔自治区内，甘肃省内面积90 704 km^2。

1. 区内大地构造单元

本成矿带所处一级构造单元为塔里木板块，所处二级构造单元为塔里木盆地（克拉通），所处三级构造单元分别为东南坳陷和敦煌地块，后者包含2个四级构造单元——柳园裂谷和敦煌基底杂岩。

2. 岩石建造及其成矿作用

该成矿带主要的岩石建造有敦煌基底杂岩地层建造、早古生代被动陆缘沉积建造、晚古生代柳园裂谷岩石建造、中新生代断陷盆地、坳陷盆地建造。

（1）太古宙—元古宙敦煌基底杂岩地层建造：敦煌基底杂岩为敦煌地块的主体，呈带状位于敦煌地块南部，在甘肃省主要为一套敦煌岩群中深变质杂岩，由斜长角闪片麻岩-石英片岩-大理岩组合、云母石英片岩-斜长角闪岩-大理岩组合与基底花岗杂岩组合构成。其上覆有陆块形成阶段的沉积岩系：中—新元古界乱石山组变含砾石英砂岩、变含砾石英粗粒砂岩、变不等粒石英杂砂岩的岩石组合；冰沟南组以硅质灰岩或硅质结晶灰岩为主，常见硅质条带和燧石团块或结核，为台地、台地缓坡及远滨-临滨环境形成的碳酸盐岩、陆源碎屑-碳酸盐岩及碎屑岩组合。长城纪—青白口纪敦煌地块很可能属隆起剥蚀区而缺失长城纪—青白口纪沉积。青白口纪末的晋宁运动形成统一的古中华陆块。基底岩系原岩恢复表明是具裂谷特征的火山-沉积建造，反映古裂谷环境是本区古元古代的成矿构造环境，形成沉积-变质型铁、锰、磷、重晶石成矿带。该基底杂岩带内有早古生代、晚古生代—三叠纪侵入的碱性花岗岩、钙碱性花岗岩，影响着区内成矿作用，形成热液型铁和破碎蚀变岩型金、银成矿带。

（2）南华纪—早古生代被动陆缘沉积的岩石建造：南华纪—志留纪沉积的一套稳定被动陆缘沉积地层，位于柳园裂谷的北部边缘一带古老基底之上。从下至上主要岩石组合有冰积砾岩、冰水碎屑岩组合→碎屑岩陆表海远滨泥岩粉砂岩组合→较深水海盆地砂泥岩组合→半深海斜坡扇砂岩-硅质岩组合→远滨砂岩-砂砾岩组合等，形成的地层有南华系洗肠井群冰碛砾岩-碳酸盐岩夹粉砂岩-泥岩建造；寒武系双鹰山组含磷硅质岩-板岩夹灰岩建造，由黑色硅质岩、浅灰色生物碎屑灰岩组成，其底部有一层灰紫色中薄层状铁质含砾灰岩。西双鹰山组硅质岩-灰岩建造；奥陶系罗雅楚山组陆源浊积岩建造、锡林柯博组硅质岩夹泥灰岩建造、花牛山群砂页岩夹硅质泥岩-硅质岩-白云质灰岩建造；志留系黑尖山组石英砂岩夹硅质岩-砾岩建造。其中西双鹰山组、双鹰山组、花牛山组等为含矿建造地层，主要有磷、铁、钒等沉积型矿产。柳园裂谷中部花牛山一带，近东西走向分布一套奥陶纪边缘裂谷火山-沉积岩系，其岩石组合为泥岩、粉砂岩及少量火山岩，并伴有同期碱性花岗岩组合的侵入岩，在志留纪出现同碰撞过铝质花岗岩组合的侵入岩。

（3）晚古生代柳园裂谷岩石建造：柳园裂谷构造带呈近东西带状分布于敦煌基底杂岩的北部，属晚古生代陆内裂谷。发育在前南华纪基底之上，部分发育在加里东期被动陆缘沉积层之上，由泥盆系—二叠系一套浅海相（部分海陆交互相）碎屑岩＋双峰式海相火山岩建造构成。其沉积充填序列从陆相至海相,再到海陆相,形成了一个较完整的从退积型到进积型的序列组合。组成裂谷的岩石地层主要有泥盆系三个井组、墩墩山群,为裂谷流纹质火山岩-玄武岩组合及裂谷英安质火山岩、玄武岩-安山质火山岩夹复成分砂砾岩组合;石炭系红柳泉组、干泉组,为裂谷橄榄玄武岩-流纹质角砾凝灰岩-安山岩-流纹岩-英安岩组合、裂谷玄武质-英安质火山岩组合及裂谷基性—酸性火山岩-碎屑岩组合;二叠系双堡塘组、金塔组、方山口组,为裂谷英安质-安山质火山岩组合及湖泊三角洲砂砾岩组合。带内各处伴有大量同期侵入岩,主要岩石组合有板内裂谷过碱性—钙碱性花岗岩组合、板内裂谷基性—超基性侵入岩组合,是热液交代和热液型铜、铁、铅、锌、金、稀有金属有利成矿构造域。

柳园裂谷带中部构造变形十分发育,表现为近东西走向的柳园-金场沟脆韧性剪切带,西延被中—新生代明舒井西左行走滑断裂切断,东延被中—新生代三危山-西涧泉左行走滑断裂切断,裂谷带长大于90km,宽1~12km,断裂表现为早古生代左行韧性剪切,晚古生代主要为由北向南的逆冲。韧性剪切带具同期金矿化多期活动的特点。

(4) 中—新生代断陷盆地建造:断陷盆地建造分布于柳园裂谷带之上,有中侏罗统水西沟群砂砾岩夹煤层建造,中侏罗统头屯河组复成分砂砾岩建造,下白垩系赤金堡组碳质泥岩-复成分砂砾岩建造,新近系苦泉组粉砂岩-泥岩-复成分砂砾岩建造,为湖泊三角洲或河流环境形成的砂砾岩、粉砂岩夹少量火山岩组合。侏罗纪是煤等矿产的集聚层位。

该阶段主要形成的断陷洼地和坳陷湖沼盆地控制了现代盐湖及第四纪金、钨砂矿沉积,是新生代成矿期硼、钾盐等陆相沉积型矿产和地热、矿泉水等的成矿赋矿构造环境。

3. 矿区数量及成矿类型

区内共查明各类矿区145处,其中能源矿产煤矿7处,金属矿区共111处(金矿区50处、铁矿区28处、锰矿区3处、钒矿区7处、铜矿区6处、镍矿2处、铅锌矿区5处、钨矿区3处、钼矿区3处、铌钽矿区4处),非金属矿区27处(磷矿2处、石墨矿4处、萤石矿5处、饰面用花岗岩3处、冶金用白云岩2处、芒硝2处、重晶石1处、长石1处、蓝晶石1处、冶金用脉石英1处、石榴石1处、红柱石1处、宝石1处、滑石矿1处、菱镁矿1处)。

敦煌成矿带内矿床类型分为11类,矿种40多种,是省内成矿最多的区带之一。其成矿类型以岩浆热液型、受变质型矿床最多,其次为变质型、岩浆型。其中形成大型矿床的类型有岩浆型、岩浆热液型、受变质型、蒸发沉积型4类,浅成(中)低温热液型、生物化学沉积型等只形成小型及以下矿床(点)。另外,岩浆热液型形成的矿种最多,主要为金属矿产,成矿能力最强;伟晶岩型形成水晶、宝石矿床,变质型多为非金属矿产,沉积型有生物化学型和蒸发沉积型,形成能源矿产和盐类矿产。斑岩型和海相火山岩型形成矿床最少。

从不同矿种的成矿类型来看,金有岩浆热液型、受变质型、海相火山岩型、中—低温热液型4类,前两类金矿床数量多,能形成有规模的矿床,后两类成矿能力弱,形成矿床少。铁有受变质型、岩浆热液型、接触交代型3种成矿类型,受变质型铁成矿能力最强,有大型矿床。铜有岩浆型、岩浆热液型、斑岩型、矽卡岩型、浅成中低温热液型5类,钼矿床主要为岩浆作用矿床和变质作用矿床,钒矿主要为变质(沉积变质)型,汞矿主要为浅成中—低温热液型。铅锌矿床成矿类型主要有热液型、接触交代(矽卡岩)型。钨钼矿基本以岩浆热液型和高温、中—低温热液型为主。磷矿主要分布于北山、阿拉善等地,以沉积型及沉积变质型为主,还见有热液变质型等,沉积变质型的磷矿区以寒武系为主;萤石矿多为热液充填型,目前发现的晶质石墨矿的成矿时代为古元古代,是最主要的成矿期,矿床成因主要为沉积变质类型,属低绿片岩相—低角闪岩相,在后期岩浆活动强烈的地区,明显显示出岩浆活动对石墨晶体的生长有叠加促进作用,往往石墨片度相对较大。

从成矿时代上看,岩浆型、岩浆热液型、浅成中低温热液型、斑岩型、伟晶岩型等成矿时段在早古生代和晚古生代,与区带内加里东期和海西期岩浆活动关系密切;受变质型和变质型成矿时段为前寒武纪,前寒武纪是本带的主要成矿时段,形成的矿种多为非金属类且成大型。其次为奥陶纪,有加里东成矿期岩浆型超大型矿床。另外新生代也是区内主要成矿时段,形成机械沉积型、蒸发沉积型。

代表性矿床:岩浆型黑山铜(镍)矿、八龙沟(玉龙沟)铌钽矿床;岩浆热液型敦煌北山金矿、小独山子钨矿;接触交代型或矽卡岩型有花牛山铅锌矿、辉铜山铜矿、二道红山铁矿、西铅炉子铅锌矿;斑岩型有白山堂铜矿;受变质型矿床有小西弓金矿、红山铁矿、方山口钒磷矿、大红山锰矿;变质型四道红山菱镁矿-滑石矿;海相火山型瓜州县新老金厂金矿等。

(四)阿拉善(台隆)成矿带(Ⅲ-18)

该成矿带全称阿拉善(台隆)铜-镍-铂族-铁-稀土-磷-石墨-芒硝-盐类成矿带(Ⅲ-18),地处阿拉善微陆块,位于龙首山-雅布赖山地块,由迭布斯格-阿拉善右旗沉积区和龙首山变质基底杂岩2个四级构造单元构成,面积约29 886 km²,地理上北与内蒙古自治区相接,被分为东、西两片区。

1. 区内大地构造单元

本成矿带所处一级构造单元为柴达木-华北板块,所处二级构造单元为阿拉善微陆块(Ⅲ-4),所处三级构造单元为龙首山-雅布赖山地块(Ⅲ-4-2),后者包含2个四级构造单元:迭布斯格-阿拉善右旗沉积区和龙首山变质基底杂岩。

2. 岩石建造及其成矿作用

阿拉善微陆块是古元古代末吕梁运动在大陆地壳克拉通化历程中形成的大型陆块,残存的龙首山岩群成为后期演化的基底物质,长城纪—青白口纪沉积开始出现稳定型、过渡型和活动型的分化。在南华纪—泥盆纪超大陆裂解-碰撞造山地质演化中,阿拉善微陆块上蓟县纪墩子沟群直接不整合在龙首山岩群之上,主体为一套稳定型滨浅海相陆源碎屑岩夹碳酸盐岩沉积建造,属稳定型沉积。泥盆纪板内伸展时期,阿拉善微陆块基本上处于隆起剥蚀状态,但南缘局部地段出现山间断陷小盆地的海陆交互相火山岩-碎屑岩沉积,露头狭小零星,在其北侧出现较多辉长岩侵位,早石炭世板内伸展达到鼎盛时期,形成复杂海陆格局,晚石炭世—中三叠世挤压期阿拉善微陆块再次处于隆起剥蚀状态,但北部地区局部地段(青岭—西红山一带)晚石炭世—二叠纪出现山间断陷小盆地的陆相火山岩-碎屑岩沉积,并伴随有花岗质岩浆侵入活动。

(1)龙首山变质基底杂岩的岩石建造:龙首山岩群为一套中太古代变粒岩-浅粒岩-大理岩构造岩石组合的中深变质杂岩,是壬西构造运动的产物,构成该区的结晶基底。上覆中元古界蓟县系墩子群浅海相陆缘碎屑岩-碳酸盐岩组合构成的褶皱基底,及南华系—寒武系韩母山群条带状灰岩-砂页岩建造组合,多形成受变质型和变质型矿床。该变质基底杂岩中有早古生代晚期侵位的碱性花岗岩组合及石炭纪—二叠纪陆内伸展花岗岩侵位,丰富了杂岩带内的内生成矿作用。

龙首山变质基底杂岩南缘构造变形强烈,形成龙首山逆冲断裂带,其规模长大于500 km、宽0.5~20 km。构造层次属浅表,具压性逆冲特征。古近纪龙首山向南逆冲,走廊盆地断陷。

(2)中—新生代断陷盆地建造:有侏罗系青土井组碎屑岩夹含煤层建造、白垩系庙沟组砂岩夹砾岩建造、古近系白杨河组复成分砂砾岩建造等,是能源矿产煤和蒸发沉积型石膏、凹凸棒石黏土岩的成矿环境。

3. 构造演化与成矿作用

古元古代火山-碎屑沉积建造及铁矿层,多形成铁矿,裂陷作用地幔超镁铁岩浆上侵,形成与超基性岩有关的金川式硫化物铜、镍矿床;而在超镁铁岩上部沉积的含铁锰、多金属的碎屑-泥硅质建造,则构成与沉积作用有关的受变质型铁、锰、铜、铅、锌、磷矿床;青白口纪—震旦纪,海侵范围进一步扩大,沉积了含铁锰硅泥质建造,构成新元古界盖层中的沉积型铁、锰矿床;在海西运动地块边缘又产生深断裂,随着基性—超基性岩和晚期中酸性岩的侵入,出现岩浆型钛、铁矿床和稀有(铌、钽)矿床;新生代形成机械沉积型、蒸发沉积型矿床,有能源矿产煤,非金属矿产凹凸棒石黏土、石膏、硼等。

4. 矿区数量及成矿类型

区内金属矿产以铜镍矿为主,次为铁矿、金矿、锰铁铅锌矿、铌矿、稀土。非金属矿产有磷、萤石、石墨、蛭石、滑石、石棉、石英岩、大理岩、凹凸棒石、石膏、海泡石、芒硝、煤、石油。

本区查明矿区共53处,其中能源矿产主要为煤矿,共7处矿区;金属矿产矿区共16处,包括铁矿区13处、铜镍矿区1处、金矿区2处;非金属矿产矿区共有30处,包括磷矿区3处、石墨矿区1处、萤石矿区5处、冶金用石英岩矿区5处、水泥用灰岩矿区3处、膨润土矿区1处、芒硝矿区2处、凹凸棒石黏土矿区2处、海泡石黏土矿区2处、熔剂用灰岩矿区2处、蛭石矿区1处、饰面用大理岩矿区1处、石膏矿区1处、玻璃用石英岩矿区1处。

本带内生成矿作用形成的矿床以白家咀子(超)大型铜镍矿为代表,成矿类型为岩浆型,其次有岩浆热液型、受变质型、变质型等,岩浆热液型是区内主要成矿类型,而外生沉积作用矿床类型有机械沉积型、化学沉积型、生物化学沉积型、蒸发沉积型4类。

从矿种上来看,本带具金属矿种成矿少、非金属矿产相对多的特征。铜镍矿床仅有岩浆型,但形成了1处超大型矿床,而铁钨等矿产有岩浆型、岩浆热液型、浅成中—低温热液型和受变质型4种成矿类型,区内金矿较少,成因类型为热液型。非金属类石墨、蛭石、凹凸棒石、石膏、芒硝等形成大型矿床,石英岩、大理岩、石灰石、白云岩等岩石类非金属矿产的大量出现,除与有利成矿条件相关外,还与区内非金属矿产易于开发利用而投入较多勘查工作量分不开。

从成矿时代上来看,前寒武纪是本带的主要成矿时段,成矿类型有受变质型、变质型,但形成的矿种多为非金属类且成大型,而金属类未见大型。其次为奥陶纪,有加里东成矿期岩浆型超大型矿床。另外新生代也是区内主要成矿时段,形成机械沉积型、蒸发沉积型矿床。

代表性矿床:岩浆型矿床白银市白家咀子(超)大型铜镍矿,岩浆热液型七坝泉萤石矿,受变质型东大山铁矿、窑泉锰铁铅锌矿,变质型民勤县唐家鄂博山石墨矿和山丹县白石湾大理岩矿等。

(五)阿尔金成矿带(Ⅲ-19)

该成矿带全称阿尔金金-铁-铬-石棉-和田玉成矿带(Ⅲ-19),地处阿尔金古生代造山带,由红柳沟-拉配泉蛇绿混杂岩一个Ⅳ级构造单元构成。北以红柳沟-拉配泉蛇绿混杂岩带为界,南以阿尔金断裂为界与柴北缘成矿带相接,属塔里木板块南部敦煌地块与阿尔金地块的叠接带,呈近东西向展布,向东被阿尔金断裂带所切,向西延入新疆维吾尔自治区内。其在甘肃省内呈楔形分布,面积2354km²。

1. 岩石建造及其成矿作用

红柳沟-拉配泉蛇绿混杂岩带由阿尔金成矿带的主体组成。其中包含有中元古代—新元古代基底残块残片、早古生代蛇绿岩残片、远洋沉积岩残片、洋岛-海山残片和外来岩块残片。区内分布的敦煌岩群中深变质杂岩及新元古界二长花岗岩组合构成基底残块残片,寒武纪—奥陶纪玄武岩组合、MORS型蛇绿岩组合构成蛇绿岩残片,寒武系—奥陶系拉配泉岩群内硅泥质岩-大理岩建造与片理化玄武岩相伴的组合构成远洋沉积残片,早古生代碱性玄武岩系列火山岩组合构成洋岛-海山残片,寒武纪—奥陶纪拉配泉岩群内的玄武岩-安山岩-流纹岩-流纹质角砾熔岩夹火山碎屑沉积岩的构造岩石组合、安山岩-火山碎屑岩-陆源碎屑沉积岩组合和火山碎屑岩夹陆源碎屑沉积岩及碳酸盐岩的构造岩石组合构成外来岩块残片,并伴有奥陶纪俯冲形成的辉长岩、酸性花岗岩等侵入岩组合。

中元古界蓟县系花儿沟组、新元古界乱石山组、蓟县纪、青白口纪,形成沉积变质型锰、铁矿床。非金属矿有石棉矿区,石棉矿产于加里东期超基性岩体底部边缘黄绿色蛇纹岩中,成矿类型为岩浆热液充填型。上覆有石炭纪—二叠纪断陷盆地沉积的因格布拉克组碳酸盐岩-碎屑岩建造,芨芨沟组砂砾岩夹粉砂岩-泥岩建造,白垩纪有后造山正长花岗岩侵入。

2. 矿区数量及成矿类型

该带在甘肃省内矿产较少,本次查明区内共有矿区6处,其中金属矿锰矿区2处、铁矿区1处,为沉积变质型;非金属石棉矿区3处。

代表性矿床:沉积变质型阿克塞哈萨克族自治县安南坝青砂沟锰矿,岩浆热液型阿克塞哈萨克族自治县红柳沟石棉矿、安南坝石棉矿。

(六)河西走廊成矿带(Ⅲ-20)

该成矿带全称河西走廊铁-锰-萤石-盐类-凹凸棒石-石油成矿带(Ⅲ-20),地处祁连早古生代造山带,位于北祁连山北侧走廊过渡带,北与龙首山南缘紧邻,主体在甘肃省,东延至宁夏卫宁北山—香山一带。南以毛卜拉—金佛寺—肃南—老君山—头道沟滩—黄羊镇—褚家窝铺镇一线为界,与北祁连成矿带相接。面积39 372km²,大部分被第四系覆盖。

1. 区内大地构造单元

本成矿带所处一级构造单元为柴达木-华北板块,所处二级构造单元为祁连早古生代造山带,所处三级构造单元主要为河西走廊新生代盆地,跨及北祁连新元古代—早古生代沟弧盆系之中一个四级构造单元——走廊弧后盆地。

2. 岩石建造及其成矿作用

该成矿带分布在2个四级构造单元之中,由早古生代走廊弧后盆地构成和河西走廊新生代盆地。

(1)早古生代走廊弧后盆地的岩石建造:走廊南山岩浆弧北侧的早古生代活动弧后盆地,从南至北可分为弧-陆碰撞带、弧后盆地-弧后前陆盆地及被动陆缘。组成的地层岩石建造有寒武系裂谷火山岩建造、奥陶系火山弧建造、志留系弧前弧后盆地陆源碎屑岩建造。

寒武系由黑茨沟组、香毛山组组成,黑茨沟组为变质玄武岩-英安质凝灰岩(蓝片岩)岩石构造组合,香毛山组为变质火山碎屑岩沉积建造,均为陆缘裂谷环境火山岩浆形成的陆缘裂谷火山岩组合,是火山-沉积型铜、金矿床的赋矿地层。

奥陶系在香山地区为大陆斜坡沉积环境半深海浊积岩(砂板岩)夹硅质岩和碳酸盐岩组合,斜壕地区为大陆斜坡沉积环境半深海浊积岩组合及滨-浅海闭塞海湾砂岩-泥岩、滨浅海碳酸盐岩组合。有早奥陶统阴沟群安山玄武岩(蓝片岩)组合、安山玄武岩组合及火山角砾岩-安山岩-玄武安山岩组合、砂岩-灰岩-硅泥质岩组合形成的岩石建造,是火山-沉积型金、铅锌、铜矿的赋矿地层;中奥陶统中堡群钙碱性火山岩-碳酸盐岩组合、灰岩-砂泥质岩组合,中奥陶统白银岩群中酸性、中基性火山岩和火山碎屑岩夹硅泥质岩石组合,晚奥陶统妖魔山组碳酸盐岩建造,晚奥陶统南石门子组碎屑岩-碳酸盐岩组合,晚奥陶统扣门子组火山岩组合及灰岩-砂泥质岩组合形成的岩石建造。

志留系总体为浅海陆源碎屑-碳酸盐岩组合。有肮脏沟组楔顶盆地砂砾岩夹页岩组合、弧后火山岩组合及前渊盆地陆源细碎屑浊积岩组成的岩石建造;泉脑沟山组楔顶盆地细碎屑浊积岩夹灰岩组合及前渊盆地陆源细碎屑浊积岩组成的岩石建造;旱峡组前陆隆起砂岩-粉砂岩夹灰岩及板岩组成的岩石建造。

早古生代奥陶纪有岩浆弧花岗闪长岩-花岗岩组合侵入,志留纪有碰撞过铝质花岗岩组合侵入,主要分布在成矿带东部,为岩浆热液型矿床成矿提供有利条件,形成岩浆热液型金矿床。同时岩体本身在后期构造扰动弱的部位形成花岗岩饰材矿产。

(2)河西走廊新生代盆地的岩石建造:河西走廊新生代盆地的岩石建造上覆于北祁连新元古代—早古生代沟弧盆系构造单元的西北部,属新生代坳陷盆地,从下到上沉积地层有白垩系、古—新近系和第四系。白垩系岩石建造有下白垩统赤金堡组碳质泥岩-复成分砂砾岩建造、新民堡群碎屑岩建造,古—新近系有白杨组、疏勒河组,均为河流砂砾岩-粉砂岩泥岩组合或湖泊泥岩-粉砂岩夹砂岩组合。第四系松散黄土、沙土、黏土组合及河流相复成分砂砾岩组合,是煤、石油、盐类、黏土类等矿产的成矿构造盆地。

3. 矿区数量及成矿类型

河西走廊成矿带内以能源和非金属矿产为主,不仅单矿种相对聚集,而且规模较大,金属矿产较少,以金矿为主,铜、钨矿次之。已探明能源矿产包括煤、石油和泥炭,非金属矿种包括萤石、重晶石、芒硝、钾盐、石膏、膨润土、石灰岩、陶瓷土、黏土饰面花岗岩、砚石等。

带内共有矿区 104 处,其中能源矿产矿区 79 处,包括煤矿区 75 处、泥炭 4 处;金属矿产矿区共有 12 处,包括金矿区 10 处、铜矿区 1 处、钨矿区 1 处;非金属矿产矿区共有 13 处,包括磷矿区 1 处、萤石矿区 2 处、铸型用黏土矿区 1 处、膨润土矿区 2 处、陶瓷土矿区 1 处、高岭土 1 处、饰面用花岗岩矿区 3 处、耐火黏土矿区 1 处、水泥配料黄土矿 1 处、重晶石矿区 1 处。

河西走廊成矿带发育能源和非金属矿产是其明显特色。成因类型包括生物化学沉积型、机械沉积型、蒸发沉积型、化学沉积型等。生物化学沉积型是最常见的类型,形成的矿种有煤、石油、泥炭,规模均较大;机械沉积型有膨润土等;化学沉积型矿床主要为石灰岩;其他沉积型矿床主要为风积型和内陆湖泊沉积型黏土。非金属矿床还包括热液充填型、热液(充填脉状)型、岩浆型等,矿种有萤石和重晶石,以及饰面花岗岩等。尽管矿种少,但地位极为重要。

带内金属矿产成矿类型有浅成中—低温热液型、岩浆热液型、变质岩型、岩浆型、风化型等,时代跨越元古宙至中生代,矿种包括铁、金、铜、钨矿等。金矿是带内分布较多的矿种,矿区数量达到 12 处之多,矿床类型为岩浆热液型和浅成中—低温热液型,总体以岩浆热液型为主导;铜矿与钨矿为火山热液矿床。这说明带内岩浆热液型矿床是主要的金属矿床类型,尤其金矿的形成与志留纪有碰撞过铝质花岗岩侵入有密切的关系。

代表性矿床:高台县盐池芒硝钾盐矿、永昌县头沟-照路沟萤石矿等。

(七)北祁连成矿带(Ⅲ-21)

该成矿带全称北祁连铜-铅-锌-铁-铬-金-银-硫铁矿-石棉成矿带(Ⅲ-21),地处祁连早古生代造山带,位于北祁连新元古代—早古生代沟弧盆系,由走廊弧后盆地、走廊南山岩浆弧和北祁连蛇绿混杂岩 3 个四级构造单元。北以河西走廊成矿带南界线为界,南与北、中祁连构造单元的分界断裂相一致,面积 43 532 km²。

1. 区内大地构造单元

本成矿带所处一级构造单元为柴达木-华北板块,二级构造单元为祁连早古生代造山带,所处三级构造单元主要为北祁连新元古代—早古生代沟弧盆系,其内分为 3 个四级构造单元——走廊弧后盆地、走廊南山岩浆弧、北祁连蛇绿岩。

2. 岩石建造及其成矿作用

北祁连新元古代—早古生代沟弧盆系构造单元是北祁连成矿带的主体构造带。中—新元古代已形成北祁连地块和古裂谷,成为北祁连地区演化的大陆基底。北祁连构造演化其实就是北祁连新元古代—早古生代沟弧盆系的演化,形成走廊弧后盆地、走廊南山岩浆弧和北祁连蛇绿混杂岩 3 个四级构造单元。

(1)基底古裂谷变质岩石建造:走廊南山岩浆弧下伏基底分为4类。①古陆内裂谷变质岩石地层,为斜长角闪岩-变粒岩-大理岩组合及变质火山岩夹泥岩-砂岩-大理岩组合,伴有板内裂谷钙碱性花岗岩组合侵入岩;②古台地岩石地层,为陆源碎屑-碳酸盐岩组合;③冰川冰海碎屑岩组合及半深海浊积岩组合的岩石地层;④陆缘裂谷火山-沉积岩组合的岩石地层。

地层岩石建造如下:

古元古界北大河岩群,为斜长角闪岩-含夕线黑云斜长片麻岩-石英二云片岩夹大理岩变质建造,变质程度以低角闪岩相为主,并遭受区域混合岩化作用,是变质型铁、重晶石等矿床赋矿地层。

古元古界长城系桦树沟组,为灰色、灰绿色千枚岩与灰黄色变质粉砂、细砂岩呈复理式互层序列,其上部夹碳酸盐岩、变质石英砂岩、火山碎屑岩及铁矿层,以夹铁矿层为特征,是与火山作用有关的变质型铁、铜、重晶石的赋矿地层。

古元古界海原岩群,为变质基性火山岩(玄武质熔岩)和凝灰岩组成的岩石建造,岩石组合为绿帘阳起片岩、绿帘绿泥片岩、绿泥阳起片岩夹白云石英片岩、二云英片岩、黑云石英片岩及含砂质白云石大理岩、硅质大理岩。属低绿片岩相黑云母变质级,遭受区域低温动力变质作用。

中—新元古界大柳沟群,为一套碳酸盐岩与细碎屑岩互层的岩石地层,是由灰岩、粉砂岩与白云质灰岩、板岩互层夹砾岩及钞岩、含铁石英砂岩组成的岩石建造。

寒武系由黑茨沟组、香毛山组组成,黑茨沟组为变质玄武岩-英安质凝灰岩(蓝片岩)建造,是一套火山碎屑岩、中基性火山熔岩,夹细碎屑岩及少许含海生动物化石的碳酸盐岩凸镜体。香毛山组为变质火山碎屑岩沉积建造,是一套浅变质碎屑岩、变质泥质岩夹结晶灰岩,局部夹火山碎屑岩。均属陆缘裂谷环境形成的陆缘裂谷火山-沉积岩组合,是火山-沉积型铜、金矿床的赋矿地层。

(2)早古生代沟弧盆系的岩石建造:下部下奥陶统阴沟群由陆缘弧火山岩夹砂岩、石英砂岩及硅泥质岩组合建造及弧前陆坡盆地半深海浊积岩(砂板岩)夹安山玄武质火山岩组合构成,是海相火山岩型金、铜矿,岩浆热液型金矿的主要赋矿地层;中部中奥陶统中堡群由成熟陆缘弧碱性火山岩-砂岩-碳酸盐岩组合建造及弧间裂谷盆地陆源碎屑-碳酸盐岩夹凝灰质砂岩、凝灰岩组合构成;上部上奥陶统妖魔山组由滨浅海碳酸盐组合、火山-砂泥岩组合构成,南石门子组为台地陆源碎屑-碳酸盐岩组合建造;顶部志留系肮脏沟组为组碎屑浊积岩-底部夹火山岩组合、泉脑沟山组为细碎屑浊积岩夹灰岩及火山碎屑岩组合建造、旱峡组为滨海-浅海相砂岩-页岩夹砂砾岩组合。志留系是非金属矿产水泥用灰岩、电石用灰岩、熔剂用灰岩等矿产的赋矿地层。同期侵入岩有岩浆弧花岗闪长-花岗岩组合及基性—超基性杂岩组合、同碰撞过铝质花岗岩组合。有岩浆型石棉、铜镍矿,岩浆热液型铅锌、铜、钼等矿产。

(3)晚古生代—中新生代沉积地层的岩石建造:北祁连新元古代—早古生代沟弧盆系构造单元的上覆沉积地层形成的构造环境和岩石建造总体为,断陷盆地磨拉石沉积地层,伴有板内后造山(高钾)钙碱性花岗岩组合侵入;碎屑岩陆表海沉积地层及海陆交互陆表海沉积地层,伴有板内伸展花岗岩组合侵入;坳陷、断陷、走滑拉分盆地沉积地层,伴有板内花岗岩组合侵入,均有成矿作用的表现。泥盆系老君山组为磨拉石建造;石炭系多处未分,为陆表海碎屑岩建造,产有煤、陶瓷黏土等,已厘定的地层羊虎沟组为砂-泥岩建造;二叠系在区带西部未分,为含煤碎屑岩建造,产有煤、陶瓷黏土等,东部厘定为大黄沟组粉砂岩-泥岩建造,红泉组为砂岩夹砾岩建造;三叠系局部地段未分,已厘定的地层有五佛寺组、丁家窑组,为杂砂岩建造;西大沟组为长石石英砂岩建造,南营儿组为含煤碎屑岩建造,产有水泥用石英砂岩;侏罗系大山口组为砂砾岩夹粉砂岩-泥岩建造,炭洞沟组为砂岩、砾岩夹页岩-煤线建造,中间沟组为砂岩-粉砂岩-泥岩夹煤层建造,窑街组为粉砂岩-泥岩夹油页岩-煤层建造,享堂组为复成分砂砾岩建造,博罗组为砾岩与砂岩互层建造,产煤、石膏、黏土等矿产。白垩系河口群为复成分砂砾岩建造,新民堡群为碎屑岩建造;古近系西柳沟组为复成分砂砾岩建造,白杨河组为复成分砂砾岩建造。

3.矿区数量及成矿类型

中祁连成矿带内金属矿产和非金属矿产均广泛分布,能源矿产数量较多,但规模相对明显较小,为甘肃省内矿产种类较为丰富的成矿带。金属矿产中优势矿种包括铁、金、铜、钨、铅锌、镁、稀土,镍、铬、硫铁、锑、锰等,少量分布;已查明主要非金属矿种包括重晶石、凹凸棒石、石英岩、大理岩、石灰岩、其他黏土,次为萤石、石灰岩、大理岩、石英岩、石膏、钾盐、石棉、沸石、高岭土、陶瓷土、耐火黏土、玉石等;能源矿产主要为煤矿。

带内共有矿区186处,其中能源矿产查明煤矿区31处;金属矿产矿区107处,包括铁矿区41处、铜矿区26处、金矿区15处、砂金矿区4处、稀土矿区1处、铬矿区1处、锰矿区10处、铅锌矿区5处、钨矿区1处、钼矿区1处、锑矿区2处;非金属矿产矿区48处,包括萤石矿区4处、冶金用石英岩矿区2处、水泥用灰岩矿区13处、沸石矿区4处、水泥用大理岩矿区2处、陶瓷土矿区1处、建筑石料用灰岩矿区1处、冶金用白云岩矿区1处、玉石矿区1处、凹凸棒石黏土矿区1处、熔剂用灰岩矿区3处、耐火黏土矿区1处、电石用灰岩矿区1处、石膏矿区11处、水泥配料用黄土矿区2处。

该带内金属矿产成矿类型有岩浆热液型、浅成中—低温热液型、火山岩型、受变质型、砂矿型、沉积变质型、火山沉积变质(改造)矿床、热液浆充填型、矽卡岩型、化学沉积型、接触交代型、充填交代型以及部分不明成因类型。金属矿产成矿时代跨越元古宙至中生代,优势矿种包括铁、金、铜、钨、铅锌、镁、稀土,而镍、铬、硫铁、锑、锰等少量分布。金矿主要以岩浆热液型和浅成中—低温热液型占主导,铜矿主要为岩浆熔离型和火山热液型,成矿作用与海相火山岩和超基性侵入岩有密切关系;铁、锰矿基本为沉积变质型矿床,少量沉积型矿床,锰矿见风化淋滤型矿床,中—低温热液型矿床有钨、钼、锑、铅锌等。化学沉积型矿床有镁矿,岩浆型矿床包括稀土矿。

能源和非金属矿产有热液充填型、生物化学沉积型、机械沉积型、沉积-变质复合型、化学沉积型、风积型、机械沉积型、蒸发沉积型、砂矿型等。热液充填型主要为萤石矿,生物化学沉积型矿床包括石油、油页岩、页岩气、煤矿等。沉积-变质复合型只形成重晶石矿床。化学沉积型包括内陆湖泊化学沉积型和海相化学沉积型,形成的矿种主要有凸凹棒石和石灰岩,还有蒸发沉积型石膏矿,风化沉积型沸石矿,变质型矿床有玉石矿、石英岩和大理岩。风积型和河湖相沉积型主要为黏土矿床等。

代表性矿床:受变质型肃南裕固族自治县镜铁山铁矿、桦树沟铁铜矿,海相火山岩型白银厂折腰山大型铜-锌矿床,浅成中—低温热液型瓜州县寒山金矿,岩浆热液型肃南蒙古族自治县小柳沟钨矿及生物化学沉积型靖远煤田、天祝藏族自治县炭山岭油页岩。

(八)中祁连成矿带(Ⅲ-22)

该成矿带全称中祁连铁-铜-铬-镍-钨-钼-铅-锌-磷-石墨-红柱石-菱镁矿成矿带(Ⅲ-22),地处祁连早古生代造山带,位于中祁连岩浆弧三级构造带上,走向近北西向—南东向,在省内分东、西两段。西段向北西被阿尔金断裂带所切,向南东延伸进入青海省,再向南东延伸进入甘肃省,继续向东延进入宁夏回族自治区,被鄂尔多斯西缘断裂所截。南界西起肃北-野马南山(途经青海省中祁连南缘断裂带-拉鸡山北缘深断裂),以中祁连南缘断裂带为界,东至临夏—甘谷一线,与西秦岭二级构造单元分界断裂为界。受地理影响,被青海省凸进分割成东、西两区域,面积63 320 km²。

1. 区内大地构造单元

本成矿带所处一级构造单元为柴达木-华北板块,二级构造单元为祁连早古生代造山带,所处三级构造单元主要为中祁连岩浆弧,其内未分四级构造单元。

2. 岩石建造及其成矿作用

成矿带内中祁连岩浆弧由元古宙北祁连地块裂解,在南华纪—寒武纪形成中祁连地块,于奥陶纪—志留纪岩浆活动发展成为中祁连岩浆弧,泥盆纪—三叠纪海-陆转换,断陷、裂陷发展为中祁连褶皱带,新生代陆内造山,由断陷盆地隆起成山,贯穿祁连山脉的东部和西部。

(1)下伏基底岩石建造：中祁连岩浆弧带下伏基底地层十分发育。东、西部两地基底组成不同。

西部基底：蓟县系南白水河组板岩-砂岩建造，为一套浅变质的杂色碎屑岩夹板岩及少量碳酸盐岩所组成的韵律性地层；花儿地组灰岩-砂板岩建造，以碳酸盐岩为主，岩性主要为灰色、灰黑色微晶灰岩、白云岩，局部夹板岩；五个山组白云质灰岩建造，主要岩性有深灰色、灰色、紫灰色白云质灰岩、硅质灰岩、结晶灰岩、鲕状或角砾状灰岩及含碎屑、泥质灰岩夹灰绿色、灰紫色粉砂质板岩与石英砂岩并含有石膏层。蓟县系—青白口系哈什哈尔组砂岩-粉砂岩夹灰岩建造，为一套灰色、灰紫色、灰绿色、灰黑色砂质板岩与钙泥质板岩及粉砂岩夹砂质灰岩、石英细砂岩、砾岩凸镜体；窑洞沟组碳酸盐岩建造，为灰色、深灰色隐晶质灰岩、角砾状灰岩、竹叶状灰岩、硅质灰岩及玫瑰色泥质灰岩，夹紫红色、深灰色板岩。含叠层石、微古植物等化石。南华纪—震旦纪多若诺尔群碎屑岩-碳酸盐岩-基性—酸性火山岩建造，为浅变质岩系，下部为火山岩、硅质岩、硅质板岩及粉砂质板岩、绿泥石英片岩夹砂岩，中部为白云质碎屑岩及凝灰砂岩，上部为含硅质灰岩、大理岩夹千枚岩等。

东部基底：岩石建造是受变质型铁矿床及非金属矿产磷、石英砂岩、水泥用灰岩、大理岩等变质型矿床的赋矿层位。地层有古元古界陇山岩群，为黑云角闪斜长片麻岩-斜长角闪岩-透辉大理岩-钙硅酸变粒岩-石英岩变质建造，北部碳酸盐岩组，为白云质大理岩夹黑云斜长片麻岩、角闪片麻岩、角闪片岩；南部为混合岩、混合片麻岩夹斜长角闪岩；古元古界马衔山岩群黑云斜长片麻岩-石英片岩-斜长角闪岩变质建造，下部为眼球状黑云斜长混合岩、黑云斜长片麻岩、斜长角闪岩，中部为黑云二长混合岩、石英片岩及白云岩凸镜体，上部为黑云石英片岩、黑云角闪片岩；长城系皋兰岩群黑云石英片岩-黑云方解片岩夹变质砂岩-千枚岩变质建造，为一套浅变质火山岩与浅变质碎屑岩组成的岩石组合；长城系青石坡组页岩夹粉砂岩-灰岩建造，主要是灰色薄层粉砂质泥板岩夹变粉砂岩、钙质板岩、千枚岩等，磨石沟组滨海相碎屑岩建造，主要为乳白色、灰色厚—块层状石英岩、薄层石英岩、石英岩状砂岩，夹硅质千枚岩等，底部为含细砾石英岩；蓟县系克素尔组为白云质碳酸盐岩建造，产叠层石及微古植物；新元古界青白口系—震旦系高家湾组为大理岩-白云岩变质建造；兴隆山岩群变玄武岩-安山玄武岩夹绢云石英片岩-绿泥片岩变质建造，下岩组为浅变质中基性火山岩、火山碎屑岩夹少量灰岩，上岩组为千枚岩夹碎屑岩、变质火山碎屑岩及少量铁矿层。

(2)早古生代中祁连岩浆弧岩石建造：中祁连岩浆弧带由火山-沉积岩地层与同期侵入岩构成。火山-沉积岩地层有两种：一种为陆缘弧火山岩-沉积岩组合，出现在阴沟群中，主要分布于西部；另一种为弧后盆地火山-沉积岩地层，主要分布于东部，兰州雾宿山一带由海岸沙丘-后滨砂岩组合、安山岩-英安岩组合、安山玄武岩组合、安山岩组合、玄武岩组合等构成，出现于雾宿山群中，清水县一带为变质玄武岩、玄武安山岩夹少量浅灰色硅质岩组合及石英片岩、千枚岩夹砂岩组合，出现于陈家河群、红土堡组、葫芦河群中。雾宿山群：变砂岩-千枚岩夹基性火山岩建造，一套巨厚的中性、中基性火山岩系，其中夹有正常沉积岩（粉砂岩、千枚岩、灰岩）。偏下部含笔石、三叶虫、腕足类等化石，是海相火山岩型锰铁矿的赋矿地层。陈家河群：流纹岩-英安质火山碎屑岩夹玄武-玄武安山岩建造，为变质中酸性火山岩；红土堡组：玄武岩-玄武安山岩夹少量硅质岩建造，变质基性火山岩；葫芦河群：黑云石英片岩-千枚岩变质建造。同期侵入岩极为发育，分为两类：一类为奥陶纪岩浆弧花岗闪长岩→花岗岩组合、TTG组合、石英闪长岩＋辉长岩组合；另一类为同碰撞、后碰撞过铝质花岗岩组合。主要分布于西片区，有岩浆型铬铁矿，热液蚀变型蛇纹石矿，岩浆热液型铜、钼、铅锌、稀土等矿床。

(3)晚古生代—新生代坳陷盆地建造：上覆沉积地层有泥盆纪坳陷、断陷盆地沉积地层、石炭纪—二叠纪陆表海沉积地层及三叠纪以来的坳陷盆地沉积地层。在泥盆纪、三叠纪有板内后造山高钾钙碱性花岗岩组合、钙碱性花岗岩组合的岩浆岩侵入，同时有相应的成矿作用。地层建造包括：泥盆系阿木尼克组碎屑岩夹灰岩及白云岩建造，主要为紫色—杂色碎屑岩夹灰岩及白云岩，呈正粒序，底部为砾岩。石炭系党河南山组生物屑亮晶灰岩建造，下部为蓝灰色、白色石膏层、杂色泥岩及粉砂岩；上部为灰色—深灰色泥灰岩、白云岩及灰岩；羊虎沟组滨海相或海陆交互相含煤沉积建造，下段主要为土黄色薄层细砂岩和砂质页岩夹煤层，最上部为灰岩和泥灰岩，上段下部为土灰色钙质粉砂岩和砂质页岩夹薄煤层，上段上部为黑色钙质砂页岩与暗色灰岩、泥灰岩互层,顶部夹煤线。二叠系大黄沟组粉砂岩-泥岩建造,一套由灰绿色、灰白色、黄绿色砂岩、页岩、泥岩组成的岩石组合;红泉组河流相沉积,以紫红色砂岩、含砾粗砂岩、砾岩、粉砂岩为主,夹少量灰绿色细砂岩、页岩、硅质泥灰岩;巴音河群砂岩-粉砂岩夹页岩建造,下部为杂色、灰色砂砾岩、灰岩及砂页岩夹薄层灰岩,上部为紫红色—灰色砂页岩夹灰岩。三叠系下环仓组为碎屑岩建造,下部为紫红色中粗—不等粒石英砂岩、次长石砂岩,中上部为灰绿色中细粒长石砂岩、粉砂岩等;江河组碎屑岩夹生物碎屑灰岩建造,为浅灰色、灰绿色长石砂岩、粉砂岩、页岩与生物碎屑灰岩互层。侏罗系大山口组为砂砾岩夹粉砂岩-泥岩建造;炭洞沟组为砂岩、砾岩夹页岩-煤线建造;窑街组为粉砂岩-泥岩夹油页岩-煤层建造。后两者含煤矿。白垩系河口群复成分砂砾岩建造,六盘山群砂砾岩建造,底部为紫红色—灰色块状砾岩,中部为紫红色—杂色砂砾岩、砂岩及泥岩、泥灰岩、灰岩,上部为蓝灰色、灰绿色页岩、泥岩、粉砂岩和长石石英砂岩、灰岩,夹油页岩、石膏。古近系—新近系均为河流相复成分砂砾岩建造,西柳沟组以红色块状疏松砂岩为主,夹灰白色细砾岩和砂砾岩。野狐城组以红色泥岩夹砂岩为主,富含石膏及芒硝。甘肃群以黄、红、灰等色为主的泥岩、砂质泥岩、砂砾岩夹泥灰岩。

3. 矿区数量及成矿类型

甘肃省内中祁连成矿带形成的金属和非金属、能源矿产类型多、数量较多,部分规模大,形成优势矿种。分布规律上,成矿带东段多产出非金属矿床,西段则以产出金属矿床为主。非金属主要矿种包括磷、玄武岩、长石、自然硫、萤石、玉石、云母、钾盐、芒硝、石膏、石棉、陶瓷土、石墨、蛇纹岩、砂岩、石灰岩、石英岩、宝石、大理岩、方解石、花岗岩、脉石英、耐火黏土、其他黏土。金属矿产以钨、铅锌、铁、镁、铬为优势矿种,金、铜、镍、锰、钒等矿种多点分布,各种类金属矿产在中祁连成矿带内的分带性和集中聚集各具特点。非金属矿产、能源矿产和水气矿产主要分布于中祁连东段地区,部分矿产或矿产组合分布比较聚集,西段地区非金属等矿产相对较少,分布稀散。

中祁连成矿带共有矿区93处,其中能源矿产煤矿区16处;金属矿产矿区36处,包括金矿区5处、铜矿区9处、铬矿区1处、锰矿区3处、铅锌矿区8处、铁矿区6处、钨矿区3处、银矿区1处;非金属矿区41处,包括磷矿矿区2处、石墨矿区1处、菱镁矿矿区1处、玻璃用砂岩矿区1处、玻璃用砂矿区5处、冶金用石英岩矿区1处、水泥用灰岩矿区12处、玻璃用白云岩矿区1处、制灰用石灰岩矿区1处、水泥用大理岩矿区1处、芒硝矿区1处、冶金用白云岩矿区1处、长石矿区2处、饰面用花岗岩矿区1处、金用脉石英矿区1处、硫铁矿矿区1处、耐火黏土矿区1处、方解石矿区1处、水泥配料用黄土矿区5处、岩棉用玄武岩矿区1处。

总体上,带内金属矿产成矿类型有岩浆热液型、受变质型、接触交代型、叠加(复合/改造)矿床、浅成中—低温热液型、岩浆型、海相火山岩型、砂矿型、化学沉积型、斑岩型及沉积变质型等。按照形成中型及以上矿床规模数据统计,中祁连成矿带中岩浆热液型、受变质型、接触交代型、沉积改造型、浅成中—低温热液型、岩浆型、叠加(复合/改造)型、海相火山岩型是主要的金属矿床成因类型,西秦岭主要为沉积变质型铅锌矿。

受变质型矿床主要为铁矿、镁矿、锰矿、铜矿和金矿,岩浆热液型主要包括铅锌矿、钨矿、铁矿、铜矿、金矿、稀土矿,接触交代型(矽卡岩型)主要为钨矿、铅锌矿、铁矿,浅成中—低温热液型及成因不明矿床主要为镁矿、铜矿、金矿,斑岩型主要为铜矿,岩浆型主要包括铬矿、钒矿,中—高温热液矿床包括铅锌矿,火山沉积变质(改造)矿床基本为锰矿,化学沉积型为镁矿,砂矿型为金矿,斑岩型主要为铜矿,沉积变质型一般为铅锌矿。

能源和非金属矿产有生物化学沉积型、机械沉积型、化学沉积型、蒸发沉积型、区域变质型、岩浆型、叠加(复合/改造)矿床、风化型、浅成中—低温热液型、伟晶岩型以及未知类型矿床等。生物化学沉积型主要为煤矿,机械沉积型主要为耐火黏土、其他黏土等,化学沉积型为石灰岩,蒸发沉积型包括芒硝和钾盐,区域变质型包括大理岩、石英岩和石墨,岩浆型包括花岗岩,叠加(复合/改造)矿床包括磷矿、石棉、玉石,风化型主要为其他黏土,浅成中—低温热液型及成因不明矿床包括萤石、玉石,伟晶岩型包括云母和长石,岩浆热液型主要为脉石英,风化型主要为其他黏土及风积型黄土等。

代表性矿床:肃北蒙古族自治县德勒诺尔受变质型铁矿,肃北蒙古族自治县大道尔吉岩浆型铬矿(中型),肃北蒙古族自治县塔尔沟接触交代型(矽卡岩型)钨矿(大型),庄浪县蛟龙掌海相火山岩型铅锌多金属矿(中型),甘肃省成县厂坝沉积变质型铅锌矿(大型),肃北蒙古族自治县别盖浅成中—低温热液型菱镁矿(中型)等。

(九)南祁连成矿带(Ⅲ-23)

该成矿带全称南祁连(含拉脊山)铅-锌-金-铜-镍-铬成矿带(Ⅲ-23),地处祁连早古生代造山带,位于南祁连早古生代裂陷大陆边缘(Ⅲ级构造单元)内。成矿带南界为南祁连南缘断裂,西端以拉配泉—哈布里—花海子一线为界,并与青海省宗务隆山北坡-青海省湖山山断裂带相连,东端止于甘肃省临夏回族自治州(与南祁连岩浆弧分界线相吻合)。面积约 18 753 km²。

1. 区内大地构造单元

本成矿带所处一级构造单元为柴达木-华北板块,所处二级构造单元为祁连早古生代造山带,所处三级构造单元主要为南祁连早古生代裂陷大陆边缘,其内分为 2 个四级构造单元——党河南山-拉脊山蛇绿杂岩、走廊南山岩浆弧。

2. 岩石建造及其成矿作用

南祁连早古生代裂陷大陆边缘是中南祁连地块自中元古界开始发展而来的三级构造单元。寒武纪裂解形成党河南山裂谷和南祁连地块,奥陶纪裂谷演化为党河南山弧盆系,至志留纪南祁连地块演化为南祁连弧后盆地,之后汇聚碰撞,于泥盆纪海-陆演化形成党河南山结合带及南祁连褶皱带,晚泥盆世—三叠纪形成断陷、坳陷盆地,新生代陆内造山坳陷-断陷盆地隆起成山。位于柴达木微陆块东北侧,包含党河南山-拉脊山蛇绿杂岩和南祁连岩浆弧 2 个四级构造单元。

(1)前寒武纪基底岩石建造:基底岩石建造为古元古界北大河岩群,为大理岩-斜长角闪岩-黑云斜长片麻岩-黑云石英片岩组合,有较多的寒武纪超基性岩及辉长岩侵入;南华纪—震旦纪多若诺尔群双峰式变质火山岩夹泥岩-砂岩组合,原岩火山岩,标志大陆裂谷作用已经开始;寒武系六道沟组绿片岩相变质岩系,原岩是以拉斑玄武岩为主的火山岩(有较多的寒武纪超基性岩及辉长岩侵入)-碎屑岩-碳酸盐岩组合,是党河南山-拉脊山蛇绿混杂岩的组成,具洋-陆过渡型蛇绿杂岩的组合特征。六道沟组由中基性火山岩、碎屑岩、碳酸盐岩组成玄武岩-安山岩夹安山质火山碎屑岩建造,下部和上部分别代表 2 个火山喷发-喷溢-间断堆积旋回。

(2)早古生代南祁连岩浆弧岩石建造:早古生代拉脊山小洋盆地向南俯冲消减所形成的岩浆弧。可划分 3 个类型的岩石构造组合:①早—中奥陶世吾力沟群陆缘弧火山岩组合及中—晚奥陶世盐池湾组碱性火山岩-碎屑岩-碳酸盐岩组合;②早志留世巴龙贡噶尔组弧背盆地细碎屑浊积岩夹少量火山岩组合及弧后前渊盆地陆源细碎屑浊积岩组合;③志留纪同碰撞侵入的过铝质花岗岩组合。地层建造为奥陶系吾力沟群玄武岩-安山岩夹砂板岩-灰岩建造,是一套火山岩系,由基性向中酸性分异的近火山口相沉积,中部夹碎屑岩,顶部有厚层灰岩;盐池湾组陆源碎屑浊积岩建造,以砾岩、复矿砂岩、板岩为主夹灰岩扁豆体,构成复理石式韵律层;多索曲组火山岩夹板岩建造。志留系巴龙贡噶尔组:砂岩与粉砂岩-泥岩互层建造,岩性以灰紫色、灰色、浅灰色粗—中粒碎屑岩为主,夹板岩、粉砂岩,区域上局部偶夹凝灰岩、火山岩,具复理石式韵律层。主要发育早古生代后期有同碰撞过铝质花岗岩组合的岩浆岩侵入。

(3)晚古生代—新生代坳陷盆地建造:南祁连岩浆弧的上覆沉积地层为碎屑岩陆表海沉积地层及坳陷盆地沉积地层。在晚泥盆世开始板内伸展,有后造山高钾钙碱性花岗岩组合的岩浆侵入,在中生代晚期还有陆内伸展高钾钙碱性花岗岩组合的岩浆岩侵入。形成的岩石建造有泥盆系阿木尼克组,石炭系党河南山组、羊虎沟组,二叠系巴音河群、诺音河群,三叠系下环仓组,白垩系新民堡组,古近系—新近系白杨河组、疏勒河组,第四系。在河西走廊、北祁连及中祁连3个成矿带中已有介绍,这里不再赘述。

3. 矿区数量及成矿类型

南祁连成矿带以金属矿产为主,分布少量非金属矿产。分布规律上主要集中于成矿带西段。南祁连成矿带内金属矿产形成铌钽和金为优势矿种、镍等分布很少的矿床特征。带内主金属矿产中优势矿种包括铌钽和金,其他矿种主要有镍、石灰岩和钾盐等。

已查明南祁连成矿带共包含11个矿区,其中金属矿区10处包括金矿区9处、铌钽1处。非金属矿区1处,主要为水泥用石灰岩矿。

带内金属矿产成矿类型有受变质型、斑岩型、岩浆热液型、浅成或中—低温热液型矿床。区内金矿成矿类型以岩浆热液型和浅成中—低温热液型为主,见斑岩型金矿。受变质型矿床主要为铌钽矿,非金属矿产仅有化学沉积型石灰岩矿。

代表性矿床:受变质型阿克塞哈萨克族自治县余石山铌钽矿,斑岩型肃北蒙古族自治县贾公台金矿(中型)等。

(十)柴达木北缘成矿带(Ⅲ-24)

该成矿带全称柴达木北缘铅-锌-锰-铬-金-白云母成矿带(Ⅲ-24),地处柴达木微陆块,位于柴北缘新元古代—早古生代沉降带Ⅲ级构造单元,甘肃省内以达肯达坂断裂带为界,属祁连早古生代造山带与柴达木微陆块间的二级断裂带,呈近北西向—南东向展布,向北西被阿尔金断裂带所切,向南东延入青海省,成矿带主体在青海省境内。面积约5825km^2。

1. 成矿地质构造环境及演化

甘肃省内柴北缘成矿带经历了从奥陶纪到晚泥盆世前的挤压造山阶段,晚泥盆世到石炭纪的板内伸展阶段,二叠纪末柴北缘同柴达木一起上升隆起,又经历了陆间后碰撞,这些碰撞挤压板内伸展和后碰撞的演化中,形成本区特有的近南北向弧形弯曲构造系列,即一步沟-多罗尔什弧形旋扭褶断系列。

2. 岩石建造及其成矿作用

在甘肃省柴北缘新元古代—早古生代沉降带内出露地层有3套:下伏基底为古元古界达肯达板岩群,是一套巨厚的遭受低级—高级不均—区域变质和局部混合岩化作用及多次强烈变形改造至层序不清的表壳岩组合,斜长角闪岩-含夕线黑云斜长片麻岩-石英二云片岩变质建造,构成欧龙布鲁克隆起;中部为晚古生代岩石建造:牦牛山组为辫状河相碎屑岩退积型沉积,细砂岩-粉砂岩建造;怀头他拉组为一套浅海相碎屑岩-碳酸盐岩退积型旋回沉积,下部砂岩-页岩夹灰岩、上部灰岩夹砂-页岩建造;巴音河群为陆表海相碎屑岩进积型沉积;上覆盖层为新近系湖泊相砂砾岩-粉砂岩泥岩组合及大面积第四系松散黄土、沙土、黏土组合。

侵入活动发生在早、晚古生代,奥陶纪超基性侵入体、基性侵入体及大量中酸性侵入体出露于区内西段,超基性岩、基性岩属大陆裂谷环境,酸性岩属火山岛弧环境侵入岩;泥盆纪为石英闪长岩,二叠纪为石英二长岩或二长花岗岩,具大陆伸展环境钙碱性花岗岩组合特征,出露东、西两端甘青交界处。中新生代有侏罗纪英云闪长岩侵入,属板内断陷盆地环境侵入岩。

3. 矿区数量及成矿类型

甘肃省境内该带矿产较少,已发现的矿种有金属矿产铜、镍,以及非金属矿产石榴石、云母和现代盐湖型石盐矿。

该成矿带本次查明铜矿区1处(化石沟铜矿区),成矿类型为斑岩型铜矿。

代表性矿床:化石沟斑岩型铜矿,六五沟石榴石-白云母矿等。

(十一)北秦岭成矿带(Ⅲ-66)

该成矿带全称北秦岭金-银-镁-铁-铜-铬-鸳鸯玉-灰岩-煤-透辉石成矿带(Ⅲ-66),呈东宽西窄的楔状展布于甘肃省南部西秦岭地区的北东缘,向东延伸进入陕西省。构造上地处北秦岭新元古代—早古生代造山带,位于北秦岭早古生代弧沟系,由党川-利桥岩浆弧和鸳鸯镇-关子镇蛇绿混杂岩级构造单元构成。北以新阳-元龙-陕西铁炉子韧性逆冲剪切带为界,南以鸳鸯镇-关子镇-陕西凤县-丹凤桐柏韧性逆冲剪切带(商丹蛇绿混杂岩南界断裂)为界,与中南秦岭相邻。面积5411km²。

1. 区内大地构造单元

本成矿带所处二级构造单元为北秦岭新元古代—早古生代造山带,所处三级构造单元为北秦岭早古生代弧沟系,二级构造单元和三级构造单元同体。在甘肃省境内从北至南可划分为2个四级构造单元——党川-利桥岩浆弧和鸳鸯镇-关子镇蛇绿混杂岩。

2. 岩石建造特征及其成矿作用

区域自古元古代以来,历经了新元古代大陆裂解、早古生代俯冲造山、晚古生代—三叠纪秦岭碰撞造山、晚中生代—新生代伸展的演化过程,期间出现多期相关的火山喷发和岩浆侵入。主要地质体为早古生代岩浆弧岩石组合和鸳鸯镇-关子镇蛇绿混杂岩,基底地层为元古宇变质建造,上覆地层为晚古生代以来的陆表海沉积建造和磨拉石建造。

(1)元古宇岩石建造:元古宇由下部古元古代大陆裂谷构造环境堆积的秦岭岩群、中新元古代陆缘构造环境形成的宽坪群和叠加其上的洋壳组分木其滩蛇绿岩套组成。古—中元古界秦岭岩群花岗闪长片麻岩-富铝片麻岩-变粒岩夹大理岩变质建造,原岩建造包括陆源碎屑岩建造、黏土岩-黏土质砂岩建造和碳酸盐岩建造;中—新元古界宽平群黑云斜长片麻岩-斜长角闪岩变质建造+厚层大理岩变质建造,原岩建造为杂砂岩-基性火山岩建造;新元古界木其滩组斜长角闪片岩-石英片岩夹大理岩变质建造,原岩为基性火山岩夹泥硅质岩建造。秦岭岩群赋存铅锌矿、锡矿、脉石英矿、透辉石矿、云母矿、镁矿、夕线石矿和地热资源,木其滩组赋存金矿,鸳鸯镇-关子镇蛇绿混杂岩赋存大理岩矿、方解石矿和铁矿,矿床的成矿作用类型以变质成矿作用为主,其次为岩浆作用和含矿流体作用。

(2)下古生界俯冲造山岩石建造:由寒武纪蛇绿混杂岩、火山弧环境沉积的李子园群、陆缘环境沉积的奥陶系—志留系及同期岛弧侵入岩建造组成。鸳鸯镇-关子镇蛇绿混杂岩的岩石组合为蛇纹岩、变质辉长岩、斜长角闪片岩,中—下奥陶统红花铺组为砂岩-粉砂岩夹火山岩建造;上奥陶统张家庄组为火山岩建造;奥陶系李子园群为斜长角闪片岩-石英片岩-大理岩夹基性火山岩建造;下志留统葫芦河群为黑云石英片岩-千枚岩变质建造;志留系太阳寺组为石英-云母片岩变质建造。同期岛弧侵入岩的岩石组合为寒武纪辉长闪长岩建造、志留纪超基性岩-辉长岩-闪长岩-辉石闪长岩-石英闪长岩-花岗闪长岩-英云闪长岩-二长花岗岩建造。红花铺组赋存金矿,李子园群赋存金矿、铅锌矿和石灰岩矿,太阳寺组赋存金矿、铅锌矿,超基性岩中可见蛇纹岩矿。矿床的成矿作用类型以岩浆作用为主,其次为沉积成矿作用。

(3)上古生界岩石建造:由陆表海或前陆盆地沉积的泥盆系—石炭系及同期同碰撞侵入岩建造组成。

中泥盆统舒家坝群为砂岩-粉砂岩-粉砂质泥岩建造,顶部为碳酸盐岩建造;上泥盆统大草滩群为复成分砂砾岩-泥岩建造;泥盆系龙潭构造地层体为变石英砂岩夹千枚岩-灰岩-粉砂岩-泥岩建造;下石炭统巴都组为粉砂岩-粉砂质泥岩夹石英砂岩及灰岩建造;石炭系下加岭组为碳质粉砂岩-泥岩夹滑混岩建造。同期同碰撞侵入岩建造有泥盆纪闪长岩-二长花岗岩-钾长花岗岩建造、二叠纪—侏罗纪二长花岗岩-钾长花岗岩建造。大草滩群赋存铜矿,二叠纪二长花岗岩赋存水晶矿,成矿作用类型均为岩浆作用。

(4)中生界—新生界岩石建造:由弧内拉张环境下形成的上三叠统、白垩系、新近系及第四系组成。上三叠统小河子组为碱性中酸性火山岩建造;下侏罗统炭和里组为含煤碎屑岩建造;侏罗系为流纹岩-黑耀岩建造;下白垩统河口群、下白垩统麦积山组和新近系甘肃群均为复成分砂砾岩建造;第四系为冲积物、洪积物及黄土。侏罗系火山岩建造赋存陶瓷土矿,下侏罗统炭和里组赋存煤矿,全新统冲洪积物出露地热,全新统黄土中存在其他黏土矿。成矿作用类型以沉积作用为主,其次为表生风化作用和含矿流体作用。

3. 矿区数量及成矿类型

该成矿带产出矿种有煤、地热、饰面用大理岩、水泥大理岩、其他黏土、蛇纹岩、石灰岩、陶瓷土、方解石、脉石英、水晶、透辉石、夕线石、云母、金、铁、镁、铅锌、铜、锡等 20 种,工业岩石类非金属矿产占绝对优势,其次为贵金属矿产,能源类矿产和工业矿物类矿产产出数量不多。区域的优势矿种为金矿、铅锌矿、水泥大理岩矿和石灰岩矿。

区带内共查明各类矿区 66 处。其中金属矿种矿区 55 处,包括金矿 47 处、铁矿 3 处、铅锌矿区 2 处、银矿区 1 处、铜矿区 1 处、镁矿区 1 处,非金属矿区 11 处,包括水泥用石灰岩矿区 2 处、玻璃用白云岩矿区 1 处、水泥用大理岩矿区 2 处、陶瓷土矿区 1 处、冶金用白云岩矿区 2 处、饰面蛇纹岩矿区 2 处、透辉石矿区 1 处、煤矿区 1 处。

矿床类型以岩浆热液型矿床、变质型矿床和受变质型为主,其次为化学沉积型矿床、生物化学沉积型矿床、机械沉积型矿床、风化型矿床、伟晶岩型矿床、斑岩型矿床、接触交代型矿床。区内所在矿区的非金属矿主要矿床类型为变质型水泥大理岩、蛇纹岩矿、透辉石矿,化学沉积型石灰岩和白云岩矿,岩浆型凝灰岩矿,金属矿以岩浆热液型金矿为主,其次为沉积变质和接触变质型铁、镁矿,蚀变岩型铅锌矿。

代表性矿床:变质型水泥用大理岩矿有天水市赵家河大理岩矿、甘谷县武家河大理岩矿,变质型天水市余家峡大型白云岩矿,岩浆热液型秦州区李子园金矿等。

(十二)中秦岭成矿带(Ⅲ-28A)

该成矿带全称中秦岭铅-锌-铜(铁)-金-锑-银-钼-钨(锡)-砷-灰岩-红柱石-大理岩-萤石-盐类-煤-泥炭-洮砚石-重晶石成矿带(Ⅲ-28A),包含 1 个Ⅳ级成矿带临潭-徽县铅-锌-铜(铁)-金-锑-银-钼-钨(锡)-砷-灰岩-红柱石-大理岩-萤石-盐类-煤-泥炭-洮砚石-重晶石成矿亚带(Ⅳ-28A①)。面积 22 697 km²。

1. 大地构造位置

该成矿带处于一级构造单元羌塘-扬子-华南板块北缘,秦岭-大别新元古代—古生代造山带,中秦岭-北大别-鲁南新元古代—晚古生代裂陷大陆边缘。南以合作-岷县-两当逆冲断裂带为界,与南秦岭-大巴山-南大别山新元古代—早古生代裂陷大陆边缘相邻;北以夏河-合作-宕昌-两当区域性大断裂带及鸳鸯镇-关子镇-陕西凤县-丹凤桐柏韧性逆冲剪切带为界,与柴达木-华北板块邻接。

2. 岩石建造特征及其成矿作用

在志留纪稳定大陆边缘沉积盆地的基础上,历经了与晚古生代—三叠纪与扬子-华北板块碰撞对应的盆地收缩-隆升过程及二叠纪、三叠纪、侏罗纪3次岩浆活动事件及侏罗纪—第四纪近南北向拉张事件。主要地质体为上古生界—下三叠统隆务河群稳定大陆边缘或前陆盆地沉积建造,上覆下白垩统东河群山间盆地沉积建造。

(1)志留系岩石建造:志留系由下部林口组和上部海酒山组组成。林口组为二云石英片岩-变质粉砂岩建造,由浅灰色—灰褐色二云石英片岩、黑云石英片岩、片理化透辉石化变粉砂岩夹条带状变粉砂岩、石英岩和条带状大理岩组成;海酒山组为大理岩-变粉砂岩变质建造,由灰白色中厚层状石英大理岩、条带状大理岩、片理化透辉石变粉砂岩夹黑云石英片岩组成,原岩为碳酸盐岩-钙质粉砂岩建造。

(2)上古生界—三叠系岩石建造:沉积岩建造为龙潭构造地层体变石英砂岩夹千枚岩-灰岩-粉砂岩-泥岩建造,赋存金矿;安家岔组粉砂岩与板岩互层建造,赋存铅锌矿、重晶石矿和天然矿泉水;黄家沟组砂岩-板岩-灰岩建造,赋存金矿、铅锌矿、锑矿和铁矿;舒家坝群砂岩-粉砂岩-粉砂质泥岩-碳酸盐岩建造,赋存金矿;红岭山组生物滩灰岩建造、双狼沟组砂岩与板岩互层建造,赋存金矿、铅锌矿、石灰岩矿;大草滩群复成分砂砾岩-泥岩建造,赋存铅锌矿、大理岩矿、砚石(印章石)矿和砂岩矿;巴都组粉砂岩-粉砂质泥岩夹石英砂岩及灰岩建造,赋存铁矿;下加岭组碳质粉砂岩-泥岩夹滑混岩建造,赋存金矿;郭家堡碎屑岩、粉砂质板岩夹石英砂岩建造,赋存金矿、铅锌矿、锑矿和萤石矿;毛毛隆组砾状灰岩-生物碎屑灰岩夹碎屑岩建造,赋存铁矿、金矿、红柱石矿和石灰岩矿;石关组复成分粉砂岩-泥质岩建造,赋存大理岩矿和石灰岩矿;隆务河群陆源碎屑浊积岩建造,赋存石灰岩矿。同期侵入岩建造有二叠纪二长花岗岩,赋存钼矿和地热;三叠纪二长花岗岩,赋存花岗岩矿和萤石矿;三叠纪二长花岗岩,赋存钨矿;三叠纪斑状二长花岗岩-双狼沟组复合建造,赋存水晶。成矿作用以岩浆热液作用、浅成中—低温热液作用和沉积作用为主,其次为岩浆型非金属矿床。三叠纪花岗闪长岩赋存金矿和硅灰石矿,花岗闪长岩复合建造赋存铜矿。以沉积成矿作用为主,其次为岩浆热液成矿作用。

(3)侏罗系—新生界岩石建造:龙家沟组为碎屑岩夹含煤建造,是赋煤地层;郎木寺组为安山岩-火山碎屑岩建造;下白垩统东河群为砾岩-泥岩-砂岩建造,赋存泥炭矿;甘肃群为复成分砂砾岩建造,赋存石盐矿;全新统为河道冲积物和湖沼堆积物,赋存砂金矿。

3.矿区数量及成矿类型

区带内产出矿种有地热、煤、饰面用大理岩、水泥大理岩、硅灰石、红柱石、花岗岩、泥炭、砂岩、石灰岩、砚石、石盐、水晶、萤石、重晶石、金、铁、钼、铅锌、锑、铜、钨等22种,有色金属类金属矿产占绝对优势,其次为贵金属矿产和工业岩石类非金属矿产,能源类矿产、工业矿物类矿产和水气类矿产产出数量不多。区域的优势矿种为铅锌矿、金矿和石灰岩矿。

区带内共有各类矿区143处。能源矿产泥炭矿区1处,金属矿种矿区124处,包括金矿区59处(含砂金矿区5处)、铜矿区13处、铁矿区7处、铅锌矿区36处、钨矿区1处、钼矿区2处、汞矿区1处、锑矿区5处,非金属矿区18处,包括萤石矿区1处、水泥用灰岩矿区8处、硅灰石矿区1处、红柱石矿区1处、硫铁矿区1处、耐火黏土矿区1处、饰面用大理岩矿区1处、盐矿区1处、水泥配料用黄土矿区1处、重晶石矿区1处、水泥配料用红土矿区1处。

矿床类型众多,其中金属矿区数量较大,以金矿占优势,铅锌矿次之,以浅成中—低温热液型矿床、岩浆热液型矿床和化学沉积型矿床为主,多形成金、铁、钨、汞锑矿等矿床,中—高温热液型、接触交代型矿床(矽卡岩矿床)一般形成铜矿,钼矿以斑岩型为主。热液型矿床一般为钨矿、锑矿和铅锌矿,沉积改造或再改造矿床主要为铅锌矿床,中—低温热液型矿床一般形成汞锑矿。非金属矿产有生物化学沉积型石灰岩矿,变质型大理岩、红柱石矿,热液充填型萤石、重晶石矿,化学沉积型石灰岩矿,风积型黄土矿,以及蒸发型钾盐矿。能源矿产不发育,仅见生物沉积层状矿床,主要为泥炭。

代表性矿床:浅成中—低温热液型厂坝铅锌矿,岩浆热液型地南金矿,化学沉积型政县锯齿山水泥用灰岩矿。

(十三)南秦岭成矿带(Ⅲ-28B)

该成矿带全称南秦岭铅-锌-铜(铁)-金-汞-锑成矿带(Ⅲ-28B),包含 4 个 Ⅳ 级成矿亚带——夏河-两当金-锑-汞-银-铁-铜-泥炭-煤成矿亚带(Ⅳ-28B①)、碌曲-舟曲-广金坝金-铁-锰-镁-铜-锑-汞-砷-硒(铀)-灰岩-大理岩-石膏-磷成矿亚带(Ⅳ-28B②)、玛曲(西倾山)金-铁-灰岩成矿亚带(Ⅳ-28B③)和新关-阳山金-铁-石英岩成矿亚带(Ⅳ-28B④)。面积 37 709km²。

1.构造位置

本成矿带所处二级构造单元为秦岭-大别新元古代—古生代造山带,所处三级构造单元为南秦岭-大巴山-南大别新元古代—早中生代裂陷大陆边缘。包含 4 个四级构造单元——泽库-武都裂陷沉积区、白龙江隆起带、阿尼玛卿裂陷沉积区和三河口裂陷沉积区。南以玛曲-略阳逆冲-走滑断裂带为界,与摩天岭地块相接;北以合作-岷县-两当逆冲断裂带为界,与中秦岭-北大别-鲁南新元古代—晚古生代裂陷大陆边缘相邻。

自下而上为新太古界构造层、新元古界—下古生界构造层、上古生界—三叠系构造层和侏罗系—新生界构造层。前中生代地层在成矿带中部和东段形成相对隆起构造,三叠系广泛分布于该隆起构造的两侧,形成向南突出的两盆夹一隆构造格局。以安昌河-安化北东向扭动构造带为界,西段以北西西向构造形迹为主,叠加北东向张性断裂构造;东段以北东东向构造为主,叠加近东西向和北东向构造形迹。

2.岩石建造特征及其成矿作用

新太古界为裂谷环境沉积物,尚未发现有价值的矿产。新元古代以来,南秦岭裂谷逐渐发育成深海盆地,形成了区域重要的含矿建造下古生界,加里东运动使下古生界褶皱隆起成山,晚古生代—三叠纪,区域逐渐裂陷发育成裂谷盆地,晚三叠世—早侏罗世,在扬子板块和华北板块碰撞造山的背景下,伴随中酸性岩浆侵入活动,形成与岩浆作用有关的铁、铜、金、锑、汞等金属矿。中侏罗世—新生代,发生陆内走滑拉张过程,形成了煤矿、泥炭矿和砂金矿等沉积型矿产,以及含矿流体作用地热矿床和天然矿泉水。

(1)新太古界渔洞子群岩石建造:渔洞子群由下而上依次为绿片岩变质建造、磁铁石英岩-斜长角闪岩变质岩建造和粒岩变质岩建造,原岩建造组合依次为裂谷火山岩建造、含铁沉积建造和陆源碎屑岩建造。

(2)新元古界—志留系岩石建造:新元古界关家沟组为冰碛砾岩夹千枚岩-绿片岩建造,绿片岩原岩为变质含凝灰质长石砂岩、变含火山角砾凝灰岩及少量变中基性熔岩;中—下寒武统干沟组为硅质岩夹碳酸盐岩建造;上奥陶统大堡组为碎屑岩夹火山岩建造;下志留统迭部组为碳质板岩建造;中志留统舟曲组为石英砂岩建造;志留系卓乌阔组为长石石英砂岩建造。关家沟组赋存滑石矿,大堡组赋存金矿,迭部组赋存铁矿,舟曲组赋存铅锌矿和石灰岩矿,卓乌阔组赋存铁矿、锰矿、金矿、汞矿、铀矿和石煤矿。铁矿、锰矿、煤矿和石灰岩矿均由沉积成矿作用形成,其余铅锌矿、金矿、铀和部分铁矿属于后期(三叠纪)岩浆热液或非岩浆热液作用形成的矿床。

(3)上古生界—三叠系岩石建造:由泥盆系—三叠系沉积岩建造及同期侵入岩组成。当多组为灰岩建造,岷堡沟组为生物屑泥晶灰岩夹杂砂岩建造,尕拉组为白云岩建造,羊汤寨组、桥头组和冷堡子组+朱家沟组均为灰岩夹泥岩建造,下吾那组为钙质砂岩建造,陡石山组为含燧石灰岩建造,益哇沟组为角砾灰岩-细碎屑岩-富镁质碳酸盐岩建造,岷河组为鲕状灰岩建造,大关山组为灰岩-生物灰岩建造,隆务河组为陆源碎屑浊积岩建造,马热松多组为白云质灰岩-白云岩建造,扎里山组为结晶灰岩建造,郭家山组为鲕状灰岩建造,光盖山组为钙质岩屑砂岩建造,大河坝组为砂泥质岩建造。同期侵入岩建造主要为三叠纪石英二长闪长岩、三叠纪二长花岗岩和侏罗纪花岗闪长岩。当多组赋存石膏矿和铁矿,岷堡沟组赋存金矿和石灰岩矿,尕拉组赋存铁矿,兰汤寨组赋存石灰岩矿和石英岩矿,桥头组赋存金矿,中—下泥盆统赋存金矿,下吾那组赋存金矿,陡石山组赋存汞矿,益哇沟组赋存大理岩矿、石灰岩矿和白云岩矿,岷河组赋存金矿和石灰岩矿,大关山组赋存金矿、石灰岩矿和地热,隆务河组赋存金矿和天然矿泉水,马热松多组赋存金矿、锑矿和石灰岩矿,光盖山组赋存铅锌矿、金矿、锑矿、汞矿、石灰岩矿,郭家山组赋存铁矿、金矿和石灰岩矿,六河坝组赋存铁矿、汞矿和地热,石英闪长岩-大关山组石英闪长岩-生物灰岩建造赋存铜矿。

(4)侏罗系—新生界岩石建造:龙家沟组为碎屑岩夹含煤建造,郎木寺组为玄武岩-安山岩建造,鸡山组为复成分砾岩建造,野狐城组为复成分砂砾岩建造,甘肃群为复成分砂砾岩建造,第四系沉积物有更新世风积黄土、全新世河道冲积物和全新世湖沼堆积物。同期侵入岩为石英闪长岩、二长花岗岩和花岗闪长岩。龙家沟组、郎木寺组和鸡山组均赋存煤矿,甘肃群赋存砂岩矿和天然矿泉水,更新世黄土赋存其他黏土矿,全新世河道冲积物赋存砂金矿,全新世湖沼堆积物赋存泥炭矿;石英闪长岩赋存金铜矿。以沉积成矿作用和岩浆热液成矿作用为特色。

3. 矿区数量及成矿类型

区带内产出矿种有饰面用大理岩、泥炭、其他黏土、砂岩、石灰岩、石英岩、滑石、石膏、金、锰、铁、汞、镁、铅锌、锑、铜、煤、铀、地热、天然矿泉水等20种,贵金属类金矿占绝对优势,其次为工业岩石类非金属矿产、黑色金属类矿产、能源类矿产、有色金属类矿产、工业矿物类矿产和水气类矿产。区域的优势矿种为金矿、石灰岩矿和铁矿。

本次调查该带内共有143个矿区,其中查明能源矿区13个,包括泥炭矿区1处、煤矿区12处;金属矿区116处,包括金矿区64处、砂金矿区12处、铁矿区27处、锑矿区7处、汞矿区2处、铅锌矿区2处、银矿区1处、铜矿区1处;非金属矿区14处,包括水泥用灰岩矿区6处、冶金用白云岩矿区1处、毒重石矿区1处、饰面用大理岩矿区1处、玻璃用石英岩矿区1处、水泥配料用黄土矿区1处、重晶石矿区2处、砷矿区1处。

矿床类型众多,以浅成中—低温热液型矿床、岩浆热液型矿床和化学沉积型矿床为主,其次为生物化学沉积型矿床、砂矿型矿床、机械沉积型矿床、蒸发沉积型矿床、风化型矿床、变质型矿床、受变质型矿床和接触交代型矿床。区内金属矿产的主要矿床类型为岩浆热液型金矿、浅成中—低温热液型和受变质型金矿、银矿、汞矿、锑矿及铜矿,铁矿、铅锌矿类型主要有风化淋滤型、沉积改造型或再改造型矿床,在主要河道形成了砂矿型砂金矿床。非金属矿主要为沉积型矿床,化学沉积型石灰岩矿,热液充填型萤石矿、重晶石矿,蒸发沉积型石膏矿,变质型大理岩矿及高温热液型砷矿等。能源矿产主要为生物沉积型煤矿和泥炭。

代表性矿床:岩浆热液型夏河县加甘滩金矿、合作市早子沟金矿、西和县大桥金矿、玛曲县大水金矿、文县安坝里(阳山)金矿、夏河县阿芒沙吉金铜矿,浅成中—低温热液型碌曲县拉尔玛金矿(大型),浅成中—低温热液型锑矿、西和县崖湾锑矿,化学沉积型成县牛斜山水泥用灰岩矿和武都区苇子沟水泥用灰岩矿等。

(十四)龙门山-大巴山成矿带(Ⅲ-73)

该成矿带全称龙门山-大巴山(台缘坳陷)铁-铜-铅-锌-锰-钒-磷-硫-重晶石-铝土矿成矿带(Ⅲ-73),包含2个Ⅳ级成矿亚带——文县东-康县金(钼-钴)-锰-重晶石-磷成矿亚带(Ⅳ-73①)和碧口-阳坝铜-金(钴)-铁-磷成矿亚带(Ⅳ-73②)。面积6269km²。

1. 区内大地构造单元

本成矿带所处二级构造单元为秦岭-大别新元古代—古生代造山带,所处三级构造单元为摩天岭地块。包含2个四级构造单元——碧口古陆北缘和碧口古陆。南以龙门山断裂带为界,与松潘三叠纪前陆盆地相接；北以玛曲-略阳逆冲-走滑断裂带为界，与南秦岭-大巴山-南大别新元古代—早中生代裂陷大陆边缘相邻。古陆主体形成一个巨大的北东东向摩天岭复背斜，复背斜轴部发育同向断裂构造及新元古代—三叠纪侵入岩，北翼为洛塘镇次级向斜，该向斜北翼发育一系列波状起伏的断裂构造及成分为关家沟组和下泥盆统的透镜状岩片。

2. 岩石建造特征及其成矿作用

在新元古代早期火山弧弧后盆地的基础上，历经了新元古代早期扩张、新元古代中期褶皱回返、新元古代晚期—寒武纪裂陷和晚古生代早—中期裂陷的过程，发育新元古代晚期冰碛沉积，伴随新元古代、志留纪和三叠纪岩浆侵入事件。主要地质体为新元古代早期近火山弧弧后盆地沉积建造，上覆新元古代中晚期—寒武纪大陆冰碛沉积-浅海碳酸盐岩沉积和晚古生代早期潮坪相沉积建造。

新元古界中下部构造层赋存大理岩矿、水晶矿、铁矿、铜矿、铅锌矿和金矿，新元古界上部—下古生界构造层赋存锰矿和重晶石矿，晚古生代—三叠纪侵入岩构造层赋存铁矿和石灰岩矿，之后一直处于被剥蚀状态，在第四纪沿主要河道形成了砂矿型砂金矿床。除大理岩矿和阳坝铜矿外，岩浆侵入作用与矿床的空间关系不明显；但浅成中—低温热液型锰矿、重晶石矿及变质型金矿与断裂构造在空间上关系显著。

(1) 新元古界岩石建造：阳坝组自下而上由下、中、上3个岩段组成，下岩段为正常沉积碎屑岩和少量变质火山岩，岩石组合为石英变粒岩、绢云母石英片岩夹钠长绿泥阳起片岩（变玄武岩）、钠长绢云母片岩（变酸性凝灰岩）、长英质变粒岩、变石英砂岩及少量含铁石英岩、碧玉岩、硅质岩。中岩段为变质基性火山岩和变质火山沉积岩，岩石组合为变玄武岩-变中基性凝灰岩-绿片岩夹凝灰质板岩、粉砂质板岩及少量绿泥千枚岩、变石英砂岩。上岩段为一套变中酸性火山岩夹（互）变基性火山岩及少量变正常沉积碎屑岩组合。向东变酸性火山岩有增多而变基性火山岩有减少趋势。而至勉县青阳镇红崖沟一带变基性火山岩又逐渐增多并与变酸性火山岩呈互层状。赋存矿产有化学沉积型铁矿、海相火山岩型铜矿和铅锌矿、变质型大理岩矿、伟晶岩型水晶矿，对应的成矿作用分别为化学沉积作用、海底火山喷流沉积作用、接触变质作用和后期伟晶岩化作用。

秧田坝组自下而上由2个岩段组成，下岩段为变质沉积碎屑岩-变质火山岩变质建造，岩石组合为变凝灰质砂岩-凝灰质千枚岩夹变（长石）岩屑砂岩、变杂砂岩、粉砂质板岩、变中基性火山岩（熔岩-凝灰岩）及少量中酸性火山岩、变凝灰岩砂砾岩。上岩段为变质沉积碎屑岩夹少量变质火山岩变质建造，中上部岩组合为变岩屑石英砂岩-变长石石英砂岩-变岩屑杂砂岩，与变粉—细砂岩、粉砂质板岩、千枚状板岩互层，间夹透镜状粗砂岩、变砾岩。下部以变凝灰质砂岩为主，与变岩屑杂砂岩、变长石石英砂岩、变凝灰质砂砾岩、凝灰质板岩、粉砂质板岩互层或夹层。赋存矿产仅有变质作用形成的变质型金矿。

(2) 新元古界—下古生界岩石建造：关家沟组为冰碛砾岩夹千枚岩-绿片岩建造，绿片岩的原岩为变质含凝灰质长石砂岩、变含火山角砾凝灰岩及少量变中基性熔岩；临江组为碳酸盐岩建造；干沟组为硅质夹碳酸盐岩建造，同期侵入岩为新元古代辉长闪长岩和志留纪石英闪长岩，新元古代坪头山辉长闪长岩的锆石U-Pb年龄为(884±14) Ma。关家沟组和临江组赋存重晶石矿、锰矿，均属于含矿流体作用形成的浅成中—低温热液型矿床。新元古代辉长闪长岩的外接触带阳坝岩组中的大理岩矿由该侵入体的接触变质作用形成。

(3) 上古生界岩石建造：由岷堡沟组生物屑泥晶灰岩夹杂砂岩建造、石坊组砂板岩-粉砂岩夹页岩-煤层建造和略阳组含燧石角砾灰岩建造组成，岷堡沟组赋存石灰岩矿、铁矿和煤矿，以沉积成矿作用为特色。

(4) 中生界岩石建造：由三叠纪侵入岩建造组成，岩石组合为花岗闪长岩-二长花岗岩-钾长花岗岩，南一里花岗闪长岩体锆石U-Pb年龄为(223±2.6) Ma（李佐臣等，2007），阳坝花岗闪长岩体锆石U-Pb年龄为(216.4±8.3) Ma（秦江峰等，2005），除阳坝花岗闪长岩体外接触带见海相火山岩型铜矿，其余岩体内部及接触带均不存在规模矿床。

(5)第四系：主要由全新世河流冲积物和洪积物组成，沿白龙江和燕子河流域发育砂矿型砂金矿床。

3. 矿区数量及成矿类型

区带内产出矿种有金矿、铜矿、锰矿、铁矿、铅锌矿、煤矿、饰面用大理岩矿、石灰岩矿、水晶矿、重晶石(毒重石)矿等，贵金属类矿产占绝对优势，其次为有色金属类矿产、黑色金属类矿产、能源类矿产和工业岩石类矿产。区域的优势矿种为金矿、铜矿和重晶石矿。

全区带内有色金属和贵金属矿矿区占绝对优势，其次为能源矿产矿区。共查明各类矿区35处，其中查明能源矿产煤矿区3处；金属矿产矿区32处，包括金矿区19处(包含砂金矿区5处)、铜矿区8处、锰矿区4处、铁矿区1处。矿床类型以浅成中—低温热液型、砂矿型、变质型和海相火山岩型矿床为主。

代表性矿床：砂矿型文县碧口砂金矿，变质型康县土地堂金矿，海相火山岩型康县阳坝铜矿等。

(十五)阿尼玛卿成矿带(Ⅲ-29)

该成矿带全称阿尼玛卿铜-钴-锌-金-银成矿带(Ⅲ-29)，主体处于青海省阿尼玛卿山系，是秦祁昆缝合系和特底斯缝合系的交接部位。甘肃省境内地处秦岭-大别新元古代—古生代造山带，位于南秦岭-大巴山-南大别新元古代—早中生代裂陷大陆边缘，由阿尼玛卿裂陷沉积区Ⅳ级构造单元构成。南以木孜塔格-西大滩-布青山蛇绿混杂岩带与北巴颜喀拉-马尔康成矿带为界。面积约4941km^2。

1. 成矿构造环境及演化

区域历经元古宙早期扩张和中期褶皱回返、晚古生代—三叠纪裂陷-褶皱回返、白垩纪陆内断陷和新生代隆升过程，新元古代和二叠纪—三叠纪均存在中—基性火山喷发沉积，伴随三叠纪岩浆侵入事件。

阿尼玛卿裂陷沉积区属晚古生代—中三叠世裂陷沉积区，位于阿尼玛卿山对冲断裂带东部，甘肃省境内由上石炭统—下二叠统、中二叠统—下三叠统构成，上石炭统—下二叠统为树维门科组，是以灰岩、角砾状灰岩夹生物碎屑灰岩及少量钙质长石砂岩为组合的台地相碳酸盐岩建造，中二叠统—中三叠统为马儿争组，其上部为灰岩、砾状灰岩夹砂岩、板岩，下部为砂岩、板岩夹扁豆状灰岩、砾状灰岩及少量安山凝灰岩组合的浅海相砂屑岩-碳酸盐岩建造；上覆白垩系万秀组为砂砾岩夹页岩建造。三叠纪有造山钙碱性花岗岩组合的岩浆侵入于马儿争组。

下伏基底地层苦海岩群为二云石英片岩、黑云斜长片麻岩、斜长角闪片岩、大理岩组合的古元古代中深变质杂岩，仅少量出露于甘肃省际边缘。

2. 矿区数量及成矿类型

该成矿带内目前未查明各类矿区。

(十六)北巴颜喀拉-马尔康成矿带(Ⅲ-30)

该成矿带全称北巴颜喀拉-马尔康金-镍-铂族-铁-锰-铅-锌-锂-铍-白云母成矿带(Ⅲ-30)，地处可可西里-巴颜喀拉中生代造山带，位于松潘三叠纪盆地，主体在青海省境内，甘肃省境内仅有采日玛成矿亚带部分出露。面积约2786km^2。

区域历经三叠纪裂陷-褶皱回返和中新生代隆升过程。甘肃省境内该带仅大面积出露中—下三叠统昌马河组和第四系冲、洪积物。昌马河组为砂岩-板岩建造或复理石建造，由砂板岩夹灰岩组成，属周缘前陆盆地楔顶环境之海(湖)相砂岩、粉砂岩组合。区内三叠系形成向斜构造，断裂构造不发育，仅南部见一条北西西向性质不明断裂。

该带在甘肃省境内为工作空白区，沿用Ⅲ级成矿带全国划分命名，省内Ⅳ级命名为采日玛金-锑-稀土-钨-锡-汞成矿亚带。本次调查该区未发现矿区。

（十七）鄂尔多斯西缘成矿带（Ⅲ-59）

该成矿带全称鄂尔多斯西缘（陆缘坳褶带）铁-铅-锌-磷-石膏-芒硝成矿带（Ⅲ-59），地处华北陆块（克拉通），位于鄂尔多斯西缘新元古代—早古生代裂陷带。面积约 46 478 km²。地理所限，被相邻宁夏回族自治区分割形成南、北两区，矿产主要集中在南区。

1. 区内大地构造单元

该成矿带所处一级构造单元为柴达木-华北板块，所处二级构造单元为华北陆块（克拉通），所处三级构造单元为鄂尔多斯新元古代—早古生代裂陷带。

2. 岩石建造及其成矿作用

该成矿带分布于甘肃省陇东地区西部，第四纪地层大面积覆盖。基底由长城纪黄旗口组石英砂岩夹泥岩及含砾砂岩，蓟县纪王全口组白云岩、白云质灰岩夹页岩和泥灰岩组成，是镁（白云岩）、石灰岩等矿产的赋矿层；其上零星出露的岩石地层有震旦纪兔儿坑组台地碳酸盐岩-页岩组合，寒武纪—奥陶纪浅海-台地碎屑岩-碳酸盐岩组合。寒武纪地层有白洋河组、馒头组、张夏组、大台子组，奥陶纪地层有水泉岭组、三道沟组、平凉组、车道组、姜家湾组，多呈断块状零星分布；上覆盖层为石炭系—二叠系碎屑岩组合、中—新生界坳陷盆地的沉积岩系及第四纪堆积层。早二叠世早期气候湿热，植物茂盛，形成了湖泊相铝质黏土岩和含煤建造。主要岩石建造有太原组和山西组煤碎屑岩建造，白垩系保安群砂岩-砾岩-泥岩夹泥灰岩-凝灰质砂岩建造，古近系清水营组砂岩夹砂质泥岩及石膏层建造。

3. 矿产数量及成矿类型

该成矿带主要为能源矿产煤、石油，其次为铁、铝土矿、镁（白云岩），非金属矿产为石灰岩、砂岩、黏土类等及新型矿种油页岩。有化学沉积型、风化沉积型、机械沉积型和生物化学沉积型4种类型，本带无岩浆作用矿床类型，而以机械沉积型占主导地位；形成矿种单一，以能源矿产煤、石油为主，非金属矿产次之；成矿时代以中—新生代为主。

共有各类矿区29处，以非金属矿区和能源矿区居多，金属矿区较少。其中能源矿产共19处，为生物化学沉积型煤矿和油页岩矿；金属矿只见2处镁矿（白云岩）矿区，矿床类型为浅-滨海相沉积矿床；非金属矿区8处，包括水泥用石灰岩矿区5处、陶瓷土矿区1处、水泥配料用黄土矿区1处、水泥配料用黏土矿区1处。成矿类型分别为化学沉积型、内陆湖泊沉积型、风积型。

代表性矿床：生物化学沉积型甘肃省安新煤田大柳井田、崇信县安口新窑煤田新窑竖井井田、平凉市峡门乡一道沟水泥灰岩矿等。

（十八）鄂尔多斯（盆地）成矿区（Ⅲ-60）

该成矿带全称鄂尔多斯（盆地）铀-油气-煤-盐类矿集区（Ⅲ-60），地处华北陆块（克拉通），位于鄂尔多斯中生代坳陷盆地。面积 29 690 km²。

1. 区内大地构造单元

该成矿带所处一级构造单元为柴达木-华北板块，所处二级构造单元为华北陆块（克拉通），所处三级构造单元为鄂尔多斯中生代坳陷。

2. 岩石建造及其成矿作用

鄂尔多斯盆地为中生代以来形成的巨型内陆坳陷盆地，地质构造较为简单，没有岩浆活动。晚三叠世中期进入内陆湖盆时期,深湖亚相、半深湖亚相沉积发育,气候暖热湿润,主要形成烃源岩。

鄂尔多斯坳陷盆地沉积地层,由上三叠统、侏罗系、白垩系、古近系组成。上三叠统为崆峒山组砾岩夹砂岩-含煤碎屑岩建造,侏罗纪岩石建造有富县组泥岩夹砂岩-泥灰岩建造,延安组含煤碎屑岩-油页岩建造,直罗组长石砂岩夹泥岩建造,安定组油页岩-页岩及粉砂岩-泥灰岩建造,芬芳河组砾岩夹砂岩-泥质粉砂岩建造。白垩纪为保安群砂岩-砾岩-泥岩夹泥灰岩-凝灰质砂岩建造。古近纪为寺口子组砾岩-泥岩夹砂岩建造,清水营组砂岩夹砂质泥岩及石膏层建造。

侏罗系延安组、安定组是鄂尔多斯盆地主要的石油、天然气和煤储层,白垩系赋存地下水资源,也是主要热储层,地热资源丰富。

3. 矿产资源及成矿类型

本带主要为能源矿产石油、天然气、煤,其次为砂岩(建筑用、玻璃用)、石灰岩(制碱用)以及地热、天然矿泉水。有机械沉积型和生物化学沉积型,地热、天然矿泉水无归类。本次调查结果区内含23个矿区,主要为能源矿产矿区20处,以生物化学沉积型煤矿为主,另外有非金属矿区3处,为机械沉积型砂矿区(2处)、化学沉积型制碱用石灰岩矿区(1处)。

二、主要矿产资源开发利用现状

根据甘肃省国情调查项目成果,截至2021年底,甘肃省主要矿产资源及开发利用情况如下。

(一)能源矿产

1. 煤

甘肃省煤种从劣质煤到无烟煤均有赋存,煤种齐全,但在数量上很不配套,炼焦用煤不多,无烟煤稀少。主要煤种为低变质烟煤(不黏煤、弱黏煤、长焰煤),分布在陇东、兰州、靖远和西大窑等地,便于集中大规模开发。炼焦用煤主要分布在张掖、武威和白银等地。

甘肃省煤矿成矿条件好,资源比较丰富,现已有矿区181处,其中大型矿区16处、中型矿区15处、小型矿区150处。主要集中在庆阳、平凉、白银、张掖等市。

截至2020年底,甘肃省内有已利用煤矿区共计51个,共有81个矿山,其中生产矿山39个,停产矿山35个,新建矿山3个,另有出让及待出让矿山4个。占用查明煤资源量占全省查明煤资源量的20.7%;保有量占全省保有煤资源量的17.8%。总体设计生产能力6622万t,实际生产能力4555万t,开采回采率71.5%,综合利用率82.6%。

2. 泥炭

甘肃省泥炭主要分布在酒泉盆地及西秦岭(陇南—甘南)地区的现代草地沼泽中,均未开发利用。全省泥炭矿区6处(均为小型)。

3. 油页岩

甘肃省油页岩主要分布在民和盆地(兰州地区)、鄂尔多斯盆地(陇东地区)等。全省查明油页岩产地1处(崇信县新窑油页岩矿),为小型,尚未开发利用。另有窑街煤电集团有限公司金河煤矿、红古区窑街煤矿Ⅰ号竖井区、窑街煤电集团有限公司三矿、兰州市红古区韩家户沟-马家台勘查区伴生矿产共4处,尚未开发利用。

(二)黑色金属矿产

1. 铁矿

1)资源状况

甘肃省铁矿主要分布于酒泉市及张掖市,其次为甘南藏族自治州和陇南市,其中酒泉市51处,张掖市35处,甘南藏族自治州18处,陇南市7处。2020年底累计动用资源量占累计查明资源量约26.06%,保有资源量占累计查明资源量的77.94%。

甘肃省铁矿床成因类型主要为受变质型和沉积型,其次为海相火山岩型、接触交代型(矽卡岩型)、热液型和风化淋滤型,岩浆型铁矿偶有分布。富矿较少,多为贫矿,几乎全部为需选铁矿石。

甘肃省铁矿矿石自然类型按组成矿石的主要铁矿物可分为磁铁矿石、赤铁矿石、镜铁矿石、假象赤铁矿石、钒钛磁铁矿石、褐铁矿石、菱铁矿石,按矿石中主要脉石矿物的种类可分为石英型、闪石型、辉石型、斜长石型、石榴石型、铁白云石型、碧玉型铁矿石等。按结构构造可分为浸染状、网脉状、条纹—条带状、致密块状、角砾状、鲕状、肾状、蜂窝状铁矿石等。全省铁矿多为复合型矿石。

目前甘肃省铁矿选别工艺以磁选为主。

2)开发利用

甘肃省铁矿资源比较丰富,大规模开采已有40多年的历史,形成以国有大型企业酒泉钢铁(集团)有限责任公司(简称酒钢)为主体的组织结构。酒钢综合实力雄厚,聚合了多领域的专业技术人才,是国家"创新型试点企业",资产规模、年营业收入均超过千亿元。酒钢拥有从采矿、选矿、烧结、焦化到炼铁、炼钢、热轧、冷轧等完整配套的碳钢和不锈钢生产工艺流程,形成嘉峪关本部、兰州榆中和山西翼城三大钢铁生产基地,具备年产铁1000万t、钢1200万t(其中不锈钢120万t)的生产能力。

全省有铁矿区138处,其中大型矿区3处、中型矿区17、小型矿区118处;矿山45个,其中生产矿山11个、停产矿山31个、关闭矿山3个,年生产矿量1 433.46万t,年产值165 809.81万元。矿山停产原因有以下几种:①10个矿山因矿石价格低迷停产;②3个矿山因资源枯竭停产;③4个矿山因政策性停产及保护区退出停产);④4个矿山因安全生产问题停产);⑤5个矿山因基建等原因采矿权办理后一直未开采停产);⑥5个矿山因采矿证到期停产。

甘肃省42个矿山(11个生产矿山)设计生产能力1 831.27万t/年,实际年产量1 433.46万t,宏观储采比28.04年。开采回采率86.47%,选矿回收率75.98%,综合回收率69.45%(部分矿山)。

2. 锰矿

1)资源状况

甘肃省锰矿矿区共有22个,锰矿矿山7个(全部为停产矿山),主要分布在酒泉市和陇南市,白银市、临夏州次之,兰州市、武威市、张掖市有零星分布。甘肃省常见的锰矿物主要有软锰矿、硬锰矿、水锰矿、铁锰矿,其次为褐锰矿、钾锰矿、钙锰矿、菱锰矿,偶见硅酸锰矿等。锰矿物及含锰矿物与同生脉石组成符合工业要求的矿物集合体即为锰矿石。甘肃省锰矿石类型主要为氧化锰类型,次为铁锰矿石类型,偶见含多金属铁锰矿石类型。甘肃省锰矿平均品位15.52%,全省占用保有资源量占保有资源量的75.12%。

2)开发利用

甘肃省锰矿矿山停产原因有以下几种:①5个矿山因采矿权到期未延续停产;②1个矿山因矿石价格低迷停产;③1个矿山因其他原因停产。甘肃省锰矿设计生产能力23万t/年,目前已知的开采回采率87.5%,选矿回收率81.27%。

可行的工艺技术:地表氧化矿经过还原焙烧后,采用常规的酸浸-净化工序,浸出液可满足电解锰对溶液的质量要求,锰浸出率87.44%(浸出液除杂后,液计);深部原生矿无须焙烧直接磨细浸出,浸出率可达99%(未除铁)。

3. 铬矿

1）资源状况

甘肃省铬矿主要分布在中祁连和龙首山地区，铬矿床成因类型均属岩浆型。

全省有铬矿区3处，其中中型矿区1处、小型矿区2处，集中分布于祁连山一带。肃北蒙古族自治县大道尔吉铬矿规模达中型，占全省铬矿资源量的97.46％。

2）开发利用

全省有铬矿区3处，矿山2个（均为关闭矿山）。甘肃省铬矿设计生产能力6万t/年，目前已知的开采回采率80％，选矿回收率89％。

铬矿是甘肃省的优势矿产之一，查明资源储量在全国排名第二，但由于矿石以贫矿为主，探明富矿不足3％，铬铁比值普遍偏低。找矿、研究工作程度较低，工作量投入不足，目前尚未形成规模开发利用。

甘肃省铬矿主要由肃北蒙古族自治县久翔矿业有限责任公司、肃北蒙古族自治县金龙矿业有限责任公司两家公司开采，现因矿区位于生态红线范围内均关闭停产，其余矿区尚未开发利用。大道尔吉矿石为比较易选的矿石，选矿方法为跳汰分级摇床重选工艺。

4. 钒矿

1）资源状况

甘肃省钒矿区均分布于酒泉市。根据钒矿规模，为大型矿区1处、中型矿区4处、小型矿区2处。全省钒矿占用保有资源量占保有资源量的22.68％。

甘肃省钒矿类型主要为受变质型。矿石类型有硅质磷块岩、粉砂质磷块岩、黏土质磷块岩、结核状磷块岩、碳酸质磷块岩、含钒千枚状板岩、含钒碳质千枚岩、含钒碳质板岩和含钒碳质硅质岩等。

2）开发利用

甘肃省钒矿开发利用始于20世纪90年，在方山口一带进行了露天开采，自2011年以后，由于钒市场价格低迷及生产工艺问题，方山口一带钒矿停产，至今未再生产。2019年肃北博伦矿业开发有限责任公司七角井钒矿开采项目开工建设。目前甘肃省敦煌市五一山钒矿及塔水井东钒矿已进行了企业投入资金及省地勘基金项目续作，下一步有望实现成果转化。

钒矿选治工艺主要为焙烧-水浸＋酸浸-吸附和解析-净化母液-铵盐精制工艺。

甘肃省钒矿设计生产能力67.73万t/年，开采回采率86.33％，选矿回收率85.38％，综合利用率73.67％。

（三）有色金属矿产

1. 铜矿

1）资源状况

铜矿是甘肃省优势矿产和重要矿产，资源比较丰富，主要分布于龙首山、北山地区，其次分布于祁连山和西秦岭地区。铜矿成因类型有岩浆型、斑岩型、接触交代型（矽卡岩型）、岩浆热液型、海相火山岩型及沉积砂岩型，以岩浆型、海相火山岩型、岩浆热液型为主。铜矿石类型按矿石氧化程度分为氧化矿石、混合矿石、硫化矿石，以硫化矿石为主，氧化、混合矿石较少。

甘肃省有铜矿区73处，其中大型矿区1处、中型矿区1处、小型矿区71处。占用保有资源量占保有资源量的85.42％。

2）开发利用

甘肃省铜矿开发历史悠久，资源比较丰富，作为我国重要的有色金属生产基地，省内已形成以金昌、白银为主的有色金属加工生产基地，金川集团股份有限公司和白银有色集团股份有限公司为龙头的开发格局,多数铜矿已开发利用。矿床规模、矿石品位、开采方式、开采深度及共伴生矿产的综合利用等对矿山经济效益影响较为明显。

全省有铜矿山25个,其中生产矿山7个(占28%),停产矿山18个(占72%)。矿山停产原因有以下几种:①7个矿山因采矿权到期未延续停产;②有2个矿山因采矿权注销停产;③2个矿山因政策性停产及保护区退出停产;④3个矿山基建停产,始终未开采;⑤4个矿山因不明原因停产。

全省矿山设计产能139.25万t/年。2020年生产矿量106.11万t,年产值70 989.29万元,宏观储采比10.22年;矿山开采回采率86.61%,选矿回收率89.14%,综合回收率87.82%。目前选矿均采用硫化矿混合浮选工艺、阶段磨矿阶段浮选工艺流程。

甘肃省铜矿为易选矿石,已利用矿区勘查程度高,多数达详查-勘探。影响甘肃省铜矿开发利用的主要因素为规模小、品位低、勘查程度低。

2. 铅矿

1)资源状况

甘肃省铅锌矿成矿条件好,资源比较丰富,共有铅锌矿区58处,其中大型矿区7处、中型矿区11处、小型矿区40处,主要分布于陇南市及酒泉市,其次为张掖和平凉市。

甘肃省铅矿和锌矿属于共生成矿类型,铅锌矿床成矿类型主要有热液型、接触交代(矽卡岩)型、海相火山岩型、层控型、沉积变质型、破碎岩蚀变型、沉积改造或再改造型等。其中西成铅锌矿田主要以沉积改造或再改造型矿床为主。

矿石自然类型按组成矿石的主要铅锌矿物可分为闪锌矿矿石、方铅矿矿石、白铅矿矿石、硫锑铅矿石、铅铁矾矿石、钼铅矿矿石、菱锌矿矿石、磷氯铅矿矿石等。按矿石结构构造可分为层状、透镜状、脉状—透镜体状、脉状、扁豆状、囊状和柱状、石英脉型铅锌矿石等。

2)开发利用

甘肃省已利用铅锌矿区共计37个,其中大型矿区7个、中型矿区11个、小型矿区40个,有生产矿山14个,停产矿山20个,在建矿山1个,闭坑矿山2个。甘肃省铅占用保有资源量占保有资源量的59.80%。停产矿山停产原因有以下几种:①11个矿山因采矿权过期停产;②5个矿山因企业申请停产;③1个矿山始终未开采;④3个矿山因政策性停产及保护区退出停产。

甘肃省铅锌矿加工冶炼主要为甘肃省白银有色集团股份有限公司,公司资产总额205亿元。具有年采选矿量200万t、铜铅锌30万t、黄金3000kg、白银100t、有色金属加工材5.65万t、硫酸63万t、氟化盐产品7万t的生产能力。

甘肃省铅锌矿为氧化矿石、混合矿石、硫化矿石,以硫化矿石为主,氧化、混合矿很少,个别矿区虽铅锌含量较高,但有害杂质含量少于规定,共伴生其他有色金属如金、银等矿物,所以本省铅锌矿石工业类型几乎全部为需选矿石,通过统计本省生产矿山大部分矿区矿石类型发现铅锌矿石工业类型属于闪锌矿矿石、方铅矿矿石,大多数矿山采用浮选法。

目前甘肃省铅锌矿选矿工艺以浮选为主并加以优化,形成了具有特色的浮选方法,如"抑锌浮铅"优先浮选法、混合浮选法、机械化浮选法等。

全省铅矿设计总生产能力927万t,实际年产量422.4万t,宏观储采比17.39年。平均采矿回收率88.88%,平均选矿回收率82.83%,平均综合回收率72.75%。

3. 锌矿

1)资源状况

甘肃省锌矿涉及矿区与铅矿相同。

2)开发利用

甘肃省锌占用保有资源量占保有资源量的63.46%。全省锌矿设计生产能力5557万t/年,实际生产能力4 188.85万t,宏观储采比22.07年。平均开采回收率85.29%,平均选矿回收率87.68%,平均综合回收率73.62%。

4. 铝土矿

甘肃省铝土矿主要分布在平凉市崆峒区。截至2020年底,已评价的铝土矿矿产地仅有3处,分别为位于平凉市崆峒区的大台子、王店及红庄子三地的铝土矿点和位于张掖市山丹县东水泉煤矿铝质黏土矿。以上矿产地均无相关勘探报告提交铝土矿资源储量,由于各矿产地铝土矿资源较少,且矿石品质较低,难以开发利用。现省内尚无开发利用铝土矿山。

另外据勘查区块登记资料,张掖市、武威市等地曾有"甘肃省张掖市黄沙梁铝土矿普查"项目、"甘肃省民勤县周家井铝土矿普查"项目实施,未见普查成果储量上报资料。

甘肃省内铝土矿整体勘查程度低,均未开发利用,矿石加工选冶技术性能有待进一步研究。

5. 镍矿

1) 资源状况

镍矿是甘肃省的优势矿种和重要矿产,拥有世界排名第三位的金川(白家咀子)超大型铜镍矿床。目前省内发现镍矿产地主要分布于金昌市、酒泉市。镍矿床成因类型均为岩浆型。甘肃省镍占用保有资源量(金属量)占保有资源量的99.99%。镍矿矿石类型分为氧化矿石和原生矿石两大类。

2) 开发利用

全省有镍矿区2处,其中大型矿区1处、中型矿区1处;矿山2个,其中生产矿山1个、在建矿山1个。2020年生产矿量1069万t,年产值664 570万元。

甘肃省镍矿资源丰富,分布集中,开发历史悠久,已形成以大型国有企业金川集团股份有限公司为主体,镍都金川为加工基地的组织结构。铜镍矿伴生钴、铂、钯、铱、铑、锇、钌、金、银、硫、铬均已综合回收利用。矿床规模、矿石品位、开采方式、开采深度以及共伴生矿产的综合利用等对矿山经济效益影响较为明显。金川铜镍矿氧化矿已基本上开采完毕,目前主要以开采原生矿为主。

甘肃省金川(白家咀子)铜镍矿各类矿石的实验室可选性试验结果表明矿石选矿性能良好,镍、铜、钴、铂、钯的回收率多在80%以上。采用单一浮选流程,对各种有益元素均可有效地回收。

氧化矿石数量不多,生产单位采用鼓风炉还原熔炼方法,解决了本区氧化矿工业利用问题,硫化矿石目前矿山选矿均采用硫化矿混合浮选工艺。

甘肃省镍矿设计生产能力1200万t,实际生产能力1069万t/年,宏观储采342.51年。开采回采率95.31%,选矿回收率83.9%,综合利用率78.24%。

6. 钴矿

1) 资源状况

钴矿主要为伴生矿产,是甘肃省优势矿产和重要矿产,探明钴资源储量列全国第一。拥有金川(白家咀子)超大型铜镍矿床伴生钴矿床,伴生钴矿床达超大型规模。目前省内发现钴矿产地主要分布于金昌市、酒泉市、陇南市。

钴矿主要为伴生矿产。资源量重点集中于甘肃省金昌市白家嘴子镍铜矿、金塔县亚泰有色金属有限公司白山堂铜矿、肃北蒙古族自治县黑山铜镍矿等矿区。甘肃省钴矿成因类型主要有岩浆型、海相火山岩型、岩浆热液型、受变质型等4个类型。

2) 开发利用

甘肃省的钴矿均为共伴生矿产。

共生钴矿石类型主要为块状含黄铁磁铁铜钴矿石(甘肃省肃北蒙古族自治县香毛山铜矿),卡加沙格砷矿中钴主要以类质同象赋存于毒砂中,即为钴毒砂或者含钴毒砂,属于钴矿物分类中的钴铁硫砷化合物,同时毒砂中含钴不均匀。

伴生钴以类质同象形式赋存于硫化物铜镍矿石(金昌市金川铜镍矿床)、黄铁矿型铜矿石(康县阳坝铜矿坡铜矿床)的硫化物及沉积锰矿石(文县赵家嘴锰矿床)的氧化锰矿物中。伴生钴品位较低,主要作为副产品加以回收,现已发现的伴生钴品位为 0.02%～0.083%,因而生产过程中金属回收率低,工艺复杂,生产成本高,仅金川集团股份有限公司钴的回收比较成熟,其余矿区、地方开采主矿种时,均未回收钴。

7. 钨矿

1)资源状况

钨矿为甘肃省优势矿种,已查明资源储量居全国前五位。全省有钨矿区 11 处,其中大型矿区 3 处、中型矿区 2 处、小型矿点 6 处。甘肃省钨矿主要分布于河西地区的祁连山和北山地区,秦岭地区分布较少。

甘肃省钨矿主要分布于祁连成矿带西段、北山成矿带内,西秦岭地区分布较少。钨矿床类型主要有接触交代型(矽卡岩型)矿床、岩浆热液型矿床和云英岩型 3 种。从主要的典型钨矿床特征可以看出,其主要成矿类型有两种,即与热液有关的矽卡岩型钨矿床和石英脉型钨矿床。甘肃省钨矿床矿石类型主要有矽卡岩型矿石、蚀变千枚岩、角闪云母片岩型矿石和白钨矿辉钼矿矿石。

截至 2020 年底,钨占用保有资源量占保有资源量的 9.76%。

2)开发利用

截至 2020 年底,甘肃省内共办理有钨矿探矿权 38 处,其中有效探矿权 19 处、已注销探矿权 19 处;办理有钨矿采矿权 1 处。甘肃省钨矿整体开发程度不高,全省目前仅有钨矿企业 1 家,为甘肃新洲矿业有限公司,矿山规模为大型。

目前省内具有钨矿石开采加工条件的矿山为肃南县小柳沟钨矿,肃南县小柳沟钨矿选矿流程为加温浮选工艺流程。选矿方法采用"三段一闭路破碎—两段闭路磨矿—硫化矿粗选尾矿—白钨矿粗选—粗精矿加温精选"的钨矿加温浮选工艺流程,并以此作为选矿厂建厂依据一直沿用至今。

甘肃省钨矿设计生产能力 27 万 t,实际生产能力 26.89 万 t/年,宏观储采比 2.46 年。开采回采率 75.6%,选矿回收率 82.89%,综合利用率 72.45%。

8. 锡矿

甘肃省锡矿区少、规模较小、资源贫乏,按可满足需求的程度看,属短缺资源,省内锡矿尚无形成规模开发利用矿区。目前共有锡矿矿区 1 处,规模为小型,为甘肃省肃北蒙古族自治县明锡山锡矿,分布在酒泉市肃北蒙古族自治县。甘肃省锡矿占用保有资源量占保有资源量的 0.94%。

甘肃省锡矿矿石类型比较单一,矿石类型属锡石-硫化物型矿石。省内锡矿资源很少,且勘查程度较低,目前尚未被开发利用。

9. 镁矿

甘肃省镁矿主要分布于鄂尔多斯西缘成矿带内,西秦岭地区分布较少。镁矿床类型均为沉积型矿床,镁矿矿石类型比较单一,主要赋存于白云岩中。

矿产资源国情调查工作涉及镁矿产地仅有 3 处。其中崆峒区摆家大山-大台子冶镁白云岩矿资源储量规模达大型规模,毕家里炼镁白云岩矿和环县阴石峡白云岩矿均为小型矿区。省内尚无形成规模开发利用矿山,整体来看,省内镁矿勘查开发程度较低。

利用白云岩生产金属镁和镁化合物,其生产工艺为硅热法(皮江法)。

省内登记镁矿探矿权仅有平凉市崆峒区摆家大山大台子冶镁白云岩矿 1 处为已评价矿区,其余多为未评价镁矿点,无镁矿采矿权登记,根据以往资料结合本次矿产资源国情调查成果显示,甘肃省内镁矿整体勘查程度低,尚无形成规模开发利用矿区。

10. 钼矿

1)资源状况

甘肃省钼矿主要分布于酒泉市肃北蒙古族自治县、瓜州县,张掖市肃南县,武威市天祝县和天水市武山县等地。从地理分布来看,主要在祁连、北山和西秦岭地区。

甘肃省钼矿主要有斑岩型和岩浆热液型两种,均为岩浆作用矿床。

甘肃省钼矿矿石类型比较单一,矿石自然类型主要为原生硫化钼矿石,容矿岩石多为石英脉、石英脉+矽卡岩型矿石、石英脉+蚀变千枚岩、石英脉+角闪云母片岩、花岗岩等。

国情调查结果显示,钼占用保有资源量占保有资源量的40.68%。

2)开发利用

钼矿石的挑选采用以开路浮选流程工艺为主或闭路浮选流程工艺为主的选矿工艺。

全省现有钼矿企业仅两家,分别为甘肃新洲矿业有限公司祁青钼矿(中型)和肃北蒙古族自治县金来矿业有限责任公司肃北蒙古族自治县红山井钼矿(小型),调查显示两矿山均无实质性钼矿生产开发利用,属于尚未生产矿山。

甘肃省钼矿设计生产能力203万t,实际生产能力0万t/年。开采回采率82%,选矿回收率85.32%,综合利用率80%。

11. 锑矿

1)资源状况

锑矿为甘肃省优势矿种,已查明资源储量居全国前五位。甘肃省锑矿床点主要位于宕昌县、礼县、西和县内,以崖湾锑矿和泰山锑矿为主。

国情调查结果显示,锑占用保有资源量占保有资源量的33.02%。

甘肃省锑矿矿石类型按照氧化程度主要分为氧化矿石、混合矿石和原生矿石。矿床类型全部为碳酸盐岩中热液型锑矿。

2)开发利用

崖湾锑矿是甘肃省内唯一一家生产多年的大型锑矿山,矿山选冶技术成熟。陇星锑业有限责任公司选矿流程采用一段闭路浮选流程。

自2019年《甘肃省西和县崖湾锑矿(30-205线)资源储量核实报告》通过评审备案后,矿山一直处于停产核查状态。

在甘肃省合作早子沟金矿有限责任公司早子沟金矿,矿区内伴生锑矿在生产过程中进行了综合开采利用,矿区共动用伴生锑矿资源量矿石量392 530t,金属量5444t。

此外临潭县大寺坡矿产资源开发有限责任公司临卓大寺坡锑矿有小规模开采。

甘肃省锑矿设计生产能力25.78万t,开采回采率79.34%,选矿回收率82.82%,综合利用率81.08%。

12. 汞矿

甘肃省汞矿成型矿床不多,且零星分散。全省现有汞矿区3处,其中临潭县2处、徽县1处。汞矿均属于中—低温热液充填交代型,矿石中物质成分简单,金属矿物以辰砂为主,非金属矿物以石英为主,方解石含量很低,但在薄层中见有少量重晶石。

省内汞矿资源均未开发利用。

(四)贵金属矿产

1. 金矿

1)资源状况

甘肃省金矿分布广泛,中型以上矿床主要分布在西秦岭地区,包括陇南市、甘南州和定西市,其次分布在北山地区和北祁连地区的酒泉市、金昌市等。金矿床成因类型有岩浆型、接触交代型(矽卡岩型)、斑岩型、岩浆热液型、火山岩型、浅成中—低温热液型、变质型、砂金型8个类型。

2)开发利用

全省共有金矿矿区307处,其中大型矿区10处、中型矿区40处、小型矿区257处;矿山107个,其中生产矿山23个、闭坑矿山16个、停产矿山68个,目前年实际生产矿量391.83万t,年产值216 006.91万元。

甘肃省金矿资源丰富,有众多大中型企业从事金矿勘查开发,新技术、新方法得到普遍应用,黄金产量居全国前列。矿床规模、矿石品位及质量等对矿山企业经济效益影响明显。甘肃省金矿石工业类型主要为蚀变岩型和石英脉型,金矿选冶工艺主要为堆浸法、浮选法、氰化法、重选法等。

2002年以后,随着国家产业政策调整和环境保护力度加大,对岩金矿山的堆浸生产等高污染生产方式进行了禁止。甘肃省主要的金矿矿山相继停止了堆浸工作,研发了新的选矿技术;目前"原矿浮选+尾矿全泥氰化联合流程""全泥氰化浸出"已成为甘肃省岩金矿产金的主要选矿工艺。

甘肃省砂金矿可利用性较好,多采用重选法,跳汰、摇床及人工淘洗综合工艺依然是主要的砂金选金方法。

甘肃省未利用金矿多数因为部分矿床含砷、含碳较高,选冶技术未取得突破,如舟曲坪定金矿含砷量高达6%,碌曲拉尔玛金矿为碳质微细粒金矿石,属于难选冶矿石。大部分未利用的金矿开发的外部条件差,勘查程度一般较低,规模小、品位低,开采难度大,成本高。甘肃省金矿85个矿山的开采回采率87.11%,选矿回收率86.68%,综合利用率80.24%。

2. 银矿

1)资源状况

本次调查全省银矿矿区3处,其中中型矿区1处(甘肃省肃北蒙古族自治县石硐沟银多金属矿)、小型矿区2处。全省银矿主要为共伴生类型,无单一类型银矿。甘肃省有过开发利用的主要矿产是银矿的矿山为甘肃中盛矿业有限责任公司肃北蒙古族自治县石硐沟铅锌银矿,本次调查时该矿山处于停产状态。

甘肃省银矿占用保有资源量占保有资源量的5.67%。

2)开发利用

甘肃省银资源储量较少,主要为共生矿,矿石类型为辉锑银矿石、深红银矿石等。

甘肃省内银矿石开采历史悠久,加工技术方案主要以铅锌及其他共伴生矿的方式回收。目前甘肃省银矿选矿工艺以浮选为主。

甘肃省银矿年设计生产能力30万t,宏观储采比7.5年。开采回采率90%。

(五)稀有、稀土金属矿产

1. 铌钽矿

铌是一种难熔的稀有金属,具有耐腐蚀、抗疲劳、抗变形等特点,热电传导性能好,在高温下具有极好的电子发射性能,热中子俘获界面小,超导性能极佳。铌被广泛应用于冶金工业、原子能工业、航空航天工业、军事工业、电子工业、化学工业、超导材料及医疗仪器等方面。世界铌的消费量达2万t,并且还在逐年增加。

钽具有延展性好、蒸气压低、热导率大、耐高温、抗腐蚀、冷加工及焊接性能好等特性。钽是电子工业和空间技术发展不可缺少的战略原料，主要用于电子、机械、化工、宇航四大领域。钽的消费领域主要为生产钽电容器。

根据铌钽矿规模划分，甘肃省目前查明大型1个（甘肃省阿克塞哈萨克族自治县余石山铌钽多金属矿），小型4个（瓜州县古堡泉铌矿、肃北蒙古族自治县红泉铌钽矿、肃北蒙古族自治县潘家井铌钽矿、肃北蒙古族自治县庙庙井铌钽矿），均分布于酒泉市。至2020年底，甘肃省的铌钽矿均未开发利用。

2. 轻稀土矿

稀土金属化学性质活泼，被广泛用于冶金、石油、玻璃、化工、电子、原子能等方面。

甘肃省有轻稀土矿矿区1处，即天祝县干沙河脑铜稀土多金属矿，为大型稀土矿。该矿矿石经鉴定发现的矿物有40余种，其中稀土矿物有直氟碳钙铈矿、氟碳钙铈矿、氟碳铈矿、独居石等。霓辉正长岩型和霓辉正长斑岩型矿石为矿区最主要矿石类型。

省内轻稀土矿未开发利用，主要原因是虽然干沙河脑稀土资源储量已达大型规模，但矿体品位较低，矿石难选冶，开发利用不经济，同时矿区处于自然保护区生态红线内，暂无法开发利用。

三、石墨矿产资源情况

1. 分布情况

据国情调查成果，截至2021年底，甘肃省共有石墨矿区6处，按行政区归属分布于2个市（州）；其中酒泉市分布石墨矿区最多，有5个，其中大型矿床3个、小型矿床2个；武威市1个，为大型矿床。

根据本次研究结果，截至2023年底，甘肃省共发现和评价晶质石墨矿床（点）19处，其中大型矿床11处、小型矿床5处、矿点3处，主要分布于酒泉市，共有14个矿床（点）（表3-9）。

2. 成矿地质特征

按照《中国矿产地质志·甘肃卷》矿床类型划分方案，以成矿主岩（或含矿建造）为主线，结合已知晶质石墨矿床（点）成矿作用特征，甘肃省石墨矿床成因类型均为变质型矿床。甘肃省发现的晶质石墨矿赋矿层位具有专属性，均为前寒武系。在祁连山和北山地区赋矿层位为太古宇—中元古界敦煌岩群，含矿岩性为敦煌岩群二岩组二岩段含石墨二云石英片岩、黑云斜长片麻岩和蚀变大理岩；在龙首山地区赋矿层位为中元古界龙首山岩群，含矿岩性为石墨二云石英片岩和蚀变大理岩；在秦岭地区赋矿层位为古元古界秦岭岩群二岩段，含矿岩性为含石墨大理岩。

表 3-9 甘肃省石墨矿床(点)特征表

矿床(点)名称	成矿地质特征	成因类型	矿体规模	矿石品位	矿床规模
民勤县唐家鄂博山石墨矿	矿区位于下八郎井复背斜北翼,含矿岩性为含石墨二云石英片岩和含石墨蚀变大理岩,矿体呈层状—似层状,受褶皱控制	变成型	矿区共发现大小矿体6个,长70~2620m,厚2.2~74.5m,平均厚2.00~22.33m	固定碳含量3.24%~5.63%	大型
肃北蒙古族自治县红柳峡晶质石墨矿	矿区大地构造位置属秦祁昆造山系,北祁连弧后盆地,赋矿地层为大古宇—中元古界敦煌岩群二岩段,含矿岩性为含石墨二云石英片岩和含石墨大理岩,矿体呈层状—似层状、透镜状	变成型	矿区共圈定晶质石墨矿体15条,长60~2100m,平均厚2~23.87m	固定碳平均含量3.71%	大型
肃北蒙古族自治县白沟东石墨矿	矿区大地构造位置属塔里木板块敦煌基底杂岩,赋矿地层为太古宇—中元古界敦煌岩群二岩组二岩段,含矿相为含石墨二云石英片岩、黑云斜长片麻岩	变成型	矿区共圈定晶质石墨矿体34条,长50~3440m,厚2.00~17.46m	固定碳含量2.06%~6.59%,平均含量3.31%	大型
肃北蒙古族自治县敖包山晶质石墨矿	矿区大地构造位置属塔里木板块敦煌基底杂岩,赋矿地层为大古宇—中元古界敦煌岩群二岩组二岩段,含矿岩性为含石墨二云石英片岩,矿体呈层状—似层状、透镜状	变成型	矿区共圈定晶质石墨矿体21条,铅矿体6条,锌矿体3条,硫铁矿体5条。其中晶质石墨矿体长100~1490m,厚2.00~51.11m。铅、锌矿体与含石墨矿体共生,长100~200m,厚0.04~3.27m;铁矿体长100~475m,厚1.49~22.77m	固定碳含量2.46%~6.72%;铅矿体品位0.34%~1.85%;锌矿体品位0.6%~0.86%;铁矿体TFe品位25.52%~33.97%	大型
肃北蒙古族自治县大敖包沟晶质石墨矿	矿区地处阿尔金金大断裂北侧一隅,地处堆若特格向形转折端东部褶皱带中,赋矿地层为太古宇—中元古界敦煌岩群二岩组二岩段,含矿岩性为含石墨二云石英片岩,矿体呈层状—似层状、透镜状	变成型	矿区北、中矿带共圈定晶质石墨矿体34条,长150~3560m,厚2.73~22.25m	固定碳含量2.69%~5.52%	大型
肃北蒙古族自治县大窑沟晶质石墨矿	矿区大地构造位置属塔里木板块敦煌基底杂岩,赋矿地层为太古宇—中元古界敦煌岩群二岩组二岩段,含矿岩性为含石墨二云石英片岩,总体为一向形构造,含矿岩性为含石墨二云石英片岩,矿体呈层状—似层状、透镜状	变成型	矿区共圈定晶质石墨矿体8条,矿体长110~1260m,平均厚3.56~35.51m	固定碳含量3.31%~7.53%	大型

续表 3-9

矿床(点)名称	成矿地质特征	成因类型	矿体规模	矿石品位	矿床规模
阿克塞县豺狼沟晶质石墨矿	矿区位于阿尔金山北麓，属塔里木板块-敦煌地块-阿尔金陆块柳城子背斜南翼，赋矿地层为太古界敦煌岩群二岩组二岩段，含矿岩性为含石墨斜长片麻岩和含石墨斜长角闪岩，矿体呈层状、似层状、透镜状	变成型	矿区共圈定晶质石墨矿体 31 条，长 189～1818m，平均厚 1.89～29.32m	固定碳含量 2.516%～6.076%	大型
瓜州县大水峡北晶质石墨矿	矿区大地构造位置属秦祁昆造山系、北祁连造山系、北祁连弧后盆地，赋矿地层为太古界敦煌岩群二岩组二岩段，含矿岩性为含石墨大理岩及斜长片麻岩，矿体呈层状、似层状、透镜状	变成型	矿区共圈定晶质石墨矿体 15 条，矿体长 60～2100m，平均厚 2.00～23.87m	固定碳含量 2.61%～4.95%	大型
瓜州县浪柴沟晶质石墨矿	矿区大地构造位置属塔里木板块东缘-敦煌地块-敦煌地体，赋矿地层为太古宇-中元古宇敦煌岩群一岩组二岩段，含矿岩层受北格兹地层及浪柴沟复式向形控制，含矿岩性为含石墨斜长片麻岩、黑云二长片麻岩，矿体呈长条状、似层状、透镜状	变成型	矿区共圈定 7 条晶质石墨矿体，矿体长 350～4780m，厚 3.73～32.78m	固定碳含量 2.57%～3.22%	大型
敦煌市五一沟晶质石墨矿	矿区地处塔里木板块东缘、祁连造山带与敦煌地块的交接部位，赋矿地层为太古宇-中元古界敦煌岩群二岩组二岩段，含矿岩性为含石墨斜长片麻岩及斜长角闪岩，矿体呈似层状、透镜状	变成型	矿区共圈定 12 条晶质石墨矿体，矿体长 400～1110m，厚 2.10～10.14m	固定碳含量 2.26%～6.22%	大型
永昌县红柳沟石墨矿	矿区地处秦祁昆造山系北祁连造山带走廊弧后盆地中，赋矿地层为中元古界龙首山岩群，含矿岩性为含石墨二云石英片岩和绢云母石英千枚岩，矿体呈层状、似层状	变成型	矿区圈定 1 条晶质石墨矿体，矿体长 273m，厚 0.8～7.3m	固定碳含量 5.06%～20.74%	小型
瓜州县水沟子石墨矿	矿区大地构造地处西伯利亚板块-北山古生代造山带-马鬃山早古生代弧盆系-公婆泉岩浆弧，赋矿地层为中元古界青白口系大豁落山群上段，含矿岩性为白云母大理岩及云母石英片岩，矿体呈脉状、薄层状、鸡窝状、透镜状产出	变成型	矿区共圈定 10 条矿体，矿体长 20～150m，厚 0.7～4.4m	固定碳含量 5.00%～37.42%	小型

第三章 地质矿产概况

续表 3-9

矿床(点)名称	成矿地质特征	成因类型	矿体规模	矿石品位	矿床规模
瓜州县前进石墨矿	矿区大地构造地处内伯利亚板块-北山古生代造山带-马鬃山早古生代弧盆系-公婆泉岩浆弧,赋矿地层为中元古界青白口系大豁落山群上段,含矿岩性为白云母大理岩夹云母石英片岩,矿体呈脉状、薄层状、鸡窝状产出	变成型	矿区共圈出 2 条石墨矿体,矿体为水沟子石墨矿西延部分,矿体长 191~250m,厚 0.9~2.27m	固定碳含量 4.24%~7.22%	小型
瓜州县狼山口石墨矿	矿点大地构造地处塔里木板块-塔里木盆地-敦煌地块-柳园裂谷,赋矿地层为中元古界蓟县纪平头山组四岩段,含矿岩性为白云质大理岩、白云母石英岩,矿体呈透镜状或条带状产出	变成型	矿区共圈出 3 条石墨矿体,矿体长 160~330m,厚 5.09~10.69m	固定碳含量 1.68%~11.75%	矿点
肃北蒙古族自治县拉排沟石墨矿	矿点大地构造地处柴达木-华北板块-祁连早古生代造山带-中祁连岩浆弧,赋矿地层为中元古界北大河岩群二岩组,含矿岩性为黑云母石英片岩	变成型	矿区共圈出 6 条石墨矿体,矿体长 600~2500m,厚 1~3m	固定碳含量 6.31%	矿点
肃北蒙古族自治县白石头沟石墨矿	矿点大地构造地处塔里木板块-塔里木盆地-敦煌地块-敦煌基底杂岩,赋矿地层为太古宇-中元古界敦煌岩群二岩组,含矿岩性为石墨斜长片麻岩	变成型	矿区共圈出 20 条石墨矿体,矿区长20~900m,厚 1.10~30.97m	固定碳含量 2.68%~11.87%	大型
临泽县榆树河石墨矿-劳心河	矿区大地构造地处首山-雅布赖山地块之龙首山变质基底杂岩,赋矿地层为蓟县系墩子沟群下段第二岩段,赋矿岩性为白云岩,矿体走向北西西,矿体呈透镜状,浅灰色含海泡石鳞片状石墨大理岩及白云岩,总体走向北西西,矿体呈透镜状产出,背斜轴部倾伏端产出	变成型	矿区共圈出 2 条石墨矿体,矿区长 450~1600m,厚 33~95m	固定碳含量 1.36%~3.42%	小型
天水市麦积区花庙石墨矿	矿区大地构造地处柴达木-华北板块-北秦岭新元古代-早古生代造山带-北秦岭岩群-党川-利桥岩浆弧,赋矿地层为古元古界秦岭岩群二岩段,含矿岩性为含石墨大理岩体,矿体呈脉状	变成型	矿区共圈出石墨矿体 3 条,矿体长 150~400m,厚 1.0~5.4m	固定碳含量 2.55%~3.68%	矿点

109

第四章
典型矿床与区域成矿规律研究

第四章 典型矿床与区域成矿规律研究

第一节 典型矿床研究

典型矿床研究是成矿规律研究的基本内容,也是成矿预测的基础,因此,典型矿床的选取,是成矿规律和成矿预测的一项基础性工作。其基本要求:准确掌握矿床的成矿地质环境、矿床成矿特征、主要控矿因素和找矿标志,建立矿床成矿模式和矿床模型,综合分析成矿规律,由已知区推向未知区进行类比预测和评价。典型矿床研究的深入程度、建立矿床成矿模式及矿床模型所显示的信息量、可靠程度,直接关系到矿产预测的可信度。因此,选取典型矿床是非常重要的工作。

按照《全国矿产资源潜力评价总体实施方案》,选取典型矿床的原则总体要求:一是按矿床类型择定每类中的一个或一个以上的矿床作为典型矿床;二是矿产地质工作和研究工作程度较高的矿床,至少具有成矿作用测试数据者列入选择对象;三是在地质工作程度比较低的地区,可以选择由矿产勘查工程已经控制的、已达一定规模的、具有基础地质资料的矿床;四是如在一个地区或某类矿床缺少典型实例时,参照或借用邻区或国外的典型矿床进行类比研究。

肃北蒙古族自治县大敖包沟晶质石墨矿研究程度较高、资料较全,具有代表性和完整性。因此,本次选取肃北蒙古族自治县大敖包沟晶质石墨矿作为典型矿床,依据充分,符合典型矿床选取的基本要求。

(一)典型矿床特征

1. 成矿构造环境

矿区位于敦煌地块,距南侧阿尔金大断裂约2km,受区域大构造影响和多期次的构造变形,勘查区内构造形式多样,构造变形强烈,褶皱、断层较为发育。

矿区北矿带与南矿带之间存在向形褶皱,褶皱的转折端位于矿区西侧,含矿层分布于褶皱的两翼,为同斜倒转褶皱。大理岩为褶皱的核部,向外依次为二云石英片岩、晶质石墨矿层、二云石英片岩、斜长角闪片岩,岩性一一对应较好。

区内断裂构造发育,断层具多期次、多方向的特征,主要存在北西向-南东向和北东向-南西向两组断裂。

(1)北西向-南东向断裂:勘查区内主要断裂,控制了区内地层的走向及各地层间的接触关系,走向在95°~115°之间。勘查区内该组断裂共有3条。此类断层在走向上与地层基本一致,倾向上多与地层倾角相同或小角度斜交,局部造成了地层的缺失,但该组断层对矿体无破坏作用,为控矿构造。

(2)北东向-南西向断裂:断层规模均较小,性质多属平移断层,为一系列的次级断裂,与北西向断裂构成雁列式次级小断层,勘查区内见两条。此类断层对矿体有较强的破坏作用,受断裂影响,矿体具有明显的错位现象,且在断层两侧矿体厚度有所变化。

2. 成矿地质背景

矿区位于塔里木-华北地层大区-塔旦木地层区-敦煌地层分区。区内出露地层主要为敦煌岩群,晶质石墨矿体主要赋存于二云母石英片岩组中。

(1)地层。矿区出露的地层均属敦煌岩群($ArPtD.$),该地层贯穿于整个矿区,按岩性组合特征划分为b岩组($ArPtD._b$)和c岩组($ArPtD._c$),其中b岩组又划分为3个岩段,本矿区仅出露二岩段与三岩段,其中b岩组二岩段为晶质石墨矿主要的赋矿层位,晶质石墨矿(带)体的空间分布严格受其控制(图4-1),矿区内出露岩性主要为二云石英片岩、石墨二云石英片岩、含石墨透闪石化大理岩、黑云斜长片麻岩、斜长角闪片岩。

(2)构造。矿区位于敦煌地块,距南侧阿尔金大断裂约2km,受区域大构造影响和多期次的构造变形,勘查区内构造形式多样,构造变形强烈,褶皱、断层较为发育。

(3)岩浆岩。矿区仅见加里东晚期花岗伟晶岩脉分布,侵入于敦煌岩群 b 岩组、c 岩组中。脉岩数量较多,多达数百条,一般长 50~600m,最小者 10m,最长者 1860m,宽一般 5~50m。走向呈近东西向、北西向-南东向产出,多顺层侵入或与地层呈小角度交角,地表一般呈浅灰色、淡黄色,石英、斜长石等矿物边界模糊,界线不易观察。岩石劈理发育,较为破碎。花岗伟晶岩脉的侵入,破坏了晶质石墨矿化的连续性,对石墨矿体有一定的贫化、破坏作用。

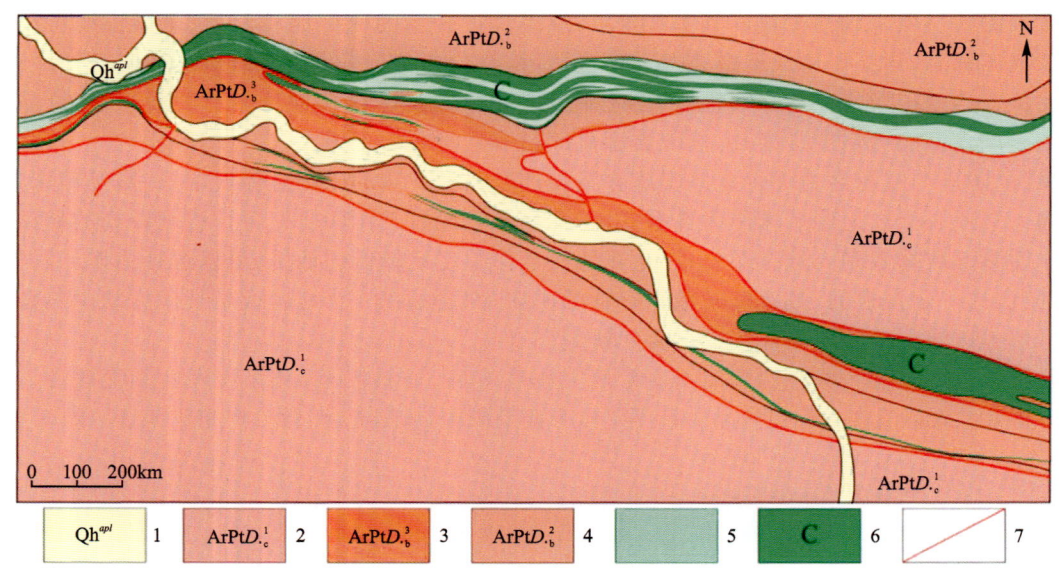

1.第四系全新统;2.敦煌岩群 c 岩组一岩段;3.敦煌岩群 b 岩组三岩段;4.敦煌岩群 b 岩组二岩段;
5.含石墨矿层;6.晶质石墨矿体;7.实测性质不明断层

图 4-1　大敖包沟晶质石墨矿地质草图

3. 矿床特征

(1)矿体产状、形态及规模。

矿区划分南、北两个矿带,共圈定晶质石墨矿体 67 条(表 4-1),矿体呈层状、带状近东西向展布,矿体长 200~4554m,厚 2.76~36.87m,固定碳品位 2.51%~4.63%。矿体赋存于敦煌岩群 b 岩组二岩段二云母石英片岩中,其顶底板围岩均为二云母石英片岩。

表 4-1　大敖包沟晶质石墨矿体特征表

序号	矿体编号	长度/m	固定碳含量/%	厚度/m	最大控制延深/m	产状/(°)	备注
1	C1-1	4554	3.08	21.93	507	191∠68	
2	C1-1-3	100	2.80	3.96	191	176∠44	
3	C1-2	658	3.09	8.39	60	175∠52	
4	C1-3	429	2.83	5.14	370	177∠47	
5	C1-4	400	2.97	9.21	434	172∠47	
6	C1-5	200	3.02	3.28	—	180∠50	
7	C1-6	1040	3.06	6.90	260	175∠45	
8	C1-7	1460	3.25	14.98	357	177∠43	
9	C1-8	3190	3.09	17.26	250	176∠51	
10	C1-9	952	2.80	8.21	371	176∠47	

续表 4-1

序号	矿体编号	长度/m	固定碳含量/%	厚度/m	最大控制延深/m	产状/(°)	备注
11	C1-9-1	100	2.64	3.96	50	170∠50	
12	C1-10	608	2.91	9.65	328	172∠47	
13	C1-13	405	2.84	7.66	365	177∠49	
14	C1-14	880	3.47	8.13	127	178∠48	
15	C1-18	220	3.31	4.61	176	147∠55	
16	C1-19	430	3.33	4.77	80	189∠68	
17	C1-21	394	3.37	7.21	270	179∠53	
18	C1-22	1018	2.99	9.64	303	173∠72	
19	C1-23	818	2.55	3.77	344	188∠53	
20	C1-24	601	3.64	5.16	134	175∠63	
21	C1-25	821	3.18	23.37	342	184∠69	
22	C1-26	223	2.58	4.80	—	199∠74	
23	C1-27	610	3.12	6.00	314	186∠69	
24	C1-29	625	3.30	3.44	131	189∠75	
25	C1-30	404	2.51	4.55	88	146∠46	
26	C1-31	214	3.73	3.84	—	202∠50	
27	C1-32	214	4.63	7.68	—	202∠50	
28	C1-36	200	2.62	3.94	90	—	盲矿体
29	C1-37	200	3.38	8.48	115	—	盲矿体
30	C1-38	200	2.86	7.64	570	195∠55	
31	C1-39	200	4.01	3.41	—	—	盲矿体
32	C1-40	200	2.66	4.08	—	—	盲矿体
33	C1-41	200	2.83	11.86	—	—	盲矿体
34	C1-42	200	2.73	4.51	—	—	盲矿体
35	C1-43	200	2.72	8.05	—	—	盲矿体
36	C1-44	200	2.70	2.93	—	—	盲矿体
37	C1-45	200	3.05	5.97	—	—	盲矿体
38	C1-47	200	3.12	7.31	100	—	
39	C1-48	200	4.19	2.73	115	—	
40	C1-49	200	2.56	4.27	210	—	
41	C1-50	200	2.65	3.45	120	—	
42	C1-51	200	3.08	5.13	85	—	
43	C1-52	200	2.99	12.11	100	—	
44	C1-54	100	3.19	2.42	175	—	
45	C2	841	2.81	9.37	258	187∠54	

续表 4-1

序号	矿体编号	长度/m	固定碳含量/%	厚度/m	最大控制延深/m	产状/(°)	备注
46	C3	796	3.32	8.39	205	199∠74	
47	C3-1	200	2.81	14.48	60	—	
48	C4	298	3.66	8.54	50	190∠56	
49	C5	400	2.90	4.90	103	185∠56	
50	C6-1	400	3.07	7.07	103	179∠58	
51	C6-2	3218	3.59	8.45	450	203∠66	
52	C6-3	208	3.19	19.11	110	202∠76	
53	C6-4	212	3.30	5.70	50	197∠79	
54	C6-5	216	2.61	2.91	40	154∠65	
55	C6-6	200	2.81	4.67	15	210∠47	盲矿体
56	C6-7	200	2.56	9.03	45	195∠61	盲矿体
57	C7-2	280	2.20	9.50	—	152∠40	
58	C7-3	624	2.73	11.83	315	179∠68	
59	C7-4	428	2.65	5.40	—	182∠75	
60	C7-5	864	3.03	10.41	345	195∠66	
61	C7-6	1290	3.33	25.98	414	186∠76	
62	C7-7	1037	3.20	12.29	373	200∠83	
63	C7-8	213	2.72	3.11	330	200∠78	
64	C7-9	211	2.81	2.50	200	196∠78	
65	C7-10	204	2.76	10.16	334	142∠40	
66	C7-11	204	2.81	8.42	—	176∠68	
67	C7-12	210	3.29	15.52	—	170∠60	

（2）矿石特征。

矿石矿物成分：矿石矿物为晶质石墨，脉石矿物主要有白云母和石英，其余成分为碳酸盐集合体、泥质、碳质及赤褐铁矿等。

矿石结构及构造：矿石中脉岩具细粒鳞片粒状变晶结构，矿石矿物具显微鳞片变晶结构，常见片状构造和块状构造。

矿石化学成分：根据组合样分析结果，矿石中除有用化学组分固定碳外，其余元素均达不到综合利用指标要求。岩石中的主要有害成分为硫，对于晶质石墨而言，大量的黄铁矿出现，部分与晶质石墨紧密共生，影响了石墨单体解离难度，对晶质石墨选矿有一定的影响。在化学分析过程中，硫对固定碳测试数据准确性也有一定影响。

矿区晶质石墨矿石为二云母石英片岩型，呈灰黑色，鳞片粒状变晶结构，片状构造。主要由石英（含量 25%～50%）、云母（含量 18%～35%）、石墨（含量 5%～10%）、碳酸盐集合体（含量 2%～5%）及少量的泥质、碳质、赤褐铁矿等构成。石墨呈鳞片状相对较均匀分布，多数被包裹或半嵌布于云母中，往往和不透明铁质矿物、碳质不规则集合体等混杂或连体，半定向散布。石墨粒径为 0.05mm×0.1mm～0.15mm×0.3mm，其中粒径大于 0.147mm± 的占石墨总量的 58.86%，小于 1μm 的几乎没有，为晶质石墨矿矿石。

4. 成矿时代

根据含矿地层的形成时代,推测其形成年代为太古宙—古元古代。

5. 矿床成因

根据区域以往研究资料,敦煌地块的构造演化历史、变质原岩恢复和成矿物质来源,研究区晶质石墨矿赋存在敦煌岩群b岩组。变质岩原岩是一套原岩岩性为杂砂岩、泥质砂岩、石英砂岩、黏土岩、基性火山岩的沉积-火山岩建造。矿床成因类型为区域变质型晶质石墨矿床。变质成矿作用主要发生在古元古代,碳质来源为生物有机质。古元古代期间系列的碰撞造山运动为石墨的形成提供了裂解成碳和碳质结晶所需的温度与压力条件。鳞片状晶质石墨矿床形成后,遭受了古生代构造运动和岩浆活动作用,石墨进行了重结晶和重新的富集最终形成了如今的石墨矿床。结合岩相学和拉曼光谱特征,认为研究区晶质石墨矿床属于区域变质型晶质石墨矿床,形成过程主要有以下3个阶段。

(1)碳物质沉积成岩阶段:古元古代时期,敦煌地块处于活动大陆边缘环境中,该区的生物有机质大量沉积,在良好的还原条件下富集的生物有机质发生了分解,并且固结成岩。形成了以杂砂岩、泥质砂岩、石英砂岩、黏土岩为主的沉积建造。沉积岩中的生物碳埋藏、压实后,在良好的还原条件下转化为沥青,碳物质不断富集,为石墨的形成提供了有利的碳物质基础。

(2)区域变质作用阶段:2.0~1.8Ga,敦煌地块在晚古元古代经历一期全球性碰撞造山事件,即Columbia超大陆的汇聚(刁志鹏等,2019)。古元古代汇聚造山和俯冲引起的区域变质作用为晶质石墨的形成提供了充足的热量。在区域变质作用影响下,之前的沉积建造和有机碳物质的存在形态发生了变化。首先是发生了脱氢裂解成单质碳,而后无序的单质碳在高温高压条件下,结晶产生了鳞片状的晶质石墨,且相对集中,逐渐富集形成石墨(苏天宝,2022)。

(3)构造-岩浆叠加热变质作用阶段:在古生代时期敦煌地块地区发生了区域性的构造热事件,一系列的构造运动与岩浆活动对研究区晶质石墨矿床原有的石墨矿层进行了破坏和改造。强烈的构造运动,使得敖包山一带岩层发生强烈的变形,在韧性剪切作用和褶皱挤压作用下,原生构造发生改变,石墨矿层的形态变得复杂,原本富集石墨的地层遭到破坏。并且由于岩浆活动的影响,在新的温度、压力及流体条件下发生混合岩化,该区的石墨发生了迁移和重结晶作用,使矿石的品位提高,石墨鳞片片径增大,最后形成了如今的晶质石墨矿床。

(二)典型矿床成矿要素特征

典型矿床成矿要素表是将上述地质环境(包括构造背景、成矿环境、成矿时代、含矿建造)和矿床特征[包括矿体特征、矿(石)物组合、结构构造、控矿构造、围岩蚀变],划分为必要、重要和次要3个等级,并用表格表示(表4-2)。

表4-2 甘肃省肃北蒙古族自治县大敖包沟晶质石墨矿典型矿床成矿要素表

成矿要素		描述内容	成矿要素分类
特征描述		产于敦煌岩群深变质岩系组成的向形褶皱中,经区域变质作用,又受后期岩浆侵入时的热力叠加改造作用影响,形成变质型晶质石墨矿床	
地质环境	构造背景	塔里木板块敦煌地块敦煌基底杂岩	必要
	成矿环境	敦煌岩群复向形褶皱两翼	必要
	成矿时代	新太古代—古元古代	重要
	含矿建造	云母石英片岩建造	重要

续表 4-2

成矿要素		描述内容	成矿要素分类
特征描述		产于敦煌岩群深变质岩系组成的向形褶皱中，经区域变质作用，又受后期岩浆侵入时的热力叠加改造作用影响，形成变质型晶质石墨矿床	
矿床特征	矿体特征	共圈定晶质石墨矿体 67 条，矿体呈似层状、透镜状近东西向展布，矿体长 200～4554m，厚 2.76～36.87m，固定碳含量 2.51%～4.63%	重要
	矿（石）物组合	矿石矿物为晶质石墨，脉石矿物主要有白云母和石英，其余为碳酸盐集合体、泥质、碳质及赤褐铁矿等	重要
	结构构造	矿石结构：粒状变晶结构、鳞片变晶结构； 矿石构造：块状构造、条带状构造、片状构造	重要
	控矿构造	复向斜褶皱，以及断裂构造	必要
	围岩蚀变	褐铁矿化、黄钾铁矾化	重要

（三）典型矿床成矿模式

1. 描述性模式

通过综述，从地质背景（包括赋矿构造单元、含矿地层、岩矿结构）、工业类型、矿体形态、矿物组合、矿石组构构造、矿石结构、容矿围岩、围岩蚀变、风化等方面进行了全面的分析和研究，总结了要点，建立了矿床的描述性模式表（表 4-3）和矿床成矿模式图（图 4-2）。

表 4-3 典型矿床描述性模式表

名称		甘肃省肃北蒙古族自治县大敖包沟晶质石墨矿
概况	地理位置	瓜州县正南，直距约 80km
基本特征		产于敦煌岩群深变质岩系组成的向形褶皱中，经区域变质作用，又受后期热力叠加改造作用影响，形成变质型晶质石墨矿床；出露地层为敦煌岩群，赋矿层位为云母石英片岩组；矿区内褶皱、断层较为发育；岩浆不发育；围岩蚀变有硅化、蛇纹石化等
成矿时代		太古宙—古元古代
资料来源		收集
地质背景	赋矿构造单元	塔里木板块敦煌地块敦煌基底杂岩
	含矿地层	晶质石墨矿主要赋存于敦煌岩群的云母石英片岩组中，岩石组合为二云石英片岩、石墨二云石英片岩，偶见黑云斜长片麻岩
	岩矿结构	矿石结构：粒状变晶结构、鳞片变晶结构； 矿石构造：块状构造、条带状构造、片状构造
工业类型		晶质石墨
矿体形态		层状、似层状、带状、透镜状
矿物组合		矿石矿物为晶质石墨，脉石矿物主要有白云母和石英，其余成分为碳酸盐集合体、泥质、碳质及赤褐铁矿等
矿石组构构造		主要矿石矿物为晶质石墨，脉石矿物为白云母和石英，多呈块状构造

续表 4-3

名称	甘肃省肃北蒙古族自治县大敖包沟晶质石墨矿
矿石结构	粒状变晶结构、鳞片变晶结构、交代残留结构、束状变晶结构、压碎结构
容矿围岩	围岩主要为二云石英片岩
围岩蚀变	勘查区内围岩蚀变主要有蛇纹石化、硅化、透闪石化、绢云母化等
风化	物理机械风化作用强烈、破碎严重

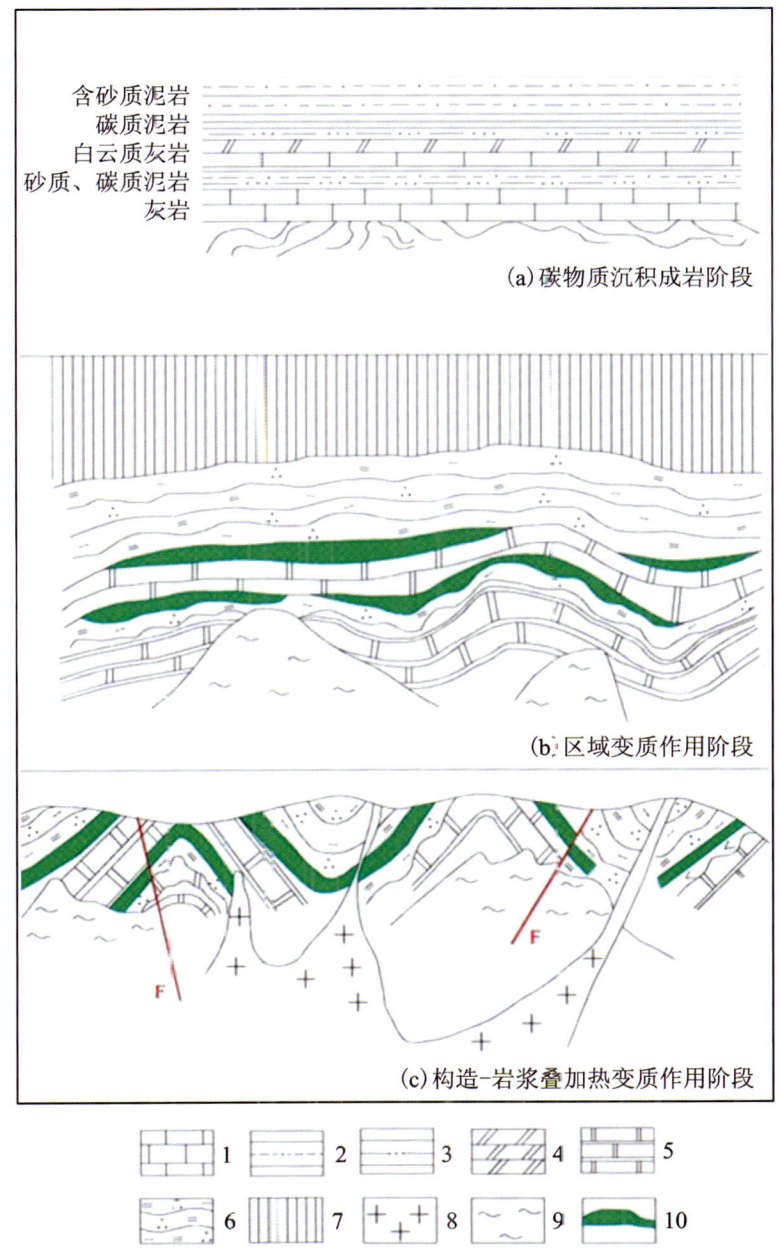

1.灰岩;2.泥岩;3.砂岩;4.白云质灰岩;5.大理岩;6.二云石英片岩;7.上覆盖层;
8.花岗闪长岩;9.混合岩;10.石墨矿体。

图 4-2 大敖包沟沉积变质型晶质石墨矿典型矿床成矿模式图

2. 矿床的成因模式

通过上述矿床地质特征和控矿因素的综合分析,从成矿作用、成矿环境、成矿物质来源、成矿流体、成矿物理化学条件、成矿机制等方面,建立了矿床的成因模式特征表(表4-4)。

表4-4 成因模式特征表

名称		甘肃省肃北蒙古族自治县大敖包沟晶质石墨矿
矿床成因类型		经区域变质作用,叠加后期热力变质作用,形成层状、似层状变质型石墨矿床
成矿作用		晶质石墨矿床先后经历两次成矿作用。早期沉积建造中富集的碳质,经区域变质作用,结晶产生了鳞片状的晶质石墨;后期叠加构造-岩浆热变质作用,受温度、压力及流体的作用,石墨发生重结晶作用,矿石品质和品位提高,石墨片径增大,形成如今的晶质石墨矿床
成矿环境	区域成矿构造背景	塔里木板块敦煌地块敦煌基底杂岩阿尔金大断裂北侧
	具体成矿环境	构造环境为活动大陆边缘,古沉积环境为干燥气候条件下富氧的海陆交互相环境
成矿物质来源		敦煌地块处于活动大陆边缘环境中,该区的生物有机质大量沉积,在良好的还原条件下富集的生物有机质发生了分解,且固结成岩。形成了以杂砂岩、泥质砂岩、石英砂岩、黏土岩为主的沉积建造。沉积岩中的生物碳埋藏、压实后,在良好的还原条件下转化为沥青,碳物质不断富集,为石墨的形成提供了有利的碳物质基础
成矿流体		太古宙—古元古代原始矿源层
成矿物理化学条件		①敦煌岩群深变质岩系地层; ②岩浆-构造活动提供热源,改变原始温压条件,促使石墨发生迁移和重结晶作用,形成矿床
成矿机制		矿区石墨矿层严格受层位控制,呈层状—似层状产出,矿石的结构、构造及矿物组合等显示沉积特征,认为石墨矿床的碳质来源于原沉积地层中的碳质(杂砂岩、泥质砂岩、石英砂岩、黏土岩等),经区域变质作用,使其中的碳质结晶且相对富集,初步形成层状—似层状变质型石墨矿床。受后期岩浆(主要为加里东晚期各酸性岩)侵入的热力变质作用,对已形成的矿层发生一定程度的改造,受后期多次褶皱构造作用,形成了如今的矿体形态

3. 评价找矿模式

全面收集了矿床已有大比例尺地质、物探、化探、遥感等方面的资料,从地质条件(构造背景、岩石组合、围岩蚀变)、地球物理标志(磁法、电法等)、遥感信息标志、其他标志等方面进行了全面的分析和研究,建立了矿床的评价找矿模式表(表4-5)。

表4-5 评价找矿模式表

地质条件	构造背景	矿区位于敦煌地块,距南侧阿尔金大断裂约2km,受区域大构造影响和多期次的构造变形,勘查区内构造形式多样,构造变形强烈,褶皱、断层较为发育。初步判断矿勘查区存在一向形构造。区内划定有规模断层5条,共分为2组,分别为北西向-南东向断裂、北东向-南西向断裂
	岩石组合	敦煌岩群b岩组是晶质石墨的赋矿层位,岩石组合为二云石英片岩、石墨二云石英片岩,偶见透镜状黑云斜长片麻岩
	围岩蚀变	晶质石墨含矿带中有少量黄铁矿,地表经氧化后具较强的黄钾铁矾化,呈黄色、黄褐色分布,宏观特征极为明显,也是在该区域地表最直接的找矿标志

续表 4-5

地球物理标志	石墨具有良好的导电性,使用电法等物探手段具有较好的找矿效果。区内晶质石墨矿表现出高极化率、低电阻率的电法特征,激电异常范围往往与含石墨地层相吻合,而异常强度在一定程度上反映出含石墨的多少,通过电法工作,尤其是电法剖面、激电测深手段可以有效指导找矿
遥感信息标志	遥感彩色图像上石墨矿为浅灰色、灰色、灰黑色,呈条带状,其所在的地层岩性颜色与周围地层颜色差异较大。遥感影像彩色图像的色调差异可以作为寻找石墨矿的一个有效标志
其他标志	散落的石墨矿石,线状、条带状、面状的石墨矿化迹象都可以作为找矿标志,指导找矿工作的进行

第二节 预测工作区区域成矿规律研究

一、敖包山预测工作区

(一)预测工作区地质构造专题底图确定

1. 编图范围

工作区行政区划属甘肃省肃北蒙古族自治县管辖。编图范围地理坐标:东经95°08′00″~96°00′00″,北纬39°40′00″~39°54′00″。

2. 比例尺确定

《甘肃省肃北蒙古族自治县敖包山预测工作区沉积变质型晶质石墨矿建造构造图》以1∶25万肃北蒙古族自治县幅建造构造图为依据,根据预测区位置、矿种及预测方法类型,考虑预测工作区地质矿产图,1∶25万敦煌市幅、阿克塞哈萨克族自治幅区域地质矿产调查,确定预测工作区编图范围和比例尺。

本预测工作区比例尺确定为1∶25万。

3. 地质构造专题底图特征

地质构造专题底图采用1∶25万地质建造构造图,该图突出表示了成矿地层时代、成矿构造、岩性岩相特征等,可满足区域成矿规律研究和成矿预测的需要。

(二)预测工作区成矿要素特征

1. 预测工作区成矿要素图编图步骤

以1∶10万《甘肃省肃北蒙古族自治县敖包山晶质石墨矿集区地质矿产图》为底图,以大敖包沟沉积变质型晶质石墨矿床为研究重点,综合研究与大敖包沟沉积变质型晶质石墨矿密切相关的区域成矿作用,划分不同图层,并用不同颜色、花纹突出表示关键要素。经填制矿产地卡片→确定石墨矿预测类型和预测方法类型→编制区域矿产图例→划分四级和五级矿带→编制模型区主要矿体地质剖面图→计算机组合成图6个步骤完成《甘肃省肃北蒙古族自治县敖包山预测工作区沉积变质型晶质石墨矿区域成矿要素图》。

2. 预测工作区区域成矿要素

该矿是与沉积岩有关的区域变质型晶质石墨矿,确定其区域成矿要素从两个大的方面考虑:一是成矿地质环境,二是矿床特征。区域成矿要素见表4-6。

表4-6 甘肃省敖包山预测工作区大敖包沟沉积变质型晶质石墨矿区域成矿要素表

成矿要素		描述内容	成矿要素分类
区域成矿地质环境	成矿时代	太古宙—古元古代	必要
	构造背景	敦煌地块敦煌基底杂岩阿尔金大断裂北侧	必要
	岩相古地理	滨-浅海碎屑岩-碳酸盐岩建造	重要
	古地貌	敦煌岩群老沉积变质岩系	必要
	古气候	—	次要
	变质基底	敦煌岩群二云石英片岩-含石墨二云石英片岩-黑云斜长片麻岩	必要
区域成矿地质特征	已知矿点	大敖包沟、敖包山、白台沟东、红柳峡晶质石墨矿	必要
	含矿建造	二云石英片岩	重要
	控矿构造	复向斜	重要

(三)预测工作区区域成矿模式

1. 区域成矿地质环境

预测工作区位于塔里木地块区-敦煌陆块-敦煌基底杂岩带。区内出露含矿建造为敦煌岩群云母石英片岩组,由老到新可分为3个岩段。

一岩段:出露岩性主要为透闪石化大理岩,夹有黑云斜长片麻岩、斜长角闪片麻岩薄层。该岩段大理岩具较强的透闪石化、蛇纹石化。

二岩段:根据其岩性组合及叠置关系,自下而上主要为二云石英片岩、含石墨二云石英片岩、含石墨透闪石化大理岩、黑云斜长片麻岩(局部夹薄层斜长角闪岩)等。该岩段是区域内晶质石墨的主要赋矿层位,其空间展布与区域内次级褶皱构造的展布一致。

三岩段:岩性组合单一,为一套大理岩、透闪石化大理岩、蛇纹石化白云质大理岩,局部地段含石墨;因受褶皱构造的影响,在走向上厚度变化明显,呈现被拉伸变薄或"尖灭再现"现象,在褶皱转折端"挤压增厚"现象明显。

区内主要构造明显受阿尔金大断裂的控制,构造形迹主要为褶皱、断裂、片理、片麻理等,其中东西向和北西西向褶皱及断裂最为发育。褶皱构造控制了各个矿区地层的空间展布,影响着石墨矿体的形态特征。在褶皱核部地带石墨矿层往往具有变厚趋势,且存在次级褶皱构造。断层多为逆冲断层及平移断层,对含矿层有挤压作用,因此构造是石墨矿空间展布的重要控制因素。

构造-热事件导致温度、压力和应力的产生及增大,岩石、矿物所处的物理、化学条件随之发生改变,使先成岩石普遍遭受不同程度的区域性动力热流变质作用。随着变质程度的加深,温度和压力作用逐渐增大而成为主要变质因素,产生变质热液并伴随有变质分异和交代作用。多期构造-热事件是研究区晶质石墨矿床矿体形成的重要因素。

2. 区域成矿作用与成矿类型

该预测工作区晶质石墨矿为沉积变质型,成矿时间漫长。

早期沉积建造中富集的碳质,经区域变质作用,结晶产生了鳞片状的晶质石墨;后期叠加构造-岩浆热接触变质作用,受温度、压力及流体的作用,石墨发生重结晶作用,矿石品质和品位得到提高,石墨片径增大,最终形成晶质石墨矿床。

敖包山预测工作区内晶质石墨矿发育，区内矿床有6处，位于阿尔金敖包山晶质石墨矿集区，均分布于敦煌岩群老变质岩系中，成矿类型均为沉积变质型矿床，成矿时代为太古宙—中元古代，赋矿地层以云母石英片岩组为主。

3. 构造对成矿的控制作用

（1）褶皱构造。褶皱构造控制了各个矿区地层的空间展布，影响着石墨矿体的形态特征。在褶皱核部地带石墨矿层往往具有变厚趋势，且存在次级褶皱构造。

（2）断裂构造。区内划定有规模断层5条，共分为2组，分别为北西向-南东向断裂、北东向-南西向断裂。断层多为逆冲断层及平移断层，对含矿层有挤压作用。

断裂构造以南北向为主。

4. 地层对成矿的控制作用

预测区出露地层主要为敦煌岩群和第四系。晶质石墨矿主要赋存于敦煌岩群云母石英片岩组中。现将含矿岩系及其顶底板地层叙述如下。

（1）含石墨岩系。晶质石墨矿主要产于敦煌岩群云母石英片岩组变质岩建造中。云母石英片岩组分为3个岩段：一岩段为透闪石化大理岩建造；二岩段为云母石英片岩建造；三岩段为大理岩建造。

（2）顶底板地层。预测区底板地层均为云母石英片岩建造，时代为新太古代—古元古代。

上述含矿岩系建造与古地理环境关系密切，在同一古地理环境中，沉积物中的有机质作为主要的碳质来源，为石墨矿的形成提供了物质基础。

（3）侵入岩对成矿的控制作用。区内主要发育加里东期的侵入岩，岩浆侵入活动改变了区内的温压条件，提升了成矿的物理化学条件，早期结晶的石墨发生迁移和重结晶作用，使矿石的品位得到提高，石墨鳞片片径增大，提升了矿石品质。

（4）各类矿床的时空演化规律为：①大敖包沟晶质石墨矿成矿时代属太古宙—古元古代；②大敖包沟晶质石墨矿床辖于肃北蒙古族自治县，位于肃北蒙古族自治县石包城乡敖包沟一带。矿体呈似层状、条带状展布，主要赋矿地层为敦煌岩群老变质岩地层。所处构造位置是塔里木板块敦煌陆块。

（5）成矿系列。本预测工作区隶属敦煌陆块（Fe-Cu-Ni-Au-Ag-W-Sb-Pb-Zn-As-Mn-V-U-磷-芒硝成矿带），与后期叠加构造-岩浆活动有关。

（6）区域成矿模式。预测工作区晶质石墨矿属于沉积变质型石墨矿，矿体严格受敦煌岩群地层控制。矿体呈层状、似层状、条带状和透镜状产于赋矿地层中。对大敖包沟晶质石墨矿床形成的地质构造背景、控矿因素、形成条件、矿床地质特征等进行研究，认为成矿与活动大陆边缘滨-浅海环境碎屑岩-碳酸盐岩建造、区域变质作用及叠加后期构造-热事件关系密切。

（7）区域找矿标志如下。

①敦煌岩群斜长片麻岩类、石英片岩类、斜长角闪岩类、大理岩类等，岩性组成具有孔兹岩系特征，变质程度达到中深程度的角闪岩相—麻粒岩相，可作为找矿标志。

②含矿岩系自下而上反映出一套连续相序的浅海陆源碎屑→泥灰质→碳酸盐岩含碳质沉积建造特征，呈现出上部陆源碎屑供应相对减少的寡氧的海陆交互相环境，古水体介质主要为盐度较高的半咸水环境。这套建造体系可作为石墨矿形成的环境标志。

③石墨矿体多呈似层状或顺层透镜状产出，矿体形态多与褶皱形态相吻合，矿体产状多与围岩一致或近似，褶皱轴部是矿体赋存的良好场所，因此在找矿中应注意对褶皱构造轴部和转折端等构造有利部位的勘查。

④遥感彩色图像上石墨矿为浅灰色、灰色、灰黑色，呈条带状，其所在的地层岩性颜色与周围地层颜色差异较大。遥感影像彩色图像的色调差异可以作为寻找石墨矿的一个有效标志。

第五章

矿产预测

第一节　矿产预测方法类型选择及预测模型区选择

矿床模型综合地质信息预测方法体系在不同文献中已有多次论述（叶天竺等，2007；肖克炎等，2007），是目前正在开展的全国重要矿产资源潜力评价的核心技术方法。支撑该方法的3个理论基础是矿床成矿系列理论（指导建立矿床模型）、成矿动力学理论（指导进行建造构造基础地质研究）和综合信息矿产定量预测理论。体积法是基于矿床模型综合地质信息预测方法中的定量预测方法之一，该方法针对传统体积法的计算精度问题、估算对象问题等进行了改进，使其更适合于中、大比例尺度的预测评价，适用范围也扩展到内生金属矿产。

本次晶质石墨矿资源潜力评价中矿产预测工作，是在全面收集成矿地质背景、地质矿产特征、物化遥尤其是区域测量资料的基础上，对预测模型区内典型矿床成矿模式进行重新分析，对模型区及最小预测区各地质变量之间、重点研究数据之间的关联、转化和综合，建立起相关预测工作区内综合信息解释模型，来指导该区的矿产资源潜力预测工作。

本次预测工作中用于对地质体进行分类和研究及其与矿床关系的数据包括：区域地质矿产调查资料，提取地层、构造、侵入岩、蚀变、矿床矿化等信息；区域地球物理调查资料，提取航空磁测、重力测量、遥感等资料。

矿床模型综合地质信息法预测工作流程如图5-1所示。

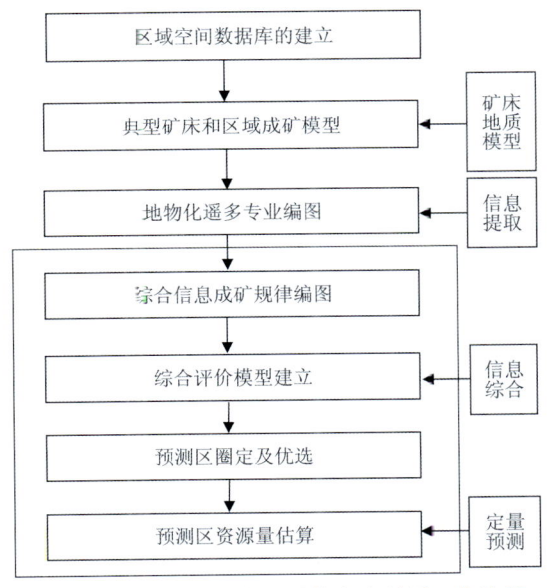

图5-1　矿床模型综合地质信息法预测工作流程

一、大敖包沟式沉积变质型晶质石墨矿

1. 敖包山预测工作区

敖包山预测工作区的矿产预测方法类型的选择根据的是预测区内勘查程度较高，资料较丰富，并具有强代表性的典型矿床——大敖包沟晶质石墨矿床。确定敖包山预测工作区矿产预测模式为大敖包沟式沉积变质型石墨矿预测类型。矿产预测方法类型为沉积变质型。

甘肃省肃北蒙古族自治县敖包山预测工作区与大敖包沟晶质石墨矿为同一含矿建造，故矿产预测方法类型选择为沉积变质型。

按沉积变质型矿产预测方法,结合本地区地质矿产工作程度等因素,预测采用1∶5万和1∶25万建造构造图为底图,图中内容为矿产地等资料综合而成。

编图重点为沉积岩建造及构造,选择大敖包沟矿区作为预测模型区。

2. 东巴兔预测工作区

东巴兔预测工作区的矿产预测方法类型的选择依据的是预测区内勘查程度较高,资料较丰富,并具有代表性的典型矿床——大敖包沟晶质石墨矿床。确定东巴兔预测工作区矿产预测模式为大敖包沟式沉积变质型石墨矿预测类型。矿产预测方法类型为沉积变质型。

东巴兔预测工作区内无典型矿床,为预测资源储量,采用大敖包沟晶质石墨矿床作为已查明储量的"典型矿床"。编图重点为沉积建造及构造,选择大敖包沟矿区作为预测模型区。

3. 双石山预测工作区

双石山预测工作区矿产预测方法类型选择的根据的是预测区内勘查程度较高,资料较丰富的矿床。考虑双石山预测工作区与敖包山预测工作区在同一成矿带,且赋矿地层相近,故双石山预测工作区矿产预测类型依旧选取大敖包沟式沉积变质型石墨矿预测类型。矿产预测方法类型为沉积变质型。

按沉积变质型矿产预测方法,结合本地区地质矿产工作程度等因素,预测采用1∶5万和1∶25万建造构造图为底图,图中内容为矿产地等资料综合而成。

编图重点为沉积岩建造及构造,选择大敖包沟矿区作为预测模型区。

4. 唐家鄂博山预测工作区

唐家鄂博山预测工作区矿产预测方法类型的选择根据的是预测区内勘查程度较高,资料较丰富的矿床。经过对比研究,唐家鄂博山预测工作区虽与敖包山预测工作区不在同一成矿带上,但在成矿作用和成矿地质特征上与敖包山其他预测工作区相同或相近,成矿类型均为沉积变质型。故唐家鄂博山预测工作区矿产预测类型依旧选取大敖包沟式沉积变质型石墨矿预测类型。矿产预测方法类型为沉积变质型。

按沉积变质型矿产预测方法,结合本地区地质矿产工作程度等因素,预测采用1∶5万和1∶25万建造构造图为底图,图中内容为矿产地等资料综合而成。

编图重点为沉积岩建造及构造,选择大敖包沟矿区作为预测模型区。

第二节 矿产预测模型与预测要素图编制

一、典型矿床预测模型

以大敖包沟沉积变质型石墨矿作为典型矿床预测模型。

(1)甘肃省大敖包沟沉积变质型石墨矿预测要素图质量评述:典型矿床预测要素图成矿地质体图层、成矿构造图层、矿床矿体图层数据来源于《甘肃省肃北蒙古族自治县大敖包沟晶质石墨矿普查报告》、矿产资源储量评审意见书等。各种成矿要素基本齐全,资料比例尺适当、质量可靠。

(2)甘肃省大敖包沟沉积变质型石墨矿建立的预测模型图是理想化的示意图,主要表述了敦煌岩群沉积变质型晶质石墨矿赋矿地层、成矿地质作用、成矿时代、成矿特征、主要预测因素等内容。

古元古代敦煌地块处于活动大陆边缘环境中,该区的生物有机质大量沉积,在良好的还原条件下富集的生物有机质发生了分解,并且固结成岩。形成了以杂砂岩、泥质砂岩、石英砂岩、黏土岩为主的沉积建造。沉积岩中的生物碳埋藏、压实后,在良好的还原条件下,生物碳转化为沥青,碳物质不断富集,为石墨的形成提供了有利的碳物质基础。

古元古代汇聚造山和俯冲引发的区域变质作用为晶质石墨的形成提供了充足的热量。在区域变质作用的影响下,之前的沉积建造和有机碳物质的存在形态发生了变化。首先发生了脱氢裂解成为单质碳,而后无序的单质碳在高温高压条件下,结晶产生了鳞片状的晶质石墨,并且相对集中,逐渐富集形成石墨矿(苏天宝,2022)。

古生代时期,敦煌地块地区发生了区域性的构造-热事件,一系列的构造运动与岩浆活动对研究区晶质石墨矿床原有的石墨矿层进行了破坏和改造。强烈的构造运动,使得敖包山一带岩层发生强烈的变形,在韧性剪切作用和褶皱挤压作用下,原生构造发生改变,石墨矿层的形态变得复杂,原本富集石墨的地层遭到破坏。并且由于岩浆活动的影响,在新的温度、压力及流体条件下发生混合岩化,该区的石墨发生了迁移和重结晶作用,使得矿石的品位得到了提高,石墨鳞片片径增大,最后形成了如今的晶质石墨矿床。

大敖包沟沉积变质型石墨矿预测要素表见表5-1、大敖包沟沉积变质型石墨矿预测模型图见图5-2。

表5-1 甘肃省肃北蒙古族自治县大敖包沟沉积变质型石墨矿典型矿床预测要素表

预测要素		描述内容		预测要素分类
特征描述		产于敦煌岩群云母石英片岩组中,原岩碳质含量较高,为成矿提供了物质来源,经中深区域变质作用碳质结晶为鳞片状,后期受构造-岩浆叠加热变质作用,石墨鳞片片径进一步增大,工业价值提高,形成沉积变质型晶质石墨矿床		
矿物资源量/万t		—	固定碳平均含量/%	3.14
地质环境	构造背景	成矿带构造隶属塔里木板块-敦煌地块,北接天山-北山造山带,南接阿尔金造山带,以阿尔金断裂与祁连造山带相隔。矿床分布于敦煌岩群云母石英片岩组二岩段中,以二云石英片岩为主要赋矿岩石		必要
	成矿环境	矿床位于红柳峡-梧桐沟铁、铅锌、晶质石墨成矿带上。研究区晶质石墨矿赋存在敦煌岩群b岩组。变质岩原岩是一套原岩岩性为杂砂岩、泥质砂岩、石英砂岩、黏土岩、基性火山岩的沉积-火山岩建造。矿床成因类型为沉积变质型晶质石墨矿床。变质成矿作用主要发生在古元古代,碳质来源为生物有机质。古元古代期间系列的碰撞造山运动为石墨的形成提供了裂解成碳和碳质结晶所需的温度及压力条件。鳞片状晶质石墨矿床形成后,遭受了古生代构造运动和岩浆活动作用,石墨进行了重结晶和重新富集最终形成了如今的石墨矿床		必要
	成矿时代	太古宙—古元古代		必要
	岩石类型	主要为一套老变质岩系,矿体赋存于敦煌岩群云母石英片岩组中,主要为二云石英片岩,部分为大理岩和斜长角闪片麻岩		必要
	岩石结构	变晶结构,层状构造、似层状构造、条带状构造		次要
矿床特征	矿物组合	矿物组合比较简单,矿石矿物为晶质石墨,脉石矿物主要有白云母和石英,其余成分为碳酸盐集合体、泥质、碳质及赤褐铁矿等		重要
	结构构造	矿石结构:粒状变晶结构、鳞片变晶结构; 矿石构造:块状构造、条带状构造、片状构造		次要

续表 5-1

预测要素		描述内容	预测要素分类
矿床特征	蚀变	晶质石墨含矿带中有少量黄铁矿,地表经氧化后具较强的黄钾铁矾化,呈黄色、黄褐色分布,宏观特征极为明显	重要
	控矿条件	①地层控矿:晶质石墨矿体赋存于敦煌岩群云母石英片岩组中,矿体形态多为似层状、层状,矿体顶底板围岩为二云石英片岩、大理岩、斜长角闪岩,与矿体呈渐变过渡关系,大理岩与赋晶质石墨矿片岩相伴,显示地层严格控制了沉积变质型石墨矿的产出。②构造控矿:区内主要构造明显受阿尔金大断裂的控制,构造形迹主要为褶皱、断裂、片理、片麻理等,石墨矿区均出露于大断裂的次级断裂褶皱带中,褶皱断裂构造控制了地层的展布,从而控制了石墨矿体的空间展布和形态特征。③构造-热事件影响:早期富碳质沉积物固结成岩后,在漫长的地质时期发生了多期构造-热事件,随着物理化学条件的变化,岩石遭受不同程度的区域性热接触变质作用,随变质程度加深,温度和压力作用逐渐增大,石墨发生重结晶作用,矿石品质和品位得到提高	必要
综合特征	遥感	遥感彩色图像上石墨矿为浅灰色、灰色、灰黑色,呈条带状,其所在的地层岩性颜色与周围地层颜色差异较大	次要
	地球物理	石墨具有良好的导电性,表现出高极化、低电阻的电法特征,激电异常范围往往与含石墨地层相吻合,使用电法手段具有较好的找矿效果	重要
	其他	地表线状、条带状、面状的石墨矿化迹象,指示深部存在原生矿体	次要

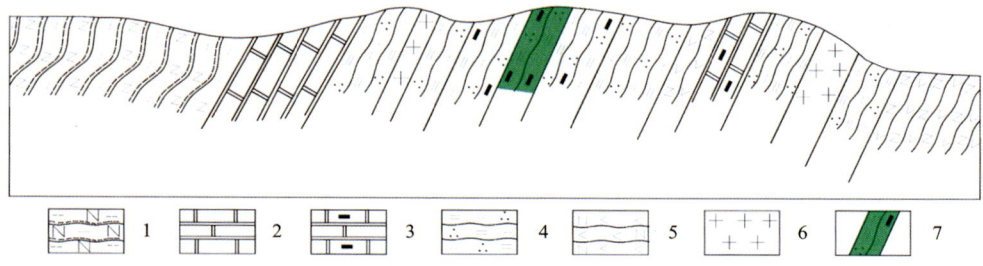

1.敦煌岩群 c 岩组一岩段黑云斜长片麻岩;2.敦煌岩群 b 岩组三岩段大理岩;3.敦煌岩群 b 岩组二岩段含石墨大理岩;4.敦煌岩群 b 岩组二岩段二云石英片岩;5.敦煌岩群 b 岩组二岩段斜长角闪片岩;6.花岗伟晶岩脉;7.晶质石墨矿体。

图 5-2 大敖包沟沉积变质型石墨矿典型矿床预测模型图

东巴兔、双石山预测工作区内的石墨矿床与敖包山预测工作区内的石墨矿床在赋矿地层、成矿作用、成矿时代、成矿特征等预测要素上相同或相似,因此东巴兔和双石山预测工作区仍以大敖包沟晶质石墨矿床作为已查明储量的"典型矿床"。

二、模型区深部及外围资源潜力预测分析

大敖包沟沉积变质型晶质石墨矿涉及 4 个预测工作区,分别为敖包山预测工作区、东巴兔预测工作区、双石山预测工作区和唐家鄂博山预测工作区。大敖包沟晶质石墨矿为 4 个预测工作区的典型矿床。

(一)敖包山预测工作区

1. 已查明资源储量及其估算参数

敖包山预测工作区大敖包沟沉积变质型晶质石墨矿以地质体积法估算其资源量表见表5-2。

表5-2 敖包山预测工作区沉积变质型典型矿床查明资源储量表

编号	名称	查明资源量		面积/km²	延深/m	品位/%	体重/(t·m⁻³)	体积含矿率/(t·m⁻³)
		矿石量/万t	矿物量/万t					
05	大敖包沟晶质石墨矿床	*****	***	5.252	629	3.14	2.73	0.063 4

注：①查明资源储量,查明资源量采用储量评审意见书提供的推断资源量；②面积,含矿地质体长度乘以出露宽度；③延深,矿床勘查工程控制最大延深确定；④品位、体重,勘查报告采用的资源储量估算值。

2. 典型矿床深部与外围预测量及其估算参数(如果模型区内出现多个矿床时,累计总量)

估算已知矿床深部及外围预测晶质石墨矿物量,深部预测量表见表5-3,外围预测量表见表5-4。

表5-3 敖包山预测工作区沉积变质型典型矿床深部预测量表

编号	名称	预测矿石量/万t	面积/km²	延深/m	体积含矿率/(t·m⁻³)
05	大敖包沟晶质石墨矿床	7938	8.08	155	0.063 4

注：①只估算已知矿床深部预测量；②预测量=典型矿床含矿地质体面积×预测部分延深×体积含矿率,类别334-1；③面积,依据资料,矿床外围仍然具备成矿条件,故需要进行矿床深部及外围预测,因此典型矿床面积+外围成矿地质体面积=预测区面积=含矿地质体面积；④延深,在勘查工程控制最大斜深的基础上,下推斜深155m(工程控制深度629m的1/4)作为预测深度。

表5-4 敖包山预测工作区沉积变质型典型矿床外围预测量表

编号	名称	预测矿石量/万t	面积/km²	延深/m	体积含矿率/(t·m⁻³)
05	大敖包沟晶质石墨矿床	11 275	2.828	629	0.063 4

注：①只估算已知矿床外围预测量；②预测量=典型矿床(含外围成矿地质体)面积×典型矿床最大控制延深×体积含矿率,类别334-1；③面积,依据资料,矿床外围仍然具备成矿条件,故需要进行矿床深部及外围预测,因此含矿地质体面积-典型矿床面积=外围成矿地质体面积；④延深,在勘查工程控制最大斜深的基础上,下推斜深155m(工程控制深度629m的1/4)作为预测深度。

3. 典型矿床总资源量

典型矿床总资源量表见表5-5。

表5-5 沉积变质型敖包山沟预测工作区典型矿床总资源量表

编号	名称	查明资源储量(矿石量)/万t	预测矿石量/万t		总资源量(矿石量)/万t	总面积/km²	总延深/m	体积含矿率/(t·m⁻³)
			深部	外围				
05	大敖包沟晶质石墨矿床	*****	7938	11 275	40 151	8.08	784	0.063 4

注：①总资源量=勘查报告提供的总资源量+典型矿床预测量；②典型矿床总面积=典型矿床面积+矿床外围成矿地质体面积；③典型矿床总延深=矿床勘查工程控制最大延深+预测部分延深,计784m。

(二)东巴兔预测工作区

典型矿床已查明资源储量及其估算参数：东巴兔预测工作区内无典型矿床,通过对地质背景和成矿规律的分析研究,本区晶质石墨矿属于大敖包沟沉积变质型晶质石墨矿。因此,借用大敖包沟典型矿床模型,作为本区的典型矿床预测模型。其资源量估算参数体积含矿率(t/m³)为 0.063 4。

本区已查明资源量采用各矿区勘查报告提供的资源量之和,总资源量为 *** 万 t(矿物量)。

(三)双石山预测工作区

典型矿床已查明资源储量及其估算参数:双石山预测工作区内无典型矿床,通过对地质背景和成矿规律的分析研究,本区晶质石墨矿属于大敖包沟式沉积变质型晶质石墨矿。因此,借用大敖包沟典型矿床模型,作为本区的典型矿床预测模型。其资源量估算参数体积含矿率(t/m³)为 0.063 4。

本区已查明资源量采用各矿区勘查报告提供的资源量之和,总资源量为 *** 万 t(矿物量)。

(四)唐家鄂博山预测工作区

典型矿床已查明资源储量及其估算参数:唐家鄂博山预测工作区内无典型矿床,通过对地质背景和成矿规律的分析研究,本区晶质石墨矿属于大敖包沟式沉积变质型晶质石墨矿。因此,借用大敖包沟典型矿床模型,作为本区的典型矿床预测模型。其资源量估算参数体积含矿率(t/m³)为 0.063 4。

本区已查明资源量采用各矿区勘查报告提供的资源量之和,总资源量为 *** 万 t(矿物量)。

三、预测工作区预测模型

以大敖包沟式沉积变质型晶质石墨矿作为典型预测模型。

1. 敖包山预测工作区

按"全国矿产资源潜力评价项目"的规定及沉积变质型矿产预测方法类型的要求,结合典型矿床特征,选择建造构造图作为预测底图,编图比例尺为1:100 000,其精度和质量能够满足本次成矿预测工作的需要。

根据大敖包沟晶质石墨矿典型矿床定量评价的预测模型,结合区域成矿地质规律、区域成矿要素和找矿标志等综合特征,总结了甘肃省肃北蒙古族自治县大敖包沟沉积变质型晶质石墨矿区域预测要素表(表5-6),并建立了区域预测模型图(图5-2)。

表5-6 敖包山预测工作区区域预测要素表

预测要素		描述内容	预测要素分类
区域成矿地质环境	大地构造位置	塔里木陆块区、敦煌地块、阿尔金走滑断裂带周缘	重要
	成矿区带	属梧桐沟-红柳峡敦煌岩群基底岩系铅锌、铁、石墨成矿带	重要
	主要控矿构造	区内主要构造受阿尔金走滑断裂影响,矿体展布受复向斜褶皱及断裂构造控制	重要
	主要赋矿地层	敦煌岩群云母石英片岩岩组的二云石英片岩、透闪石化大理岩及斜长片麻岩中	必要
	控矿沉积建造	浅海陆源碎屑-泥灰质-碳酸盐岩含碳质沉积建造	必要
区域成矿地质环境	控矿构造-热事件	构造-热事件为成矿提供必要的温压条件,提高矿石的品质和价值	重要
	区域变质作用及建造	广泛的区域变质作用,云母石英片岩、大理岩、片麻岩及斜长角闪岩等变质岩建造	必要
	成矿作用	沉积作用、区域变质作用,叠加热接触变质作用	必要

续表 5-6

预测要素		描述内容	预测要素分类
区域成矿地质特征	区域成矿类型和成矿期	沉积变质型,成矿时间漫长	必要
	沉积变质型 含矿建造	浅海陆源碎屑-泥灰质-碳酸盐岩含碳质沉积建造	必要
	控矿构造	复向斜褶皱及断裂构造	重要
	控矿构造-岩浆事件	为成矿提供所需的温压条件	重要
	矿物组合	矿石矿物为晶质石墨,脉石矿物主要有白云母和石英,其余为碳酸盐集合体、泥质、碳质及赤褐铁矿等	重要
	结构构造	矿石结构:粒状变晶结构、鳞片变晶结构;矿石构造:块状构造、条带状构造、片状构造	次要
	围岩蚀变	褐铁矿化、黄钾铁矾化	重要
	矿体形态	似层状、层状、条带状、透镜状	重要
	矿床规模	大型晶质石墨矿床	次要
	风化	风化程度较弱,对矿体影响较小	次要
	矿床式	大敖包沟沉积变质型晶质石墨矿	重要
物探遥感特征	电法异常特征	高极化率、低电阻率,激电异常范围往往与含石墨地层相吻合,异常强度与石墨资源量成正比,电法工作可有效指导找矿	重要
	遥感异常特征	遥感彩色图像上赋石墨矿地层为浅灰色、灰色、灰黑色,呈条带状,其所在的地层颜色与周围地层颜色差异较大	次要

预测工作区预测模型特征主要有：

(1)地质构造背景:位于塔里木-华北地层大区、塔里木地层区、敦煌地层分区。

(2)赋矿地层及沉积环境:以敦煌岩群云母石英片岩为主,浅海陆源碎屑含碳质建造。

(3)含矿岩石特征:以二云石英片岩为主,少量透闪石化大理岩、黑云斜长片麻岩。

(4)矿床构造:近东西向的复式向斜,褶皱核部矿体增厚,褶皱及断裂控制矿体的空间展布。

(5)矿体特征:产于敦煌岩群老变质岩系中,展布受褶皱和断裂影响,多呈近东西向的似层状、层状、透镜状等,次级断裂对矿体连续性有一定程度的破坏作用。

(6)矿石类型:矿石自然类型为晶质石墨型。

(7)找矿标志:①敦煌岩群云母石英片岩岩组;②晶质石墨矿层发育黄铁矿,经氧化具较强的黄钾铁矾化,呈黄色、黄褐色,宏观特征明显。

2. 东巴兔预测工作区

东巴兔预测工作区内无典型矿床,通过对地质背景和成矿规律的分析研究,本区晶质石墨矿类型属于大敖包沟式沉积变质型晶质石墨矿。因此,对比邻近敖包山工作区模型,建立了东巴兔预测工作区的预测模型。

按照"全国矿产资源潜力评价项目"的规定及沉积变质型矿产预测方法类型的要求,对比大敖包沟典型矿床特征,选择建造构造图作为预测底图,编图比例尺为 1：250 000,其精度和质量能够满足本次成矿预测工作的需要。

根据东巴兔晶质石墨矿化特征,结合区域成矿地质规律、区域成矿要素和找矿标志等综合特征,总结了甘肃省敦煌市东巴兔沉积变质型晶质石墨矿区域预测要素表(表5-7),并建立了区域预测模型图(图5-2)。

表5-7 东巴兔预测工作区区域预测要素表

预测要素			描述内容	预测要素分类
区域成矿地质环境	大地构造位置		塔里木陆块区、敦煌地块、阿尔金走滑断裂带周缘	重要
	成矿区带		属阿尔金敦煌岩群基底岩系铅锌、铁、石墨成矿带	重要
	主要控矿构造		区内主要构造受阿尔金走滑断裂影响,矿体展布受复向斜褶皱及断裂构造控制	重要
	主要赋矿地层		敦煌岩群a岩组二岩段,赋存于黑云斜长片麻岩、黑云二长片麻岩、二云石英片岩及二云片岩等中	必要
	控矿沉积建造		浅海陆源碎屑-泥灰质-碳酸盐岩含碳质沉积建造	必要
	控矿构造-热事件		构造-热事件为成矿提供必要的温压条件,提高矿石的品质和价值	重要
	区域变质作用及建造		广泛的区域变质作用,片麻岩、云母石英片岩、大理岩及斜长角闪岩等变质岩建造	必要
	成矿作用		沉积作用、区域变质作用,叠加热接触变质作用	必要
区域成矿地质特征	区域成矿类型和成矿期		沉积变质型,成矿时间漫长	必要
	沉积变质型	含矿建造	浅海陆源碎屑-泥灰质-碳酸盐岩含碳质沉积建造	必要
		控矿构造	复向斜褶皱及断裂构造	重要
		控矿构造-岩浆事件	为成矿提供所需的温压条件	重要
		矿物组合	矿石矿物为晶质石墨,脉石矿物主要有白云母和石英,其余为碳酸盐集合体、泥质、碳质及赤褐铁矿等	重要
		结构构造	矿石结构:粒状变晶结构、鳞片变晶结构;矿石构造:块状构造、条带状构造、片状构造	次要
		围岩蚀变	褐铁矿化、黄钾铁矾化	重要
		矿体形态	似层状、层状、条带状、透镜状	重要
		矿床规模	大型晶质石墨矿床	次要
		风化	风化程度较弱,对矿体影响较小	次要
		矿床式	大敖包沟沉积变质型晶质石墨矿	重要
物探遥感特征	电法异常特征		高极化率、低电阻率,激电异常范围往往与含石墨地层相吻合,异常强度与石墨资源量成正比,电法工作可有效指导找矿	重要
	遥感异常特征		遥感彩色图像上赋石墨矿地层为浅灰色、灰色、灰黑色,呈条带状,其所在的地层颜色与周围地层颜色差异较大	次要

预测工作区预测模型特征主要有:
(1)地质构造背景:位于塔里木-华北地层大区、塔里木地层区、敦煌地层分区。

(2)赋矿地层及沉积环境:敦煌岩群老变质岩系,浅海陆源碎屑含碳质建造。

(3)含矿岩石特征:主要为云母石英片岩、含石墨大理岩、含石墨片麻岩。

(4)矿床构造:近东西向的复式向斜,褶皱核部矿体增厚,褶皱及断裂控制矿体的空间展布。

(5)矿体特征:产于敦煌岩群老变质岩系中,展布受褶皱和断层影响,多呈近东西向的似层状、层状、透镜状等,次级断裂对矿体连续性有一定程度的破坏作用。

(6)矿石类型:矿石自然类型为晶质石墨型。

(7)找矿标志:①敦煌岩群老变质岩系;②晶质石墨矿层发育黄铁矿,经氧化具较强的黄钾铁矾化,呈黄色、黄褐色,宏观特征明显。

3. 双石山预测工作区

双石山预测工作区内无典型矿床,通过对地质背景和成矿规律的分析研究,本区晶质石墨矿类型属于大敖包沟式沉积变质型晶质石墨矿。因此,对比邻近敖包山工作区模型,建立了双石山预测工作区的预测模型。

按照"全国矿产资源潜力评价项目"的规定及沉积变质型矿产预测方法类型的要求,对比大敖包沟典型矿床特征,选择建造构造图作为预测底图,编图比例尺为1:250 000,其精度和质量能够满足本次成矿预测工作的需要。

根据双石山晶质石墨矿化特征,结合区域成矿地质规律、区域成矿要素和找矿标志等综合特征,总结了甘肃省阿克塞哈萨克族自治县双石山沉积变质型晶质石墨矿区域预测要素表(表5-8),并建立了区域预测模型图(图5-2)。

表5-8 双石山预测工作区区域预测要素表

预测要素			描述内容	预测要素分类
区域成矿地质环境	大地构造位置		塔里木陆块区、敦煌地块、阿尔金走滑断裂带周缘	重要
	成矿区带		属梧桐沟-红柳峡敦煌岩群基底岩系铅锌、铁、石墨成矿带	重要
	主要控矿构造		区内主要构造受阿尔金走滑断裂影响,矿体展布受复向斜褶皱及断裂构造控制	重要
	主要赋矿地层		敦煌岩群老变质岩系,主要赋矿岩石为黑云斜长片麻岩、大理岩和云母石英片岩等	必要
	控矿沉积建造		浅海陆源碎屑-泥灰质-碳酸盐岩含碳质沉积建造	必要
	控矿构造-热事件		构造-热事件为成矿提供必要的温压条件,提高矿石的品质和价值	重要
	区域变质作用及建造		广泛的区域变质作用,片麻岩、大理岩、云母石英片岩及斜长角闪岩等变质岩建造	必要
	成矿作用		沉积作用、区域变质作用,叠加热接触变质作用	必要
区域成矿地质特征	区域成矿类型和成矿期		沉积变质型,成矿时间漫长	必要
	沉积变质型	含矿建造	浅海陆源碎屑-泥灰质-碳酸盐岩含碳质沉积建造	必要
		控矿构造	复向斜褶皱及断裂构造	重要
		控矿构造-岩浆事件	为成矿提供所需的温压条件	重要

续表 5-8

预测要素			描述内容	预测要素分类
区域成矿地质特征	沉积变质型	矿物组合	矿石矿物为晶质石墨,脉石矿物主要有白云母和石英,其余为碳酸盐集合体、泥质、碳质及赤褐铁矿等	重要
		结构构造	矿石结构:粒状变晶结构、鳞片变晶结构; 矿石构造:块状构造、条带状构造、片状构造	次要
		围岩蚀变	褐铁矿化、黄钾铁矾化	重要
		矿体形态	似层状、层状、条带状、透镜状	重要
		矿床规模	大型晶质石墨矿床	次要
		风化	风化程度较弱,对矿体影响较小	次要
		矿床式	大敖包沟沉积变质型晶质石墨矿	重要
物探遥感特征		电法异常特征	高极化率、低电阻率,激电异常范围往往与含石墨地层相吻合,异常强度与石墨资源量成正比,电法工作可有效指导找矿	重要
		遥感异常特征	遥感彩色图像上赋石墨矿地层为浅灰色、灰色、灰黑色,呈条带状,其所在的地层颜色与周围地层颜色差异较大	次要

预测工作区预测模型特征主要有:

(1)地质构造背景:位于塔里木-华北地层大区、塔里木地层区、敦煌地层分区。

(2)赋矿地层及沉积环境:以敦煌岩群老变质岩系为主,浅海陆源碎屑含碳质建造。

(3)含矿岩石特征:以黑云斜长片麻岩为主,含少量透闪石化大理岩和黑云角闪斜长片麻岩。

(4)矿床构造:近东西向的复式向斜,褶皱核部矿体增厚,褶皱及断裂控制矿体的空间展布。

(5)矿体特征:产于敦煌岩群老变质岩系中,展布受褶皱和断层影响,多呈近东西向的似层状、层状、透镜状等,次级断裂对矿体连续性有一定程度的破坏作用。

(6)矿石类型:矿石自然类型为晶质石墨型。

(7)找矿标志:①敦煌岩群老变质岩系;②晶质石墨矿层发育黄铁矿,经氧化具较强的黄钾铁矾化,呈黄色、黄褐色,宏观特征明显。

4. 唐家鄂博山预测工作区

唐家鄂博山预测工作区内无典型矿床,通过对地质背景和成矿规律的分析研究,本区晶质石墨矿类型属于大敖包沟式沉积变质型晶质石墨矿。因此,对比敖包山工作区模型,同时结合唐家鄂博山晶质石墨矿区资料,建立了唐家鄂博山预测工作区的预测模型。

按照"全国矿产资源潜力评价项目"的规定及沉积变质型矿产预测方法类型的要求,对比大敖包沟典型矿床特征,选择建造构造图作为预测底图,编图比例尺为1∶250 000,其精度和质量能够满足本次成矿预测工作的需要。

根据唐家鄂博山晶质石墨矿化特征,结合区域成矿地质规律、区域成矿要素和找矿标志等综合特征,总结了民勤县唐家鄂博山沉积变质型晶质石墨矿区域预测要素表(表5-9),并建立了区域预测模型图(图5-3)。

预测工作区预测模型特征主要有:

(1)赋矿地层及沉积环境:龙首山岩群,滨浅海碳酸盐岩含碳质建造。

(2)含矿岩石特征:以蚀变大理岩为主。

表 5-9　唐家鄂博山预测工作区区域预测要素表

预测要素			描述内容	预测要素分类
区域成矿地质环境	大地构造位置		柴达木-华北板块-阿拉善微陆块-龙首山-雅布赖山地块-迭布斯格-阿拉善右旗陆缘岩浆弧	次要
	成矿区带		属华北成矿省-阿拉善成矿带-北大山-西红山成矿亚带	重要
	主要控矿构造		区内主要构造受阿拉善弧形构造带控制，构造线呈北东向	重要
	主要赋矿地层		龙首山岩群，岩性主要为石英岩、黑云斜长片麻岩、白云石大理岩、二云石英片岩、含石墨蚀变大理岩、斜长角闪岩等	必要
	控矿沉积建造		浅海陆源碎屑-泥灰质-碳酸盐岩含碳质沉积建造	必要
	控矿构造-热事件		矿区岩浆活动强烈，从基性—酸性、由深成—浅成均有出露，时代在晋宁期—海西期之间	重要
	区域变质作用及建造		矿区以区域变质作用为主，热力变质作用次之。区域变质涉及龙首山岩群的古老地层	必要
	成矿作用		沉积作用、区域变质作用，叠加热接触变质作用	必要
区域成矿地质特征	区域成矿类型和成矿期		沉积变质型，成矿时间漫长	必要
	沉积变质型	含矿建造	浅海陆源碎屑-泥灰质-碳酸盐岩含碳质沉积建造	必要
		控矿构造	褶皱	重要
		控矿构造-岩浆事件	为成矿提供所需的温压条件	重要
		矿物组合	蚀变大理岩矿石主要由方解石、石英、绿泥石＋蛇纹石、斜长石、石墨、钾长石、褐铁矿、透辉石＋透闪石、白云石、石榴石等矿物组成	重要
		结构构造	矿石结构：粒状变晶结构、鳞片变晶结构、交代残留结构、纤维变晶结构、束状变晶结构；矿石构造：块状构造、脉状构造、片状构造	次要
		围岩蚀变	蛇纹石化、透辉石化、绿帘石化、褐铁矿化、钾化、白云石化及透闪石化等	重要
		矿体形态	似层状、层状	重要
		矿床规模	大型晶质石墨矿床	次要
		风化	风化程度较弱，对矿体影响较小	次要
		矿床式	大敖包沟式沉积变质型晶质石墨矿	重要
物探遥感特征	电法异常特征		高极化率、低电阻率，激电异常范围往往与含石墨地层相吻合，异常强度与石墨资源量成正比，电法工作可有效指导找矿	重要
	遥感异常特征		遥感彩色图像上赋石墨矿地层为浅灰色、灰色-灰黑色，呈条带状，其所在的地层岩性颜色与周围地层颜色差异较大	次要

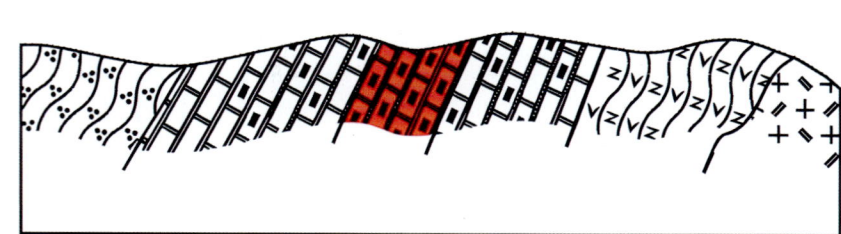

1.石英片岩;2.大理岩;3.含石墨大理岩;4.石墨大理岩;5.斜长角闪片岩;6.二长花岗岩;7.石墨矿体。

图5-3　唐家鄂博山式变质型晶质石墨矿区域预测模型图

(3)矿床构造:矿区褶皱发育,断层不太发育。褶皱构造由两期组成,早期褶皱主要是受东西向挤压作用所形成,轴向与区域地层走向近乎一致,控制矿体的空间展布。

(4)矿体特征:石墨矿床赋存于龙首山岩群含石墨蚀变大理岩和二云石英岩中,层控因素明显。

(5)找矿标志:龙首山岩群内蚀变大理岩是石墨矿层的直接围岩。

四、预测要素图编制及解释

1. 预测底图编制方法

按变质型矿产预测方法类型的要求,结合典型矿床特征,选择建造构造图和区域地质图作为预测底图,编图比例尺为1∶100 000或1∶250 000,其精度和质量能够满足本次成矿预测工作的需要。编图重点为含矿地层。

2. 综合信息要素图

在区域成矿要素图的基础上,叠加物探、遥感等相关信息内容,与区域成矿要素一起,共同构成综合的区域成矿预测要素。将所有区域预测要素用鲜亮的颜色和花纹突出表示,对其他非成矿要素则用素色、淡化的方式处理。最终形成预测工作区区域成矿预测要素图。

第三节　预测区圈定

本次预测评价技术方法以成矿系列理论为指导,采用矿床模型综合地质信息预测方法体系。该方法体系以矿产预测类型为纲要,以GIS计算机信息技术为手段,开展地物化遥矿产等多学科综合信息编图,建立不同矿产预测类型的区域评价预测模型,定量预测评价出潜在矿产资源的类型、位置数量与质量。

一、预测区圈定方法及原则

采用综合信息地质单元法圈定预测区。根据预测要素类别(必要的、重要的、一般的)、空间复合程度筛选并确定最小预测区。

在圈定最小预测工作区前,确定的圈定原则有:

(1)预测资料比例尺,核实本区预测资料的精度是否属实:①大于等于1∶2.5万;②1∶5万;③小于等于1∶20万;特别注意是否收集了大比例尺资料。

(2)最小预测区级别,核实最小预测区级别划分是否合适。最小预测区级别分为 A、B、C 三级,分类依据包括:①成矿有利度;②预测量;③地理交通及开发条件;④其他相关条件。

(3)最小预测区面积大小,一般情况下最小预测区面积在 50km² 以内;部分沉积型矿产预测面积可在 200km² 以下。

采用的预测要素有:含矿建造、构造及矿床(点)。

根据预测区各要素的级别,以及要素之间的相关关系,将各要素图层叠加、套合,最终圈定预测单元。

二、圈定预测区操作细则

沉积变质型矿产预测方法类型:该类矿床的形成主要受区域沉积变质作用、变质成矿作用、区域地层单元、热接触变质作用、岩浆作用、构造作用及热液作用的影响,分布往往受地层层位、岩性与岩相控制,因此预测要素主要与变质岩及沉积岩特征有关,预测应以建造构造图为底图。根据沉积变质型矿床的形成过程和环境的差异,可进一步分为许多亚类。综合信息图层可辅以大比例尺赋矿地层单元的范围等用于圈定最小预测区边界。

第四节　预测要素变量的构置与选择

一、预测要素及要素组合的数字化、定量化

在完成预测要素及其组合定量化和预测单元划分之后,接下来就要进行预测变量的选取、构置和优化。这项工作同样是在找矿模型的指导下,以充分获取的各类找矿信息为基础,并采用知识驱动与数据驱动相结合的途径来实现的。变量的选择对矿产预测结果的影响很大,对于不理想的预测结果往往需要重新审查和选取变量,故选准变量是能否成功预测的关键环节之一。

1. 数据变换方法

数据变换作为矿产预测评价中一项不可缺少的工作,用于解决地学数据多源异构、量纲不统一等问题。对预测变量进行变换的主要目的:①统一变量的数据水平;②条件独立性;③用较少的变量代替一组较多的存在相关性的原始变量;④使变量尽可能地服从正态分布。

2. 预测变量的分类、组合与优化

在矿产资源预测与评价工作中,常常需要研究预测变量的排序与分类问题。其中,变量定量排序是研究各变量相对于矿床(化)的重要性序列,而变量定量分类则是探讨各变量之间的相关性。常用的方法有模型法、统计法、两两比较法等。在对预测要素进行分类、组合研究的基础上,可以进一步对变量进行筛选与优化组合,以达到预测变量的结构最优化。预测变量的筛选必须以地质研究为基础,采用地质方法与多元统计方法相结合的途径,在不损失与预测对象有直接或间接联系的主要信息的同时,精简变量、优化系统,突出必要和重要因素。由于控矿因素复杂,预测要素较多,变量之间会具有相关性。任何预测模型,变量数目均会带来较大的自由度,因此往往需要更多的统计单元实现具有统计意义的结论。但由于有矿单元永远是有限的,因此在保持有用信息损失不太多的前提下减少变量个数是必要的。一方面组合变量的方法是较好的途径,组合变量可以满足减少变量个数的目的,另一方面组合变量更具有丰富的地质意义,便于解释。

二、变量初步优选研究

最小预测区圈定依据：预测工作区主要为沉积变质型晶质石墨矿预测类型，采用地质体积法进行最小预测区资源量估算较为方便、可靠(表5-10)。

选择依据：含矿建造、矿床(点)展布等，根据含矿建造的出露范围，利用人工方法确定。

表 5-10　预测工作区资源量估算方法表

预测工作区编号	预测工作区名称	资源量估算方法
18-2-1	敖包山预测工作区	地质体积法
18-2-2	东巴兔预测工作区	地质体积法
18-2-3	双石山预测工作区	地质体积法
18-2-4	唐家鄂博山预测工作区	地质体积法

第五节　预测区优选

一、预测要素应用及变量确定

1. 匹配系数法

匹配系数法主要用来筛选二态地质变量。设有 n 个模型单元，观测 m 个二态变量的取值，原始数据矩阵为

$$X = \begin{pmatrix} x_{11} & x_{12} & \cdots & x_{1m} \\ x_{21} & x_{22} & \cdots & x_{2m} \\ \vdots & \vdots & \ddots & \vdots \\ x_{n1} & x_{n2} & \cdots & x_{nm} \end{pmatrix} \tag{5-1}$$

则变量 x_i 与 x_j 之间的匹配系数计算公式为

$$l_{ij} = \frac{\sum_{k=1}^{n} x_{ki} \cdot x_{kj}}{\sqrt{\sum_{k=1}^{n} x_{ki} \sum_{k=1}^{n} x_{kj}}} \tag{5-2}$$

匹配系数考虑两变量同时存在的找矿意义。如果某变量与其他所有变量的匹配系数均较大，则认为该变量重要，应保留，否则可以将该变量剔除。在实际应用时，可以用如下的指标作为衡量标准：

$$l_j = \sqrt{\sum_{i=1}^{m} l_{ij}^2} \tag{5-3}$$

根据 m 个变量 l_j 值的相对大小，选择上述前几个指标较大的变量。

2. 定位预测变量的优选结果

通过使用匹配系数法发现各变量对于预测该类型矿床均显示出比较重要的特征，因此，以上通过初步选择选出的变量均参与预测区的优选。

3. 特征分析法

特征分析法是一种多元统计分析方法。在矿产资源靶区预测中,常采用它来圈定预测远景区。它是传统类比法的一种定量化方法,通过研究模型单元的控矿变量特征,查明变量之间的内在联系,确定各个地质变量的成矿和找矿意义,建立起某种类型矿产资源体的成矿有利度类比模型。然后将模型应用到预测区,将预测单元与模型单元的各种特征进行类比,用它们的相似程度表示预测单元的成矿有利性。并据此圈定出有利成矿的远景区。特征分析法不要求因变量,自变量必须是二态或三态变量。该方法具有计算简单、意义明确的特点。它能充分利用资料,充分发挥地质人员的学识。因而得到了广泛的应用。

特征分析法进行矿产资源靶区定位预测,选择的变量是与成矿有关或对找矿有意义的变量。它的取值采用两种形式:二态取值和三态取值。二态取值是指变量只有两种状态,用数字表示为 1 或 0,当变量对成矿或找矿有利时取值为 1,否则取值为 0;三态取值是指变量有 3 种不同状态,用数字表示为 -1、0、1,当变量对成矿有利时取值为 1,不利时取值为 -1,其他情况取值为 0。变量的取值只具有不同状态的含义,而无数值度量的含义,如果变量是定量变量,它的变化是某个连续的数值区间,这时应先将变量离散化,使之具有离散的取值形式,然后才能应用到模型中。

特征分析法所选择的模型单元应具有一定的代表性,应是性质相同的同母体样品。

设有 m 个变量 $x_j(j=1,2,\cdots,m)$,n 个模型单元,第 j 个变量在第 i 个单元上的取值为 $x_{ij}(i=1,2,\cdots,n;j=1,2,\cdots,m)$,原始数据矩阵为

$$X = \begin{pmatrix} x_{11} & x_{12} & \cdots & x_{1m} \\ x_{21} & x_{22} & \cdots & x_{2m} \\ \vdots & \vdots & \ddots & \vdots \\ x_{n1} & x_{n2} & \cdots & x_{nm} \end{pmatrix} \tag{5-4}$$

要解决的问题是,对每个变量赋予适当的数值 $a_j(j=1,2,\cdots,m)$,称之为变量权,它反映了变量 j 的重要性。同时对每个单元相应赋予适当的数值 $y_i(i=1,2,\cdots,n)$,称之为单元联系度,它反映单元与一组模型单元的联系程度,一般认为,预测单元与模型单元联系程度越高,成矿有利度也越大,这样可以通过单元联系度对单元的成矿有利程度作出评价。可设线性关系:

$$y_i = a_1 x_{i1} + a_2 x_{i2} + \cdots + a_m x_{im} \tag{5-5}$$

上式写成向量形式:

$$y = Xa$$

特征分析变量权的确定方法有 3 种:矢量长度法(平方和法)、乘积矩阵主分量法和概率矩阵主分量法。

(1)矢量长度法(平方和法)。该方法的思想基础是变量与其他变量的关联性越强,变量就越重要。用变量之间的匹配数作为变量之间关联性的度量指标,即可确定变量两两之间的关联性大小。

(2)乘积矩阵主分量法。该方法的思想基础是矩阵 R 的行表现了某个变量与其他变量的密切程度。如果把单元看作 m 维空间中的点,则可以找到那样一个向量,它使所有点在它上面的投影平方和达到最大,该向量反映了诸地质变量所表征的 m 维空间的一个特征方向。如果将该向量看成是 m 维空间中的一个特殊点,该点与所有模型单元都最大程度地相似。

(3)概率矩阵主分量法。以上两种方法均建立在变量匹配数的基础上,概率矩阵主分量法是考虑变量之间的匹配概率,通过变量之间的匹配概率计算,形成匹配概率矩阵 P,它的元素 p_{ij} 反映了第 i 个变量和第 j 个变量的匹配概率大小。这也是两变量关联性的一种度量,仿照乘积矩阵主分量法,求匹配概率矩阵 P 的最大特征值所对应的特征向量。该特征向量的各个分量即可作为诸变量的权系数。在实际应用中,用变量之间的匹配频率代替匹配概率即可计算出匹配概率矩阵 P。

用以上 3 种方法求得变量权后,即可用特征分析模型计算统计单元联系度,再对比模型单元与预测单元的单元联系度相对大小,进而确定预测单元的成矿有利程度。

特征分析法的使用条件：①特征分析法用于矿产资源靶区定位预测和预测区的成矿有利度排序，选取的变量必须是与成矿有关的变量。也就是说，研究区内必须有已知矿床。②如果要预测多种类型的矿床，则研究区内必须存在所有这些类型矿床的已知矿床。③本方法仅适用于二值或三值的状态变量。如果存在必须参加建模预测的定量变量，则要把定量变量转化成状态变量后才能参与运算。

二、预测区评述

各预测区的地质特征、成矿特征和资源潜力特征见本章第七节。

第六节 资源量定量估算

一、最小预测区估算参数

以大敖包沟沉积变质型晶质石墨矿作为典型预测类型。

（一）甘肃省敖包山预测工作区

1. 面积圈定方法及圈定结果

最小预测区圈定、面积测量的方法和依据：按含矿建造及矿床、矿（化）点的分布规律，采用"不规则地质单元法"人工进行最小预测区圈定，最小预测区边界以含矿建造自然边界、褶皱、断层综合考虑圈定，一般面积均小于 $50km^2$，面积由含矿地质体出露长度乘以宽度得出（图5-4，表5-11）。

2. 延深参数的确定及结果

经与模型区对比研究，认为B类最小预测区预测深度（延深）取相近模型区总延深的2/3为预测深度（垂深）较为合理，C类最小预测区预测深度（延深）取相近模型区总延深的1/3为预测深度（垂深）较为合理（表5-12）。

3. 品位和体重的确定

按模型区矿床（点）平均品位确定。

4. 相似系数的确定

要求以预测工作区为单元详细列出最小预测区与模型区之间的相似系数（表5-13）。

相似系数是表示模型区与预测区关联程度的数值，一般情况下大于0，小于1，模型区相似系数为1；修正系数表示预测区赋存矿石量的可靠程度。

经与模型区对比研究，模型区相似系数为1，A类最小预测区相似系数范围为0.75～1；B类和C类最小预测区相似系数范围为0.25～0.75。

（二）甘肃省东巴兔预测工作区

1. 面积圈定方法及圈定结果

最小预测区圈定、面积测量的方法和依据：按含矿建造及矿床、矿（化）点的分布规律，采用"不规则地质单元法"人工进行最小预测区圈定，最小预测区边界以含矿建造自然边界、褶皱和断层综合考虑圈定，一般面积均小于 $50km^2$，面积由计算机读出（图5-5，表5-14）。

第五章 矿产预测

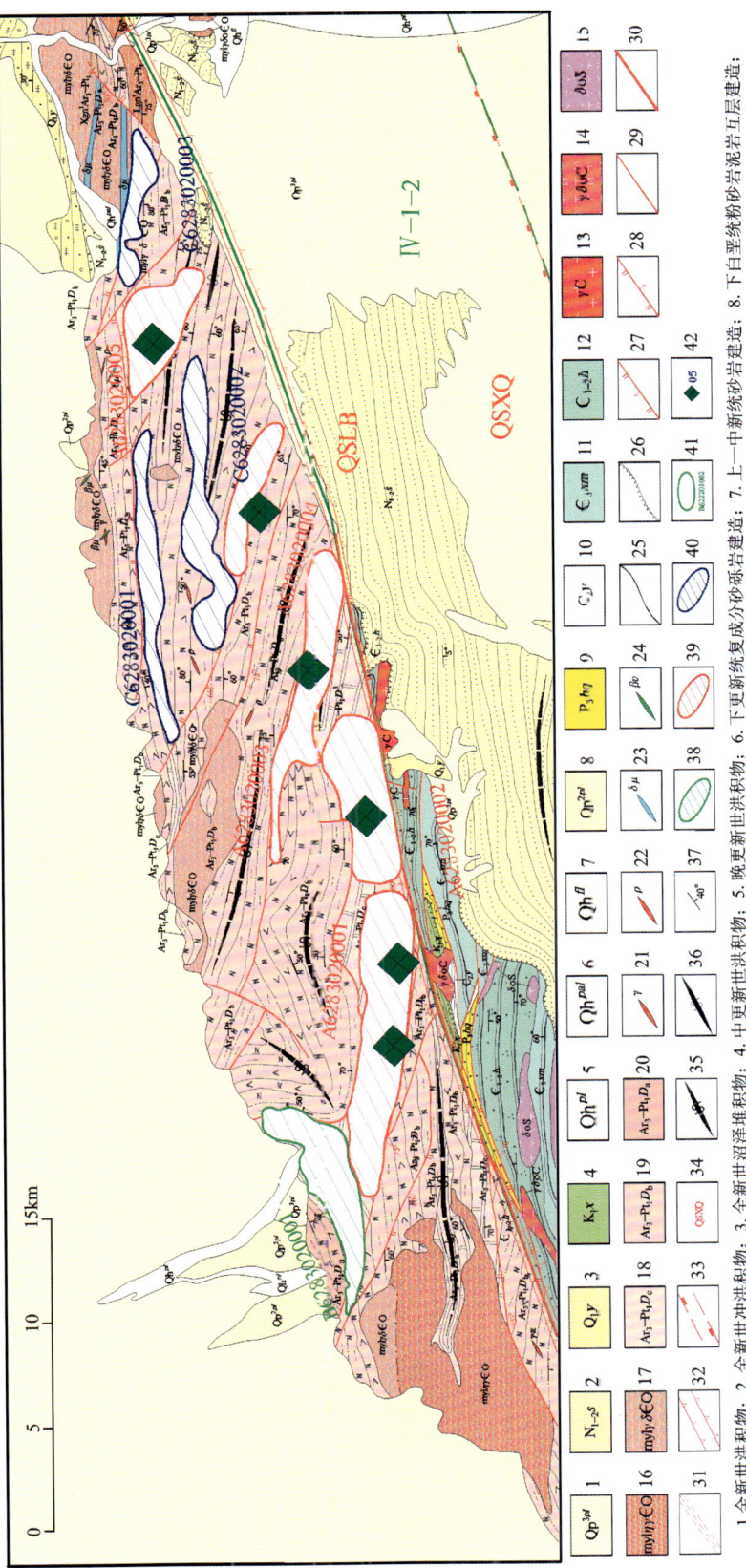

图5-4 甘北蒙古族自治县敖包山晶质石墨岩预测工作区

1.全新世洪积物；2.全新世冲积物；3.全新世沼泽建造；4.中更新世洪积物；5.晚更新世洪积物；6.下更新世复成分砂砾岩建造；7.上—中新统砂岩建造；8.下白垩统粉砂岩泥岩互层建造；9.上二叠统复成分砂砾岩建造；10.上石炭统含煤碎屑岩建造；11.上寒武统灰岩建造；12.下—中寒武统砂板岩建造；13.石炭纪花岗岩；14.石炭纪石英闪长岩；15.志留纪石英闪长岩；16.寒武纪—奥陶纪糜棱岩化二长花岗岩；17.上石炭统石化二长花岗岩；18.敦煌岩群b岩组；19.敦煌岩群a岩组；20.敦煌岩群c岩组；21.花岗岩脉；22.伟晶岩脉；23.闪长玢岩脉；24.辉绿岩脉；25.实测地质界线；26.角度不整合地质界线；27.正断层；28.逆断层；29.性质不明断层；30.大断裂；31.韧性剪切带；32.大型脆性走滑断裂带；33.裂合带；34.大型变形构造带代号；35.背形构造；36.向形构造；37.岩层产状；38.A类预测区；39.B类预测区；40.C类预测区；41.预测区及编号；42.晶质石墨矿床（矿）点及编号。

表 5-11　敖包山预测工作区最小预测区面积圈定大小及方法依据

最小预测区编号	最小预测区名称	面积/km²	参数确定依据
A6283020001	红柳峡-白台沟东	29.13	含矿建造、矿床及构造
A6283020002	大案盆沟	18.94	含矿建造、矿床及构造
A6283020003	敖包山	17.64	含矿建造、矿床及构造
A6283020004	大敖包沟	8.08	含矿建造、矿床及构造
B6283020001	红柳峡北	16.2	含矿建造及构造
A6283020005	小白石头沟	12.84	含矿建造、矿床及构造
C6283020001	掉水窑北	11.06	含矿建造及构造
C6283020002	陶勒图西	16.01	含矿建造及构造
C6283020003	梧桐井	6.08	含矿建造及构造

表 5-12　敖包山预测工作区最小预测区延深确定及方法依据

最小预测区编号	最小预测区名称	延深/m	参数确定依据
A6283020001	红柳峡-白台沟东	400	采矿工程确定
A6283020002	大案盆沟	733	采矿工程确定
A6283020003	敖包山	872	采矿工程确定
A6283020004	大敖包沟	784	采矿工程确定
B6283020001	红柳峡北	400	含矿建造产状确定
A6283020005	小白石头沟	750	采矿工程确定
C6283020001	掉水窑北	250	含矿建造产状确定
C6283020002	陶勒图西	250	含矿建造产状确定
C6283020003	梧桐井	250	含矿建造产状确定

表 5-13　敖包山预测工作区最小预测区相似系数表

最小预测区编号	最小预测区名称	相似系数
A6283020001	红柳峡-白台沟东	0.75
A6283020002	大案盆沟	0.75
A6283020003	敖包山	0.75
A6283020004	大敖包沟	1
B6283020001	红柳峡北	0.5
A6283020005	小白石头沟	0.75
C6283020001	掉水窑北	0.4
C6283020002	陶勒图西	0.4
C6283020003	梧桐井	0.4

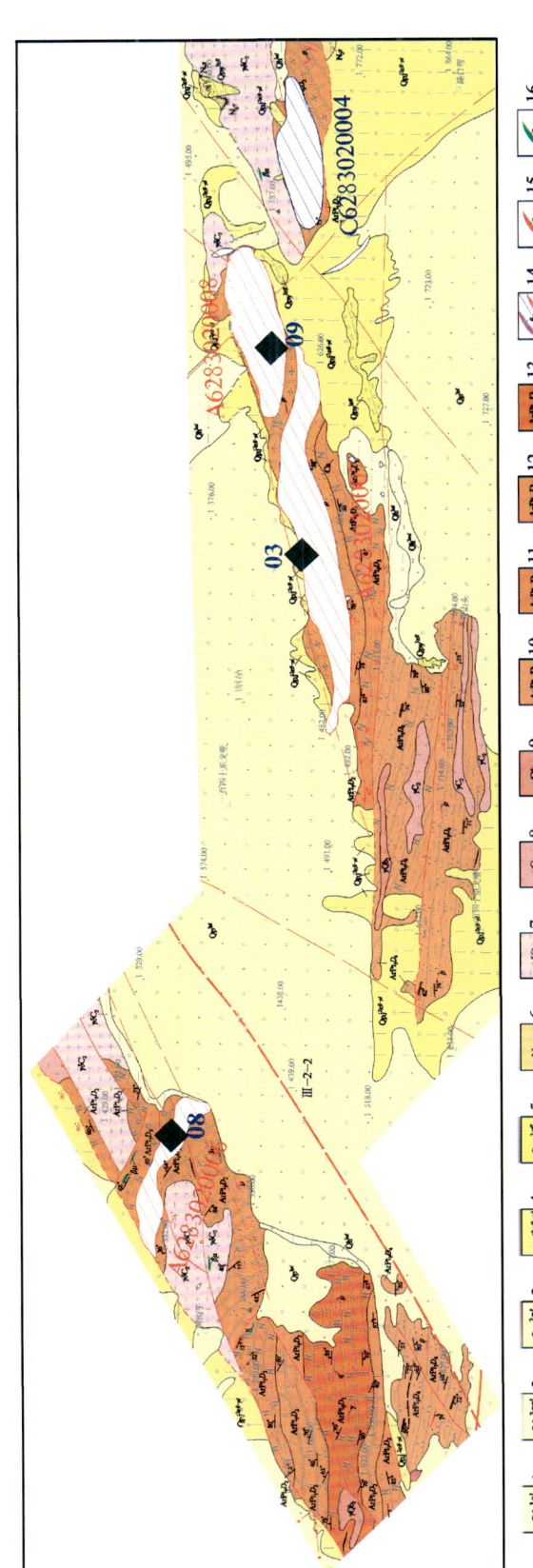

图 5-5 敦煌市东巴兔晶质石墨预测工作区

表 5-14 东巴兔预测工作区最小预测区面积圈定大小及方法依据

最小预测区编号	最小预测区名称	面积/km²	参数确定依据
A6283020006	五一沟	10.32	含矿建造、矿床及构造
A6283020007	大水峡	36.4	含矿建造、矿床及构造
A6283020008	浪柴沟	21.87	含矿建造、矿床及构造
C6283020004	蘑菇台北	15.75	含矿建造

2. 延深参数的确定及结果

通过与模型区对比,认为 B 类最小预测区预测深度(延深)取相近模型区总延深的 2/3 为预测深度(垂深)较为合理,C 类最小预测区预测深度(延深)取相近模型区总延深的 1/3 为预测深度(垂深)较为合理(表 5-15)。

表 5-15 东巴兔预测工作区最小预测区延深确定及方法依据

最小预测区编号	最小预测区名称	延深/m	参数确定依据
A6283020006	五一沟	400	采矿工程确定
A6283020007	大水峡	400	采矿工程确定
A6283020008	浪柴沟	400	采矿工程确定
C6283020004	蘑菇台北	200	专家＋模型区对比

3. 品位和体重的确定

根据前人对预测区内矿床和矿点的工作情况,收集了一定的地质和矿产资料,确定了各预测区的品位和体重。

4. 相似系数的确定

要求以预测工作区为单元详细列出最小预测区与模型区之间的相似系数(表 5-16)。

表 5-16 东巴兔预测工作区最小预测区相似系数表

最小预测区编号	最小预测区名称	相似系数
A6283020006	五一沟	0.75
A6283020007	大水峡	0.75
A6283020008	浪柴沟	0.75
C6283020004	蘑菇台北	0.3

经与模型区对比研究,确定 A 类最小预测区相似系数范围为 0.75~1;B 类和 C 类最小预测区相似系数范围为 0.3~0.75。

(三)甘肃省双石山预测工作区

1. 面积圈定方法及圈定结果

最小预测区圈定、面积测量的方法和依据:按含矿建造及矿床、矿(化)点的分布规律,采用"不规则地质单元法"人工进行最小预测区圈定,最小预测区边界以含矿建造自然边界、褶皱和断层综合考虑圈定,一般面积均小于 50km²,面积由计算机读出(图 5-6,表 5-17)。

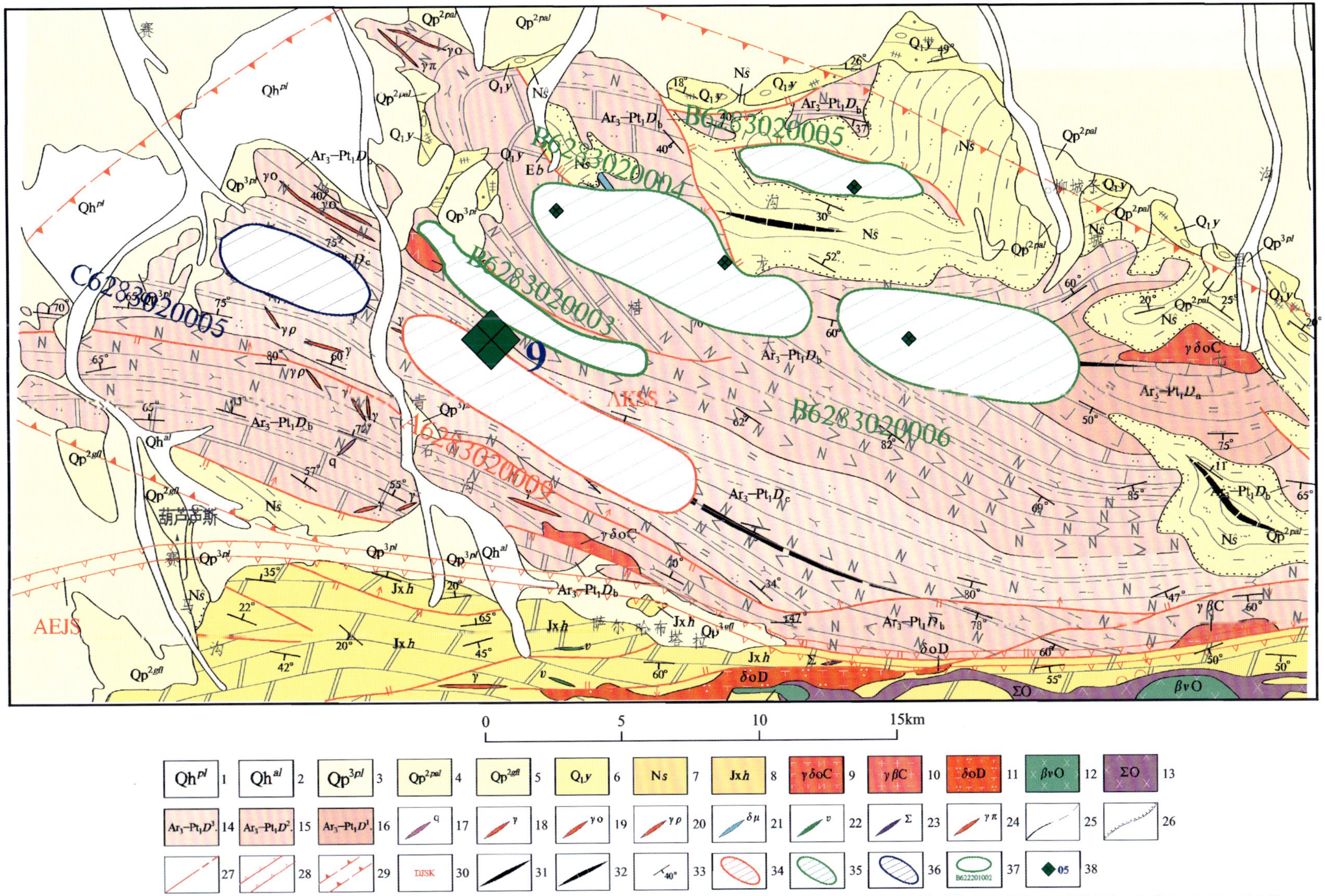

图 5-6 阿克塞县双石山晶质石墨预测工作区

1.全新世洪冲积物；2.全新世冲积物；3.晚更新世洪积物；4.中更新世冰水堆积物；5.剥蚀夕砂砾水堆积物；6.复成分砂砾岩建造；7.新近纪粉砂岩—泥岩建造；8.侏罗纪白云母石英片岩建造；9.夹云闪长岩；10.黑云母花岗岩；11.石英闪长岩；12.辉长辉绿岩；13.超基性岩；14.敦煌岩群b岩组；15.敦煌岩群a岩组；16.敦煌岩群c岩组；17.石英脉；18.花岗岩脉；19.斜长花岗岩脉；20.花岗伟晶岩脉；21.闪长玢岩脉；22.辉长岩脉；23.超基性岩脉；24.花岗质岩脉；25.安测地质界线；26.角度不整合地质界线；27.实测及推测性质不明断层；28.大型脆性走滑断裂带；29.逆冲型韧性剪切带；30.大型变形构造带代号；31.背斜轴线；32.向斜轴线；33.岩层产状；34.A类预测区；35.B类预测区；36.C类预测区；37.预测区及编号；38.晶质石墨矿床（点）及编号。

表 5-17 双石山预测工作区最小预测区面积圈定大小及方法依据

最小预测区编号	最小预测区名称	面积/km²	参数确定依据
A6283020009	豺狼沟	23.02	含矿建造、矿床及构造
B6283020003	豺狼沟北	8.68	含矿建造、矿床及构造
B6283020004	双石山-大龙沟	25.74	含矿建造及构造
B6283020005	碱沟	7.04	含矿建造及构造
B6283020006	东升山	23.04	含矿建造及构造
C6283020005	青石沟西	9.75	含矿建造及构造

2. 延深参数的确定及结果

通过与模型区对比研究,认为 B 类最小预测区预测深度(延深)取相近模型区总延深的 2/3 为预测深度(垂深)较为合理,C 类最小预测区预测深度(延深)取相近模型区总延深的 1/3 为预测深度(垂深)较为合理(表 5-18)。

表 5-18 双石山预测工作区最小预测区延深确定及方法依据

最小预测区编号	最小预测区名称	延深/m	参数确定依据
A6283020009	豺狼沟	400	采矿工程确定
B6283020003	豺狼沟北	400	采矿工程确定
B6283020004	双石山-大龙沟	400	专家＋模型区对比
B6283020005	碱沟	400	专家＋模型区对比
B6283020006	东升山	400	专家＋模型区对比
C6283020005	青石沟西	250	专家＋模型区对比

3. 品位和体重的确定

按预测工作区典型矿床的平均品位确定,无矿床矿点预测区按邻近预测区品位确定。

4. 相似系数的确定

要求以预测工作区为单元详细列出最小预测区与模型区之间的相似系数(表 5-19)。

表 5-19 双石山预测工作区最小预测区相似系数表

最小预测区编号	最小预测区名称	相似系数
A6283020009	豺狼沟	0.75
B6283020003	豺狼沟北	0.75
B6283020004	双石山-大龙沟	0.5
B6283020005	碱沟	0.5
B6283020006	东升山	0.4
C6283020005	青石沟西	0.4

经与模型区对比研究,确定 A 类最小预测区相似系数范围为 0.75～1;B 类和 C 类最小预测区相似系数范围为 0.4～0.75。

(四)甘肃省唐家鄂博山预测工作区

1. 面积圈定方法及圈定结果

最小预测区圈定、面积测量的方法和依据:按含矿建造及矿床、矿(化)点的分布规律,采用"不规则地质单元法"人工进行最小预测区圈定,最小预测区边界以含矿建造自然边界、褶皱和断层综合考虑圈定,一般面积均小于50km²,面积由计算机读出(图5-7,表5-20)。

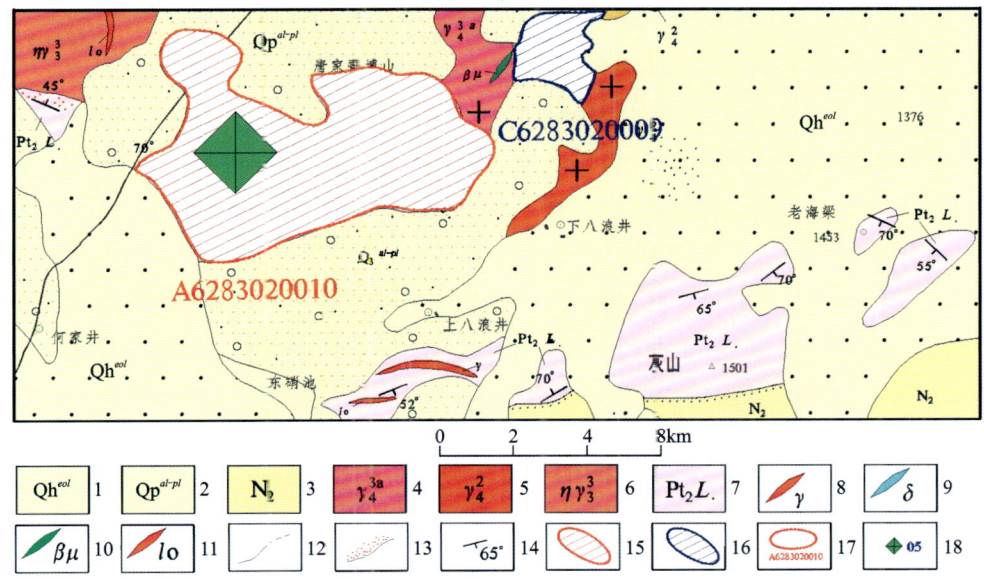

图5-7 民勤县唐家鄂博山晶质石墨预测工作区

表5-20 唐家鄂博山预测工作区最小预测区面积圈定大小及方法依据

最小预测区编号	最小预测区名称	面积/km²	参数确定依据
A6283020010	唐家鄂博山预测区	17.69	含矿建造、矿床及构造
C6283020009	唐家鄂博山东预测区	1.99	含矿建造

2. 延深参数的确定及结果

通过与模型区对比研究,认为B类最小预测区预测深度(延深)取相近模型区总延深的2/3为预测深度(垂深)较为合理,C类最小预测区预测深度(延深)取相近模型区总延深的1/3为预测深度(垂深)较为合理(表5-21)。

表5-21 唐家鄂博山预测工作区最小预测区延深确定及方法依据

最小预测区编号	最小预测区名称	延深/m	参数确定依据
A6283020010	唐家鄂博山预测区	400	采矿资料
C6283020009	唐家鄂博山东预测区	250	专家+模型区对比

3. 品位和体重的确定

按预测工作区典型矿床的平均品位确定,无矿床矿点预测区按邻近预测区品位确定。

4. 相似系数的确定

要求以预测工作区为单元详细列出最小预测区与模型区之间的相似系数(表 5-22)。

表 5-22　唐家鄂博山预测工作区最小预测区相似系数表

最小预测区编号	最小预测区名称	相似系数
A6283020010	唐家鄂博山预测区	0.75
C6283020009	唐家鄂博山东预测区	0.3

经与模型区对比研究,确定 A 类最小预测区相似系数范围为 0.75～1;B 类和 C 类最小预测区相似系数范围为 0.3～0.75。

(五)甘肃省预测工作区外其他预测区

1. 面积圈定方法及圈定结果

最小预测区圈定、面积测量的方法和依据:按含矿建造及矿床、矿(化)点的分布规律,采用"不规则地质单元法"人工进行最小预测区圈定,最小预测区边界以含矿建造自然边界、褶皱和断层综合考虑圈定,一般面积均小于 50km²,面积由计算机读出(表 5-23)。

表 5-23　其他最小预测区面积圈定大小及方法依据

最小预测区编号	最小预测区名称	面积/km²	参数确定依据
B6283020002	拉排沟	12.3	含矿建造、矿点及构造
B6283020007	红柳沟	11.81	含矿建造、矿点及构造
C6283020006	穿心河-榆树河	3.72	含矿建造、矿点
C6283020007	花庙子	18.88	含矿建造、矿点及构造
B6283020008	水沟子-前进	11.3	含矿建造、矿点及构造
C6283020008	狼山口	12.42	含矿建造、矿点及构造

2. 延深参数的确定及结果

通过与模型区对比研究,认为 B 类最小预测区预测深度(延深)取相近模型区总延深的 2/3 为预测深度(垂深)较为合理,C 类最小预测区预测深度(延深)取相近模型区总延深的 1/3 为预测深度(垂深)较为合理(表 5-24)。

表 5-24　其他最小预测区延深确定及方法依据

最小预测区编号	最小预测区名称	延深/m	参数确定依据
B6283020002	拉排沟	125	专家+模型区对比
B6283020007	红柳沟	250	含矿建造构造产状确定
C6283020006	穿心河-榆树河	250	专家+模型区对比

续表 5-24

最小预测区编号	最小预测区名称	延深/m	参数确定依据
C6283020007	花庙子	250	专家＋模型区对比
B6283020008	水沟子-前进	250	专家＋模型区对比
C6283020008	狼山口	250	专家＋模型区对比

3. 品位和体重的确定

预测区内有矿床矿点按其平均品位确定,无矿床矿点预测区按邻近预测区品位确定。

4. 相似系数的确定

对比预测区与模型区在地质背景和成矿条件上的相似程度,根据预测区相关系数确定依据,最小预测区与模型区之间的相似系数见表 5-25。

表 5-25　其他最小预测区相似系数表

最小预测区编号	最小预测区名称	相似系数
B6283020002	拉排沟	0.3
B6283020007	红柳沟	0.3
C6283020006	穿心河-榆树河	0.3
C6283020007	花庙子	0.3
B6283020008	水沟子-前进	0.3
C6283020008	狼山口	0.3

经与模型区对比研究,确定 A 类最小预测区相似系数范围为 0.75～1;B 类和 C 类最小预测区相似系数范围为 0.3～0.75。

二、最小预测区预测量

以甘肃省大敖包沟式沉积变质型晶质石墨矿作为典型预测类型。

1. 预测量估算程序

(1) 对典型矿床资源量参数进行研究,修改补充典型矿床预测模型,并估算典型矿床预测总资源量、含矿地质体预测深度。要求确切反映预测要素的具体数据,对地质体的剥蚀程度、工程控制、延深等情况要求标明具体数据,对地质体和矿体的空间位置也要求有确切关系数据。

(2) 对模型区含矿系数确定及资源量估算。模型区指典型矿床所在最小预测区,一般估算参数采用典型矿床已有相关参数,确定含矿地质体地质特征及空间分布,并计算相应的含矿地质体面积系数和面积。估算模型区典型矿床含矿地质体深度,根据矿床模型研究,结合含矿地质体、控矿构造、矿化蚀变、物探电法信息推断含矿地质体可能延深。据此估算模型区体积、资源总量、含矿系数。

(3) 预测区预测量估算。对预测区逐个确定定量估算参数,估算预测区预测量。

(4) 对每一个预测区获得的预测量进行可信度计算。

(5) 对预测量进行分类。

2. 预测区预测量估算

本研究采用地质体积法来预测。

（1）预测区预测量估算公式。含矿地质体难以确切圈定边界，应用预测区预测量公式：

$$Z_{预} = S_{预} \times H_{预} \times K_S \times K \times \alpha \tag{5-6}$$

式中：$Z_{预}$ 为预测区预测量；$S_{预}$ 为预测区面积；$H_{预}$ 为预测区延深（指预测区含矿地质体延深）；K_S 为含矿地质体面积参数；K 为模型区矿床的含矿系数；α 为相似系数。

（2）预测区资源量估算结果。对敖包山、东巴兔、双石山和唐家鄂博山预测工作区及预测工作区外其他预测区进行资源量估算，根据每个预测区参数估算最小预测区资源量，如表5-26。

三、晶质石墨矿最小预测区预测量可信度分析

（1）面积可信度：既有地质建造又有矿床及含矿岩系（可信度0.75）；单一矿点及地质建造（可信度0.5）；只有矿点或含矿岩系（可信度0.25）。

（2）延深可信度：根据最小预测区的勘探成果确定（可信度0.9）；根据预测区内含矿建造构造的产状确定（可信度0.5）；专家分析确定因素（可信度0.25）。

（3）含矿系数可信度：勘探程度高，对矿床深部外围资源量了解清楚（可信度0.75）；勘探程度较高，对矿床深部与外围资源量以及含矿地质体分布了解一般（可信度0.5）；勘查程度低，对含矿地质体分布了解较差（可信度0.25）。

（4）采用地质体积法预测的甘肃省大敖包沟式沉积变质型晶质石墨矿工作区分别是：①敖包山预测工作区最小预测区评价其可信度见表5-27；②东巴兔预测工作区每个最小预测区评价其可信度见表5-28；③双石山预测工作区每个最小预测区评价其可信度见表5-29；④唐家鄂博山预测工作区每个最小预测区评价其可信度见表5-30；⑤预测工作区外的其他预测区（找矿远景区）每个最小预测区评价其可信度见表5-31。

第七节 预测区地质评价

一、预测区级别划分

1. 甘肃省敖包山预测工作区

最小预测区级别分为A、B、C三类。

A类预测区：有典型（大型）矿床、含矿建造两个预测要素齐全且勘查工作程度为1∶10 000的最小预测区。

B类预测区：有矿（化）点、含矿建造两个预测要素的最小预测区。

C类预测区：只有含矿建造一个预测要素的最小预测区。

根据上述原则，该预测工作区共圈定9个最小预测区，其中5个A类预测区，1个B类预测区，3个C类预测区。获得A类预测矿物量5 848.06万t，B类预测矿物量646.39万t，C类预测矿物量511.78万t。

最小预测区预测量按精度分为333-1、333-2、333-3。

333-1：具有工业价值的矿产地或已知矿床深部及外围的预测量；最小预测区内具有工业价值的矿产地且地质调查已提交334以上类别资源量的矿产地，预测资料精度大于1∶5万。

第五章 矿产预测

表 5-26 甘肃省昌硌石墨最小预测区资源量估算成果表

预测工作区	最小预测区编号	最小预测区名称	$S_{预}$/km²	$H_{预}$/m	含矿地质体面积参数 K_S	含矿系数 K	相似系数 $α$	品位/%	$Z_{预}$(矿)石量/万t	总预测量(矿物量)/万t
敖包山预测工作区	A6283020001	红柳峡-白台沟东	29.13	400	0.48	0.063 4	0.75	3.33	26 471.70	881.51
	A6283020002	大柴盆沟	18.94	733	0.31	0.063 4	0.75	4.63	20 231.00	936.70
	A6283020003	敖包山	17.64	872	0.21	0.063 4	0.75	5.62	15 593.39	876.35
	A6283020004	大敖包沟	8.08	784	1	0.063 4	1	3.14	40 151.19	1 260.75
	B6283020001	红柳峡北	16.2	400	0.94	0.063 4	0.5	3.36	19 237.85	646.39
	A6283020005	小白石头沟	12.84	750	0.96	0.063 4	0.75	4.30	44 017.49	1 892.75
	C6283020001	掉水崖北	11.06	250	0.73	0.063 4	0.4	3.14	5 152.15	161.78
	C6283020002	陶勒图西	16.01	250	1.07	0.063 4	0.4	3.14	10 897.25	342.17
	C6283020003	梧桐井	6.08	250	0.06	0.063 4	0.4	3.14	249.48	7.83
	敖包山预测工作区资源量预测合计								182 001.49	7 006.23
东巴兔预测工作区	A6283020006	五一沟	10.32	400	0.48	0.063 4	0.75	4.24	9 490.32	402.39
	A6283020007	大水峡	36.4	400	0.84	0.063 4	0.75	3.71	57 854.01	2 146.38
	A6283020008	浪柴沟	21.87	400	0.354	0.063 4	0.75	3.01	14 727.51	443.30
	C6283020004	蘑菇台北	15.75	200	0.234	0.063 4	0.3	3.06	1 391.36	42.58
	东巴兔预测工作区资源量预测合计								83 463.20	3 034.65
双石山预测工作区	A6283020009	财狼沟	23.02	400	0.29	0.063 4	0.75	3.23	12 501.56	403.80
	B6283020003	财狼沟北	8.68	400	0.089	0.063 4	0.75	3.23	1 351.31	43.65
	B6283020004	双石山-大龙沟	25.74	400	0.42	0.063 4	0.5	3.23	13 668.08	441.48
	B6283020005	碱沟	7.04	400	0.26	0.063 4	0.5	3.23	2 276.95	73.55
	B6283020006	东升山	23.04	400	0.15	0.063 4	0.4	3.23	3 559.09	114.96
	C6283020005	青石沟西	9.75	250	0.17	0.063 4	0.4	3.23	1 023.69	33.07
	双石山预测工作区预测资源量合计								34 380.09	1 110.50

续表 5-26

预测工作区	最小预测区编号	最小预测区名称	$S_预$/km²	$H_预$/m	含矿地质体面积参数 K_s	含矿系数 K	相似系数 α	品位/%	$Z_预$(矿石量)/万t	总预测量(矿物量)/万t
唐家鄂博山预测工作区	A6283020010	唐家鄂博山	17.69	400	2.37	0.063 4	0.75	4.79	15 179.02	727.08
	C6283020009	唐家鄂博山东	1.99	250	0.36	0.063 4	0.3	4.79	64.84	3.11
唐家鄂博山预测工作区预测资源量合计									15 243.86	730.18
其他	B6283020002	拉排沟	12.3	400	0.48	0.063 4	0.3	3.62	1 469.56	53.20
	B6283020007	红柳沟	11.81	250	0.22	0.063 4	0.3	11.09	1 229.29	136.33
	C6283020006	穿心河-榆树河	3.72	250	0.05	0.063 4	0.3	2.39	90.91	2.17
	C6283020007	花庙子	18.88	250	0.15	0.063 4	0.3	3.12	1 298.74	40.52
	B6283020008	水沟子-前进	11.3	250	0.14	0.063 4	0.3	5.73	767.09	43.95
	C6283020008	狼山口	12.42	250	0.10	0.063 4	0.3	6.72	618.29	41.55
其他预测区预测资源量合计									5 473.88	317.72
全省资源量预测合计									320 563.13	12 199.28

表 5-27 敖包山预测工作区最小预测区预测量可信度统计表

最小预测区编号	最小预测区名称	面积可信度	依据	延深可信度	依据	含矿系数可信度	依据	资源量综合可信度	依据
A6283020001	红柳峡-白台沟东	0.75	含矿建造、矿床及构造	0.9	采矿工程确定	0.75	勘探程度高,对矿床深部外围资源量了解清楚	0.75	矿区见矿工程合理外推
A6283020002	大笨盆沟	0.75	含矿建造、矿床及构造	0.9	采矿工程确定	0.75	勘探程度高,对矿床深部外围资源量了解清楚	0.75	矿区见矿工程合理外推
A6283020003	敖包山	0.75	含矿建造、矿床及构造	0.9	采矿工程确定	0.75	勘探程度高,对矿床深部外围资源量了解清楚	0.75	矿区见矿工程合理外推
A6283020004	大敖包沟	0.75	含矿建造、矿床及构造	0.9	采矿工程确定	0.75	勘探程度高,对矿床深部外围资源量了解清楚	0.75	矿区见矿工程合理外推

续表 5-27

最小预测区编号	最小预测区名称	面积可信度	依据	延深可信度	依据	含矿系数可信度	依据	资源量综合可信度
B6283020001	红柳峡北	0.5	含矿建造及构造	0.5	含矿建造构造产状确定	0.5	一般了解	0.5	含矿建造及矿点
A6283020005	小白石头沟	0.75	含矿建造、矿床及构造	0.9	采矿工程确定	0.75	一般了解	0.75	矿区见矿工程合理外推
C6283020001	掉水崖北	0.5	含矿建造及构造	0.5	含矿建造构造产状确定	0.5	一般了解	0.5	含矿建造及矿点
C6283020002	陶勒图西	0.5	含矿建造及构造	0.5	含矿建造构造产状确定	0.5	一般了解	0.5	含矿建造及矿点
C6283020003	梧桐井	0.5	含矿建造及构造	0.5	含矿建造构造产状确定	0.5	一般了解	0.5	含矿建造及矿点

表 5-28 东巴兔预测工作区最小预测区预测量可信度统计表

最小预测区编号	最小预测区名称	面积可信度	依据	延深可信度	依据	含矿系数可信度	依据	资源量综合可信度	依据
A6283020006	五一沟	0.75	含矿建造、矿床及构造	0.9	采矿工程确定	0.75	勘探程度高,对矿床深部外围资源量了解清楚	0.75	矿区见矿工程合理外推
A6283020007	大水峡	0.75	含矿建造、矿床及构造	0.9	采矿工程确定	0.75	勘探程度高,对矿床深部外围资源量了解清楚	0.75	矿区见矿工程合理外推
A6283020008	浪柴沟	0.75	含矿建造、矿床及构造	0.9	采矿工程确定	0.75	勘探程度高,对矿床深部外围资源量了解清楚	0.75	矿区见矿工程合理外推
C6283020004	磨菇台北	0.25	含矿建造	0.25	专家 I 模型区对比	0.25	了解较差	0.25	合矿建造

表5-29 双石山预测工作区最小预测区预测量可信度统计表

最小预测区编号	最小预测区名称	面积可信度	依据	延深可信度	依据	含矿系数可信度	依据	资源量综合可信度	依据
A6283020009	豺狼沟	0.75	含矿建造、矿床及构造	0.9	采矿工程确定	0.75	勘探程度高,对矿床深部外围资源量了解清楚	0.75	矿区见矿工程合理外推
B6283020003	豺狼沟北	0.5	含矿建造、矿床及构造	0.75	采矿工程确定	0.75	勘探程度高,对矿床深部外围资源量了解清楚	0.75	矿区见矿工程合理外推
B6283020004	双石山-大龙沟	0.5	含矿建造及构造	0.25	专家+模型区对比	0.5	了解一般	0.5	含矿建造及矿点
B6283020005	碱沟	0.5	含矿建造及构造	0.25	专家+模型区对比	0.5	了解一般	0.5	含矿建造及矿点
B6283020006	东升山	0.5	含矿建造及构造	0.25	专家+模型区对比	0.5	了解一般	0.5	含矿建造及矿点
C6283020005	青石沟西	0.5	含矿建造及构造	0.25	专家+模型区对比	0.25	了解较差	0.25	含矿建造

表5-30 唐家鄂博山预测工作区最小预测区预测量可信度统计表

最小预测区编号	最小预测区名称	面积可信度	依据	延深可信度	依据	含矿系数可信度	依据	资源量综合可信度	依据
A6283020010	唐家鄂博山预测区	0.75	含矿建造、矿床及构造	0.9	采矿资料	0.75	勘探程度高,对矿床深部外围资源量了解清楚	0.75	矿区见矿工程合理外推
C6283020009	唐家鄂博山东预测区	0.25	含矿建造	0.25	专家+模型区对比	0.25	了解较差	0.25	含矿建造

表 5-31 其他最小预测区预测量可信度统计表

最小预测区编号	最小预测区名称	面积可信度	依据	延深可信度	依据	含矿系数可信度	依据	资源量综合可信度	依据
B6283020002	拉排沟	0.5	含矿建造、矿点及构造	0.25	专家＋模型区对比	0.25	了解较差	0.25	含矿建造
B6283020007	红柳沟	0.5	含矿建造、矿床及构造	0.5	含矿建造构造产状确定	0.5	了解一般	0.5	含矿建造及矿床
C6283020006	穿心河-榆树河	0.5	含矿建造、矿点及构造	0.25	专家＋模型区对比	0.25	了解较差	0.25	含矿建造
C6283020007	花庙子	0.5	含矿建造、矿点	0.25	专家＋模型区对比	0.25	了解较差	0.25	含矿建造
B6283020008	水沟子-前进	0.5	含矿建造、矿点及构造	0.25	专家＋模型区对比	0.25	了解较差	0.25	含矿建造
C6283020008	狼山口	0.5	含矿建造、矿点及构造	0.25	专家＋模型区对比	0.25	了解较差	0.25	含矿建造

333-2:同时具备直接和间接找矿标志的最小预测单元内的预测量,预测资料精度大于或等于1∶5万。

333-3:只有间接找矿标志的最小预测单元内的预测量,预测资料精度小于或等于1∶25万。

根据上述333-1、333-2、333-3预测量确定原则,敖包山预测工作区获得333-1预测矿物量5 848.05万t(A类预测区),333-2预测矿物量646.39万t(B类预测区),333-3预测矿物量511.78万t(C类预测区)(表5-32)。

表5-32 预测区分类及资源量分级表

预测区编号	预测区名称	最小预测区分类			依据	最小预测区预测矿物量级别			依据
		A	B	C		333-1	333-2	333-3	
A6283020001	红柳峡-白台沟东	√			矿床+含矿建造	√			精度1∶10万
A6283020002	大案盆沟	√			矿床+含矿建造	√			精度1∶10万
A6283020003	敖包山	√			矿床+含矿建造	√			精度1∶10万
A6283020004	大敖包沟	√			矿床+含矿建造	√			精度1∶10万
B6283020001	红柳峡北		√		含矿建造+矿点		√		精度1∶10万
A6283020005	小白石头沟	√			矿床+含矿建造	√			精度1∶10万
C6283020001	掉水窑北			√	含矿建造			√	精度1∶10万
C6283020002	陶勒图西			√	含矿建造			√	精度1∶10万
C6283020003	梧桐井			√	含矿建造			√	精度1∶10万
合计	—	5	1	3	—	5	1	3	—

2. 甘肃省东巴兔预测工作区

该预测工作区共圈定4个最小预测区,其中3个A类预测区,1个C类预测区。获得A类预测矿物量2 992.07万t,C类预测矿物量42.58万t。

根据333-1、333-2、333-3预测量确定原则,东巴兔预测工作区获得333-1预测矿物量2 992.07万t(A类预测区),333-3预测矿物量42.58万t(C类预测区)(表5-33)。

表5-33 预测区分类及资源量分级表

预测区编号	预测区名称	最小预测区分类			依据	最小预测区资源量级别			依据
		A	B	C		333-1	333-2	333-3	
A6283020006	五一沟	√			矿床+含矿建造	√			精度1∶25万
A6283020007	大水峡	√			矿床+含矿建造	√			精度1∶25万
A6283020008	浪柴沟	√			含矿建造+矿点	√			精度1∶25万
C6283020004	蘑菇台北			√	含矿建造			√	精度1∶25万
合计	—	3		1	—	3		1	—

3. 甘肃省双石山预测工作区

该预测工作区共圈定6个最小预测区,其中1个A类预测区,4个B类预测区,1个C类预测区。获得A类预测矿物量403.80万t,B类预测矿物量673.63万t,C类预测矿物量33.07万t。

根据334-1、334-2、334-3预测量确定原则,双石山预测工作区获得333-1预测矿物量403.80万t(A类预测区),333-2 预测矿物量 673.63 万 t(B 类预测区),333-3 预测矿物量 33.07 万 t(C 类预测区)(表 5-34)。

表 5-34　预测区分类及资源量分级表

预测区编号	预测区名称	最小预测区分类			依据	最小预测区资源量级别			依据
		A	B	C		333-1	333-2	333-3	
A6283020009	豹狼沟	√			矿床+含矿建造	√			精度 1∶25 万
B6283020003	豹狼沟北		√		含矿建造+矿点		√		精度 1∶25 万
B6283020004	双石山-大龙沟		√		含矿建造+矿点		√		精度 1∶25 万
B6283020005	碱沟		√		含矿建造+矿点		√		精度 1∶25 万
B6283020006	东升山		√		含矿建造+矿点		√		精度 1∶25 万
C6283020005	青石沟西			√	含矿建造			√	精度 1∶25 万
合计	—	1	5	1	—	1	4	1	—

4.甘肃省唐家鄂博山预测工作区

该预测工作区共圈定 2 个最小预测区,其中 1 个 A 类预测区,1 个 C 类预测区。获得 A 类预测矿物量 727.075 万 t,C 类预测矿物量 3.106 万 t。

根据 333-1、333-2、333-3 预测量确定原则,唐家鄂博山预测工作区获得 333-1 预测矿物量 727.075 万 t(A 类预测区),333-3 预测矿物量 3.106 万 t(C 类预测区)(表 5-35)。

表 5-35　预测区分类及资源量分级表

预测区编号	预测区名称	最小预测区分类			依据	最小预测区资源量级别			依据
		A	B	C		333-1	333-2	333-3	
A6283020010	唐家鄂博山预测区	√			矿床+含矿建造	√			精度 1∶25 万
C6283020009	唐家鄂博山东预测区			√	含矿建造			√	精度 1∶25 万
合计	—	1		1	—	1		1	—

5.甘肃省预测工作区外其他预测区

预测工作区外共圈定 6 个最小预测区,其中 2 个 B 类预测区,4 个 C 类预测区。获得 B 类预测矿物量 189.52 万 t,C 类预测矿物量 128.20 万 t。

根据 333-1、333-2、333-3 预测量确定原则,预测工作区外获得 333-2 预测矿物量 189.52 万 t(B 类预测区),333-3 预测矿物量 128.20 万 t(C 类预测区)(表 5-36)。

表 5-36　预测区分类及资源量分级表

预测区编号	预测区名称	最小预测区分类			依据	最小预测区资源量级别			依据
		A	B	C		333-1	333-2	333-3	
B6283020002	拉排沟		√		含矿建造+矿点		√		精度 1∶25 万
B6283020007	红柳沟		√		含矿建造+矿床		√		精度 1∶25 万

续表 5-36

预测区编号	预测区名称	最小预测区分类			依据	最小预测区资源量级别			依据
		A	B	C		333-1	333-2	333-3	
C6283020006	穿心河-榆树河			√	含矿建造			√	精度 1:25 万
C6283020007	花庙子			√	含矿建造			√	精度 1:25 万
B6283020008	水沟子-前进		√		含矿建造		√		精度 1:25 万
C6283020008	狼山口			√	含矿建造			√	精度 1:25 万
合计	—		2	4	—		2	4	—

二、评价结果综述

甘肃省大敖包沟式沉积变质型晶质石墨矿各预测工作区评价结果如下。

1. 甘肃省敖包山预测工作区

本预测工作区采用地质单元法进行预测区圈定优选,使用体积法预测矿产资源,其结果比较切合实际情况。根据预测区预测单元圈定原则,共圈定出 9 个最小预测区,各预测区评价见表 5-11。

2. 甘肃省东巴兔预测工作区

东巴兔预测工作区采用地质单元法进行最小预测区的圈定,使用地质体积法估算资源量。根据预测区中最小预测区圈定原则,共圈定出 4 个最小预测区。

另外,本预测工作区邻近敖包山预测工作区,且在成矿背景和成矿地质条件上具有相似性,各种地质参数参照大敖包沟模型区各种参数进行,本预测区中含矿系数为 0.063 4(大敖包沟模型区),各预测区评价见表 5-14。

3. 甘肃省双石山预测工作区

双石山预测工作区采用地质单元法进行最小预测区的圈定,使用地质体积法估算资源量。根据预测区中最小预测区圈定原则,共圈定出 6 个最小预测区。

另外,本预测工作区邻近敖包山预测工作区,且在成矿背景和成矿地质条件上具有相似性,各种地质参数参照大敖包沟模型区各种参数进行,本预测区中含矿系数为 0.063 4(大敖包沟模型区),各预测区评价见表 5-17。

4. 甘肃省唐家鄂博山预测工作区

唐家鄂博山预测工作区采用地质单元法进行最小预测区的圈定,使用地质体积法估算资源量。根据预测区中最小预测区圈定原则,共圈定出 2 个最小预测区。

本预测工作区存有唐家鄂博山大型晶质石墨矿床,且在成矿背景和成矿地质条件上与大敖包沟石墨矿具有可比性,各种地质参数参照大敖包沟模型区各种参数进行,本预测区中含矿系数为 0.063 4(大敖包沟模型区),各预测区评价见表 5-20。

5. 甘肃省预测工作区外其他预测区

预测工作区外其他预测区采用地质单元法进行最小预测区的圈定,使用地质体积法估算资源量。根据预测区中最小预测区圈定原则,共圈定出 6 个最小预测区,各预测区评价见表 5-23。

三、预测工作区资源总量成果汇总

1. 按方法

按预测方法类型,统计各预测工作区预测量(表5-37)。

表5-37　各预测工作区预测量方法统计表

预测工作区编号	预测工作区名称	方法 地质体积法(矿物量)/万 t
18-2-1	敖包山	7 006.23
18-2-2	东巴兔	3 034.65
18-2-3	双石山	1 110.50
18-2-4	唐家鄂博山	730.18
	其他	317.72
	合计	12 199.28

2. 按精度

按预测精度,统计各预测工作区预测量(表5-38)。

表5-38　各预测工作区预测量精度统计表

预测工作区编号	预测工作区名称	精度(矿物量)/万 t		
		333-1	333-2	333-3
18-2-1	敖包山	5 848.06	646.39	511.78
18-2-2	东巴兔	2 992.07	—	42.58
18-2-3	双石山	403.8	673.63	33.07
18-2-4	唐家鄂博山	727.08	—	3.11
	其他	—	189.52	128.20
	合计	9971	1 509.54	718.74

3. 按深度

按照500m以浅、1000m以浅和2000m以浅统计各预测工作区预测量(表5-39)。

表5-39　各预测工作区预测量深度统计表

预测工作区编号	预测工作区名称	500m以浅(矿物量)/万 t	1000m以浅(矿物量)/万 t	2000m以浅(矿物量)/万 t
18-2-1	敖包山	5 227.01	7 006.23	7 006.23
18-2-2	东巴兔	3 034.65	3 034.65	3 034.65
18-2-3	双石山	1 110.50	1 110.50	1 110.50
18-2-4	唐家鄂博山	730.18	730.18	730.18

续表 5-39

预测工作区编号	预测工作区名称	500m 以浅（矿物量）/万 t	1000m 以浅（矿物量）/万 t	2000m 以浅（矿物量）/万 t
	其他	317.72	317.72	317.72
	合计	10 420.06	12 199.28	12 199.28

4. 按矿床类型

按矿产预测类型，统计各预测工作区预测量（表 5-40）。

表 5-40　各预测工作区预测量矿产类型统计表

预测工作区编号	预测工作区名称	变质型（矿物量）/万 t
18-2-1	敖包山	7 006.23
18-2-2	东巴兔	3 034.65
18-2-3	双石山	1 110.50
18-2-4	唐家鄂博山	730.18
	其他	317.72
	合计	12 199.28

5. 按可利用性类别

按可利用、暂不可利用分别统计各预测工作区预测量（表 5-41）。

表 5-41　各预测工作区预测量可利用性统计表

预测工作区编号	预测工作区名称	可利用（矿物量）/万 t			暂不可利用（矿物量）/万 t		
		333-1	333-2	333-3	334-1	334-2	334-3
18-2-1	敖包山	5 848.06	646.39	511.78			
18-2-2	东巴兔	2 992.07	—	42.58			
18-2-3	双石山	403.80	673.63	33.07			
18-2-4	唐家鄂博山	727.08	—	3.11			
	其他	—	189.52	128.20			
	合计	9 971.01	1 509.54	718.74			

6. 按可信度统计分析

按可信度统计分析，统计各预测工作区预测量（表 5-42）。

表 5-42　各预测工作区预测量可信度统计分析

预测区编号	预测区名称	≥0.75（矿物量）/万 t	≥0.5（矿物量）/万 t	≥0.25（矿物量）/万 t
18-2-1	敖包山	5 848.06	7 006.23	7 006.23
18-2-2	东巴兔	2 992.07	2 992.07	3 034.65

续表 5-42

预测区编号	预测区名称	≥0.75(矿物量)/万 t	≥0.5(矿物量)/万 t	≥0.25(矿物量)/万 t
18-2-3	双石山	433.80	1 077.43	1 110.50
18-2-4	唐家鄂博山	727.08	727.08	730.18
	其他	—	136.33	317.72
	合计	9 971.01	11 939.14	12 199.28

第八节 勘查工作部署建议

本次在晶质石墨矿资源潜力评价资料的基础上，根据各预测区矿床的规模、数量、密集程度优选出勘查工作部署区 4 个。各勘查工作部署建议如表 5-43 所示，共计建议部署 21 个勘查工作区，其中 10 个详查区、11 个普查区，预获矿物资源总量 11 881.565 万 t，具体工作部署如下。

表 5-43 勘查工作部署建议明细表

序号	部署区名称	部署区等级	预测区编号	预测区名称	勘查类别	预测资源量/万 t	勘查分级数统计	部署区预测总矿物资源量/万 t
1	肃北敖包山晶质石墨部署工作区	重点	A6283020001	红柳峡-白台沟东预测区	详查	881.51	详查项目5个，普查项目4个	7 006.238
			A6283020002	大案盆沟预测区	详查	936.7		
			A6283020003	敖包山预测区	详查	876.35		
			A6283020004	大敖包沟预测区	详查	1 260.75		
			B6283020001	红柳峡北预测区	普查	646.392		
			A6283020005	小白石头沟预测区	详查	1 892.752		
			C6283020001	淖水窑北预测区	普查	161.778		
			C6283020002	陶勒图西预测区	普查	342.173		
			C6283020003	梧桐井预测区	普查	7.833		
2	敦煌东巴兔晶质石墨部署工作区	重点	A6283020006	五一沟预测区	详查	402.39	详查项目3个，普查项目1个	3 034.65
			A6283020007	大水峡预测区	详查	2 146.384		
			A6283020008	浪柴沟预测区	详查	443.298 4		
			C6283020004	蘑菇台北预测区	普查	42.575 4		
3	阿克塞双石山晶质石墨部署工作区	重点	A6283020009	豺狼沟预测区	详查	403.8	详查项目1个，普查项目5个	1 110.496
			B6283020003	豺狼沟北预测区	普查	43.647		
			B6283020004	双石山-大龙沟预测区	普查	441.479		
			B6283020005	碱沟预测区	普查	73.546		
			B6283020006	东升山预测区	普查	114.959		
			C6283020005	青石沟西预测区	普查	33.065		

续表 5-43

序号	部署区名称	部署区等级	预测区编号	预测区名称	勘查类别	预测资源量/万 t	勘查分级数统计	部署区预测总矿物资源量/万 t
4	民勤县唐家鄂博山部署工作区	一般	A62830200010	唐家鄂博山预测区	详查	727.075	详查项目1个，普查项目1个	730.181
			C6283020009	唐家鄂博山东预测区	普查	3.106		

1. 肃北敖包山晶质石墨部署工作区

该勘查区位于多坝沟-玉门和柳沟峡-小柳沟两个成矿亚带内，隶属肃北蒙古族自治县管辖。矿种以晶质石墨矿为主，兼有铁矿，成矿类型以变质型为主。

该部署区圈定 5 个 A 类预测区，1 个 B 类预测区，3 个 C 类预测区，共计最小预测区 9 个，部署区内大型矿床 6 个，分别为敖包山晶质石墨矿、肃北蒙古族自治县白台沟东石墨矿、大案盆沟晶质石墨矿、大敖包沟晶质石墨矿、红柳峡晶质石墨矿、白石头沟石墨矿，建议部署 5 个详查区，4 个普查区。

该区具体部署工作为 1：1 万地质简测 50km²、1：2000 地质正测 110km²、1：1 万激电剖面测量 40km²、槽探 20 000m³、钻探 20 000m。预测资源量 7 006.238 万 t。

2. 敦煌东巴兔晶质石墨部署工作区

该勘查区位于多坝沟-玉门成矿亚带内，隶属敦煌市管辖。矿种以晶质石墨矿为主，兼有铁矿，成矿类型以变质型为主。

该部署区圈定 3 个 A 类预测区，1 个 C 类预测区，共计最小预测区 4 个，部署区内大型矿床 3 个，分别为大水峡北晶质石墨矿、浪柴沟晶质石墨矿和五一沟晶质石墨矿，建议部署 3 个详查区，1 个普查区。

该区具体部署工作为 1：1 万地质简测 16km²、1：2000 地质正测 75km²、1：1 万激电剖面测量 20km²、槽探 10 000m³、钻探 10 000m。预测资源量 3 034.65 万 t。

3. 阿克塞双石山晶质石墨部署工作区

该勘查区位于多坝沟-玉门成矿亚带和拉配泉-红柳沟成矿亚带内，隶属阿克塞哈萨克族自治县管辖。矿种以晶质石墨矿为主，兼有铁矿，成矿类型以变质型为主。

该部署区圈定 1 个 A 类预测区，4 个 B 类预测区，1 个 C 类预测区，共计最小预测区 6 个，部署区内大型矿床 1 个，为豺狼沟晶质石墨矿，建议部署 1 个详查区，5 个普查区。

该区具体部署工作为 1：1 万地质简测 75km²、1：2000 地质正测 35km²、1：1 万激电剖面测量 20km²、槽探 8000m³、钻探 8000m。预测资源量 1 110.496 万 t。

4. 民勤县唐家鄂博山部署工作区

该勘查区位于四顶黑山-圆包山成矿亚带内，隶属民勤县管辖。矿种以晶质石墨矿为主，成矿类型以变质型为主。

该部署区圈定 1 个 A 类预测区，1 个 C 类预测区，共计最小预测区 2 个，部署区内大型矿床 1 个，为唐家鄂博山石墨矿，建议部署 1 个详查区，1 个普查区。

该区具体部署工作为 1：1 万地质简测 20km²、1：2000 地质正测 18km²、1：1 万激电剖面测量 10km²、槽探 5000m³、钻探 5000m。预测资源量 730.181 万 t。

第六章
甘肃省晶质石墨资源潜力分析

第一节 石墨矿资源现状

一、全球石墨资源储量

据美国地质调查局(USGS)数据,截至 2020 年底,全球已探明天然石墨资源储量约为 3.2 亿 t(矿物量)。全球近 99.91% 的石墨资源高度集中分布于土耳其、中国、巴西、马达加斯加、莫桑比克、坦桑尼亚、印度、乌兹别克斯坦和墨西哥 9 个国家(9 国石墨资源储量总和为 3.197 亿 t)。其中,土耳其石墨资源储量排名世界第一,约为 9000 万 t(全部为隐晶质),占全球储量的 28.13%;中国位列第二,约为 7300 万 t,占全球储量的 22.81%;巴西排第三,约为 7000 万 t,占全球储量的 21.88%;马达加斯加排名第四,约为 2600 万 t,占全球储量的 8.13%;随后是莫桑比克、坦桑尼亚、印度、乌兹别克斯坦和墨西哥,其储量占比分别约为 7.81%、5.31%、2.50%、2.38% 和 0.97%。

但据中国非金属矿工业协会提供的数据,2022 年全球石墨资源位居前三的为土耳其、巴西、中国,其次为马达加斯加、莫桑比克、俄罗斯、印度。中国石墨资源量占比仅为 16%(图 6-1)。

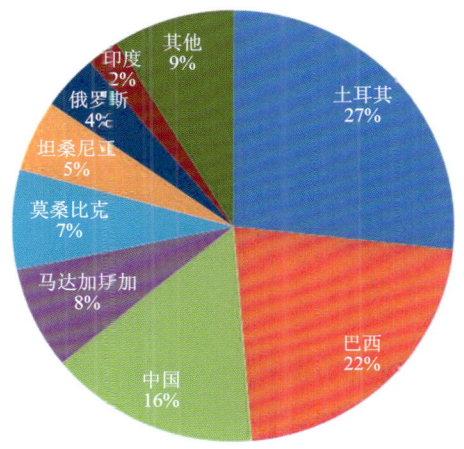

图 6-1 2022 年世界石墨储量分布(中国非金属矿工业协会)

二、中国石墨资源储量

中国石墨成矿地质条件优越,石墨资源丰富,为全国优势非金属矿种之一。2017—2019 年,随着全国石墨勘查成果不断取得新的重大突破,晶质石墨资源储量快速增长,石墨资源量较 2006 年的 1.64 亿 t 增长 3.665 18 亿 t。其中四川攀枝花三大湾石墨矿区外围新发现成规模的晶质石墨矿,平均品位为 2.86%~5.0%,远景资源量可达 7000 万 t;新疆奇台黄羊山超大型岩浆混染型晶质石墨矿,估算(333+334)晶质石墨矿物量为 7834 万 t;黑龙江双鸭山西沟超大型沉积变质型大鳞片晶质石墨矿,提交(333+334)石墨矿物量为 2 337.61 万 t,平均品位为 6.97%;河南淅川柳树沟沉积变质型石墨矿,探获资源量为 1 481.55 万 t;山西大同新荣七里村-碓臼沟特大型晶质石墨矿,具有鳞片大、易选易加工等特点,共提交石墨矿物资源总量约为 1 亿 t。内蒙古乌拉特中旗大乌淀石墨矿探明鳞片石墨矿物量为 1776 万 t,达超大型规模。2006—2019 年中国晶质石墨矿产查明资源储量变化趋势见图 6-2。

根据《中国矿产资源报告》(2011—2020 年)数据显示,截至 2019 年底,全国晶质石墨矿产地共计 173 个,查明晶质石墨(矿物量)资源储量为 4.37 亿 t;隐晶质石墨矿产地共计 38 个,查明隐晶质石墨(矿石量)资源储量为 1 亿 t,全国共查明石墨资源储量约为 5.305 18 亿 t。

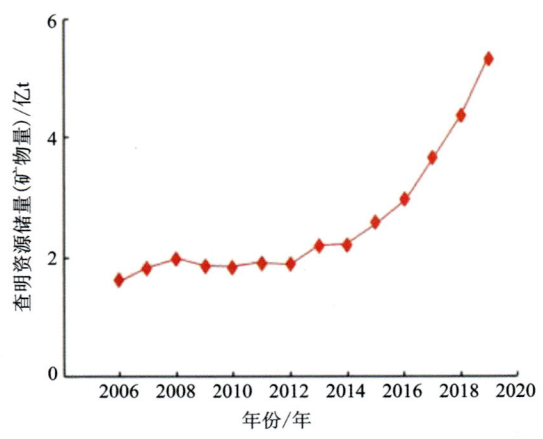

图 6-2　2006—2019 年中国晶质石墨矿产查明资源储量变化趋势

我国晶质石墨矿主要分布在黑龙江、山东、河南、内蒙古、四川、新疆等 20 个省(区)。其中黑龙江省晶质石墨查明资源储量达 1.95 亿 t,位居全国之首,占全国晶质石墨查明资源储量的 53.16%,内蒙古占 19%;隐晶质石墨主要分布在内蒙古、湖南、陕西和吉林等省(区)。大型晶质石墨矿床主要分布在黑龙江、内蒙古、山东、河南、陕西、四川、新疆等地。其中,黑龙江和山东石墨矿资源最为集中,大型隐晶质石墨矿床则分布在湖南、内蒙古。

第二节　甘肃省晶质石墨资源现状

一、甘肃省石墨资源分布情况

截至 2023 年底,甘肃省共发现和评价石墨矿床(点)19 处,按石墨矿规模分类(鳞片石墨):超大型≥500 万 t、大型(500～100)万 t、中型(100～20)万 t、小型<20 万 t 和矿点),其中大型矿床 11 处、小型矿床 5 处、矿点 3 处(表 6-1)。

表 6-1　甘肃省晶质石墨矿统计表

矿床规模	大型	中型	小型	矿点	总计
矿床(点)数量/处	11	0	5	3	19
所占百分比/%	57.9	0	26.3	15.8	100

甘肃省石墨矿主要分布在北山、阿尔金山、祁连山、阿拉善、西秦岭地区,产地有肃北蒙古族自治县、瓜州县、阿克塞哈萨克族自治县、临泽县、民勤县、永昌县和天水市麦积区。全省各市(州)石墨矿产地分布情况见表 6-2,图 6-3。

表 6-2　甘肃省各市(州)石墨矿产地分布情况一览表

市(州)	分布地域	主要产出县(区)	矿床(点)数/个	主要矿床
酒泉市	主要分布于肃北蒙古族自治县敖包山、双石山一带和瓜州县东巴兔、水沟子一带	肃北蒙古族自治县 阿克塞哈萨克族自治县 瓜州县	14	肃北蒙古族自治县敖包山晶质石墨矿 阿克塞哈萨克族自治县豺狼沟晶质石墨矿 瓜州县大水峡北石墨矿

续表 6-2

市(州)	分布地域	主要产出县(区)	矿床(点)数/个	主要矿床
张掖市	分布于临泽县榆树河和穿心河	临泽县	2	临泽县榆树河石墨矿
武威市	分布于民勤县唐家鄂博山一带	民勤县	1	民勤县唐家鄂博山石墨矿
金昌市	分布于永昌县红柳沟	永昌县	1	永昌县红柳沟石墨矿点
天水市	分布于麦积区花庙	麦积区	1	麦积区花庙石墨矿点

从全省探明和发现的石墨矿地理分布来看,酒泉市发现矿床(点)14处(大型矿床9处、小型矿床4处、矿点1处),主要分布在肃北蒙古族自治县敖包山、双石山一带和瓜州县东巴兔、水沟子一带,查明矿物资源储量占全省查明资源储量的89.41%;张掖市发现矿床(点)2处(小型矿床),分布在临泽县榆树河和穿心河,查明矿物资源储量占全省查明资源储量的0.01%;武威市发现矿床(点)1处(大型矿床),分布在民勤县唐家鄂博山一带,查明矿物资源储量占全省查明资源储量的10.48%;金昌市发现矿床(点)1处,分布在永昌县红柳沟,查明矿物资源储量占全省查明资源储量的0.05%;天水市发现矿床(点)1处(矿点),分布在麦积区花庙(表6-3)。

二、甘肃省主要石墨矿(点)特征

(一)民勤县唐家鄂博山石墨矿床(大型)

1. 概述

矿区位于民勤县北东41°方位,直距86km处的唐家鄂博山。由民勤县城至西渠镇65km为柏油路面,西渠至西硝池23km为简易路面,西硝池至矿区约11km为半固定型沙漠,交通尚方便。

1975年,甘肃省地质局第一区域地质测量队在本区进行1∶20万西渠幅区测时,在矿区划分了两个石墨岩组。下部岩组质量差,含量低,为含石墨岩石。上部岩组可进一步分为两个含矿层,第二含矿层(相当于现在矿区②号主矿体)为含石墨钙质片岩,石墨矿物含量10%~15%;第一含矿层(相当于现在矿区①号主矿体)也为含石墨钙质片岩,石墨矿物含量20%~30%。但未取正规样品进行化学分析,将其定为"矿化点",所下结论为"不具工业意义"。

1989年,甘肃省地质矿产局第六地质队对矿点踏勘后,建议对矿点重新评价。同年9月,甘肃省地质矿产局第六地质队又进行了踏勘检查,真制地质草图,对主要矿体稀疏揭露并取样化验,编写了地质检查总结,估算了远景储量,为后续工作奠定了基础。

1990年,甘肃省地质矿产局第六地质队对该矿进行系统普查评价。提交了《甘肃省民勤县唐家鄂博山石墨矿区地质普查报告》,矿床达到大型鳞片石墨矿床的规模。可选性试验推荐单一浮选流程,精矿产率7.03%,固定碳含量达92.81%,回收率83.72%,为下一步深入勘探、开发利用该矿床提供了实质性资料。

1991年,甘肃省地质矿产局第六地质队根据所获普查资料,经地质矿产部、甘肃省地质矿产司批准,以"双挂"形式对该矿进行勘探。但由于资金未到位,勘探工作只进行到详查阶段,提交了《甘肃省民勤县唐家鄂博山石墨矿地质详查报告》,获石墨(固定碳)储量进一步增大,为再度勘探提供了有利依据。

1993年,甘肃省地质矿产局第六地质队在详查基础上,与武威地区和民勤县签订了《联合探采工贸民勤县唐家鄂博山石墨矿协议》,选择矿区①号矿体47-55线间厚大部分的浅部进行勘查。提交了《甘肃省民勤县唐家鄂博山石墨矿①号矿体47-55线地质勘探报告》,探获B级、C级、D级储量,可满足年产0.5万t石墨精矿的中型石墨矿山生产120年以上。

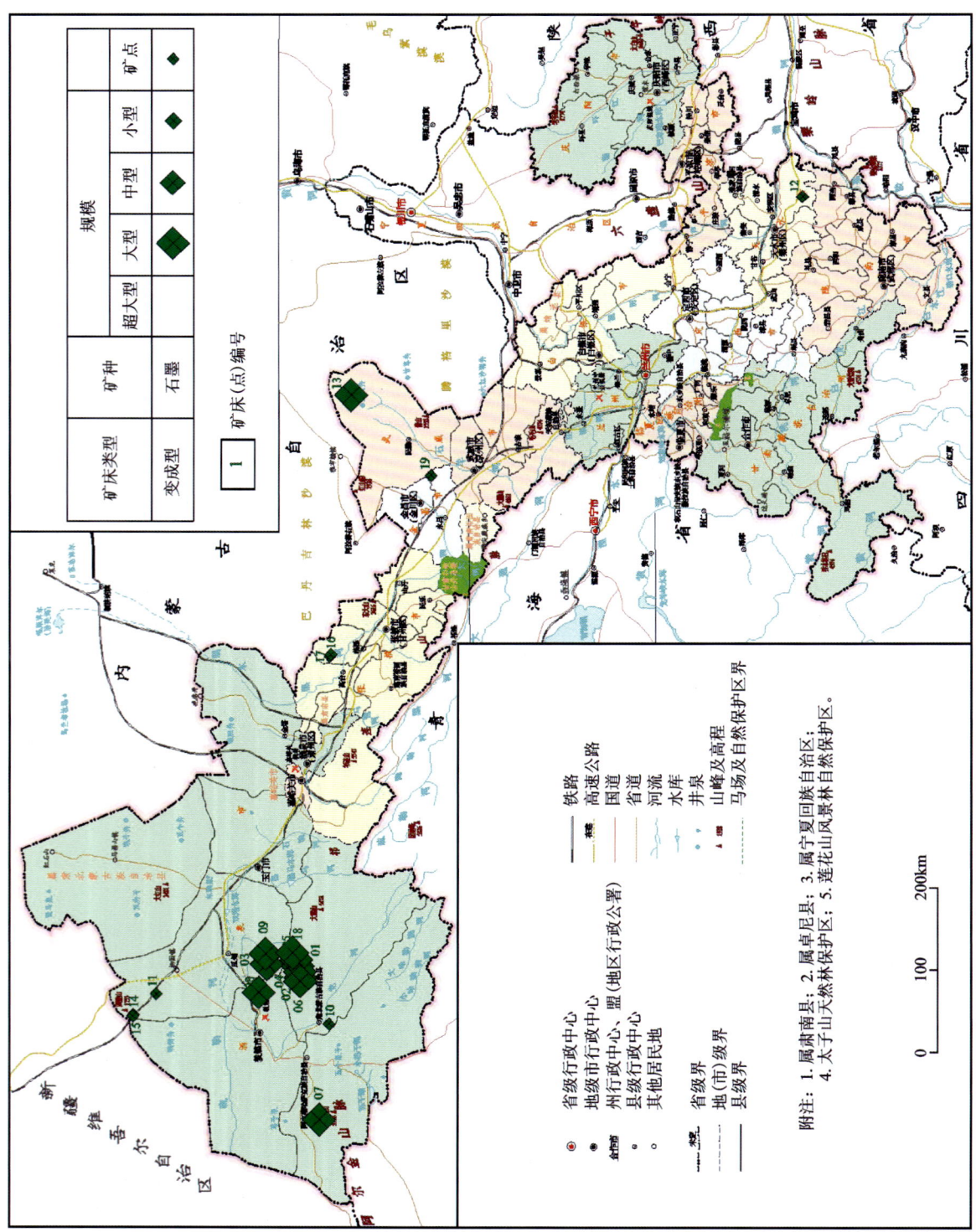

图 6-3 甘肃省石墨矿床（点）部分图

第六章 甘肃省晶质石墨资源潜力分析

表6-3 甘肃省石墨矿床（点）简表

序号	矿床（点）编号及名称	矿床类型	规模	勘查程度	开发现状	成矿时代	固定碳平均品位/%	共伴生矿产	所属矿带
1	13. 民勤县唐家鄂博山石墨矿	变成型	大型	详查	未开发	Pt_2	3.24~5.63		IV-18①
2	06. 肃北蒙古族自治县红柳峡晶质石墨矿	变成型	大型	普查	未开发	Pt_1	3.36		IV-15④
3	02. 肃北蒙古族自治县白台沟东石墨矿	变成型	大型	普查	未开发	Pt_1	3.31		IV-15④
4	01. 肃北蒙古族自治县散包山晶质石墨矿	变成型	大型	普查	未开发	Pt_1	5.62	铅、锌、硫铁、铁	IV-15④
5	05. 肃北蒙古族自治县大敖包沟晶质石墨矿	变成型	大型	普查	未开发	Pt_1	3.14		IV-15④
6	04. 肃北蒙古族自治县大案盆沟晶质石墨矿	变成型	大型	普查	未开发	Pt_1	4.63		IV-15④
7	07. 阿克塞哈萨克族自治县材狼沟晶质石墨矿	变成型	大型	普查	未开发	Pt_1	3.0~7.0		IV-15④
8	03. 瓜州县大水峡北晶质石墨矿	变成型	大型	普查	未开发	Pt_2	3.71		IV-15④
9	09. 瓜州县浪桦沟晶质石墨矿	变成型	大型	普查	未开发	Pt_2	3.01		IV-15④
10	08. 敦煌市五一沟晶质石墨矿	变成型	大型	普查	未开发	Pt_2	4.24		IV-18②
11	19. 永昌县红柳沟子石墨矿	变成型	小型	普查	未开发	Pt_2	11.09		IV-15①
12	14. 瓜州县水沟子石墨矿	变成型	小型	普查	未开发	Pt_2^3	5.00~37.42		IV-15①
13	15. 瓜州县前进石墨矿	变成型	小型	普查	未开发	Pt_2^2	4.24~7.22		IV-15①
14	11. 瓜州县狼山口石墨矿	变成型	矿点	普查	未开发	Pt_2^2	1.68~11.75		IV-15①
15	10. 肃北蒙古族自治县拉牌沟石墨矿	变成型	矿点	普查	未开发	Pt_2	6.31		IV-22②
16	18. 肃北蒙古族自治县白石头沟石墨矿	变成型	大型	预查	已开发	Pt_1	4.3		IV-15④
17	16. 临泽县榆树河石墨矿	变成型	小型	普查	未开发	Pt_2^2	1.36~3.42	海泡石	IV-18②
18	17. 临泽县穿心河石墨矿	变成型	小型	普查	未开发	Pt_2^2	1.36~3.42	海泡石	IV-18②
19	12. 天水市麦积区花庙子石墨矿	变成型	矿点	预查	未开发	Pt_1	2.55~3.68		IV-66①

2. 区域地质特征

矿区大地构造地处柴达木-华北板块-阿拉善微陆块-龙首山-雅布赖山地块-迭布斯格-阿拉善右旗陆缘岩浆弧,位于滨太平洋成矿域-华北成矿省-阿拉善成矿带-北大山-西红山成矿亚带;赋矿地层为中元古代龙首山岩群,岩性主要为石英岩、黑云斜长片麻岩、白云石大理岩、二云石英片岩、含石墨蚀变大理岩、斜长角闪岩等。矿区位于阿拉善弧形构造带的东段,构造线呈北东向,区内主要褶皱、断裂、片理、劈理及各期岩浆岩也呈北东向展布。区内岩浆岩极其发育,从晋宁期至海西期均有出露,岩性主要为辉长岩、闪长岩、花岗岩等。

3. 矿区地质特征

矿区出露地层有中元古界龙首山岩群深变质岩系和第四系全新统松散冲-洪积层及风积层(图6-4)。

矿区褶皱发育,断层不太发育。褶皱构造由两期组成,早期褶皱主要是受东西向挤压作用所形成,轴向与区域地层走向近于一致,其后又因受近南北向挤压,在矿区变成"S"形;晚期褶皱以分布在早期褶皱两侧的众多短轴倒转倾伏背斜、向斜为代表,是受后期近南北向挤压作用所形成的,轴向与区域地层走向和早期褶皱的轴向垂直或近于垂直。矿区断裂不发育,在矿区内仅发现3条小规模的平推断层,均距矿体较远,对矿体无直接影响。

矿区岩浆活动强烈,从基性—酸性、由深成—浅成均有出露,时代在晋宁期—海西期之间,以加里东期为主,岩性主要为晋宁中期变辉长辉绿岩,加里东晚期黑云斜长花岗岩、伟晶花岗岩,海西期花岗岩。脉岩主要为斜长细晶岩、石英闪长岩、伟晶岩、花岗闪长斑岩、石英脉等。

矿区以区域变质为主,热力变质次之。区域变质既涉及中元古界龙首山岩群的古老地层,也涉及晋宁中期—加里东晚期的部分岩浆岩,形成的变质岩极多。热力变质作用多发生在矿区中元古界龙首山岩群地层与其后各期岩浆的接触带上,产生多种变质岩。

4. 矿体特征

石墨矿床赋存于中元古界龙首山岩群含石墨蚀变大理岩和二云石英岩中,层控因素明显。由于受矿区中部早期褶皱An1倒转同斜背斜影响,使原属同一矿层呈对称状出露于两翼的矿带,形成了如今矿区东、西两个矿层:即以①、⑥号矿体为代表的西部矿层和以②～⑤号矿体为代表的东部矿层。

①号矿体:出露于An1倒转同斜背斜西南翼,形态呈一大"S"形,矿体控制长度2620m,出露宽度2.2～74.5m,平均厚度22.33m,斜深80～150m仍稳定延深。品位(固定碳含量)一般2.51%～14.32%,平均5.63%,矿体变化较稳定。

②号矿体:出露于An1倒转同斜背斜的东北翼北段,形态呈"V"字形,矿体控制长度840m,出露宽度4～54.6m,平均厚度9.84m。矿体品位(固定碳含量)2.64%～8.81%,平均5.21%,矿体厚度变化极大,但品位较稳定。

③号矿体:呈似层状,矿体控制长度430m,出露宽度4～6.8m,平均厚度3.42m。矿体品位(固定碳含量)2.82%～5.93%,平均5.44%。

④号矿体:呈弧形,矿体控制长度70m,出露宽度4～6.4m,平均厚度3.24m。矿体品位(固定碳含量)2.58%～5.92%,平均3.24%。

⑤号矿体:呈似层状,矿体控制长度180m,出露宽度2.7～4m,平均厚度2.00m。矿体品位(固定碳含量)4.09%～6.58%,平均5.03%。

⑥号矿体:呈层状,矿体控制长度144m,出露宽度2.0～5.0m,平均厚度3.48m。矿体平均品位(固定碳含量)4.17%。

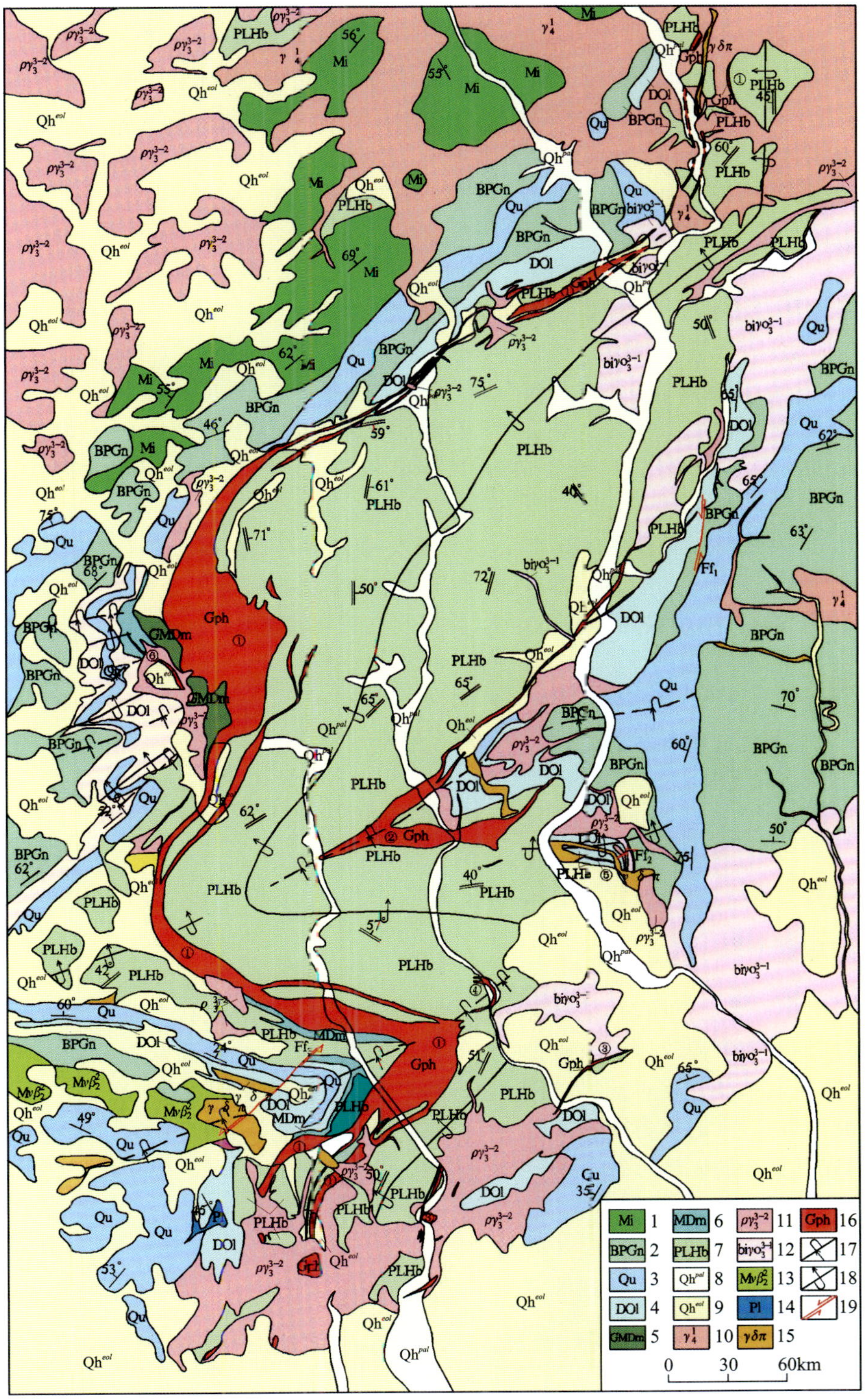

1.混合岩；2.黑云斜长片麻岩；3.石英岩；4.白云石大理岩；5.含石墨蚀变大理岩；6.蚀变大理岩；7.斜长角闪岩；8.冲-洪积层；9.风成砂层；10.花岗岩；11.伟晶花岗岩；12.黑云斜长花岗岩；13.变辉长辉绿岩；14.斜长细晶脉；15.花岗闪长斑岩；16.石墨矿体；17.倒转向斜；18.倒转背斜；19.平推断层。

图 6-4 民勤县唐家鄂博山石墨矿地质图（甘肃省地质调查院，2023）

5. 围岩蚀变

蚀变大理岩是石墨矿层的直接围岩,与矿层伴生分布,因此,推测石墨矿原岩为大理岩之类的钙质碳酸盐岩,后经晋宁期区域变质作用,使碳酸盐岩中的氧与其他物质化合或逸出,使碳成分相对富集,形成石墨矿床。碳酸盐岩化学性活泼,易发生蛇纹石化、透辉石化、绿帘石化、褐铁矿化、钾化、白云石化及透闪石化等蚀变现象,形成各种蚀变大理岩。

6. 矿石特征

蚀变大理岩矿石主要由方解石(含量为35%)、石英(含量为20%)、绿泥石+蛇纹石(含量为13%)、斜长石(含量为6.5%)、石墨(含量为8%)、钾长石(含量为4.5%)、褐铁矿(含量为3%)、透辉石+透闪石(含量为4%)、白云石(含量为3%)、石榴石(含量为1%)等矿物组成。

矿石结构为粒状变晶结构、鳞片变晶结构、交代残留结构、包含嵌晶结构、交代穿孔结构、束状变晶结构、纤维变晶结构、自形变晶结构、旋转结构、压碎结构等。矿石构造为块状构造、褶纹构造和脉状构造。

矿区95%以上为蚀变大理岩型石墨矿石,次为石英片岩型石墨矿石。矿石中石墨矿呈片状和板条状,粒径以0.104~0.351mm为主,约占80%,产出形态以叠层排列的集合体为主,还有少部分石墨呈细小包裹体存在于脉石矿物中或与褐铁矿连生(叠层间夹有褐铁矿)。

7. 资源储量

唐家鄂博山石墨矿区探获石墨(固定碳)(332)资源量 ** 万t,333 资源量 *** 万t,(334?)资源量 ** 万t,合计 *** 万t,为一大型矿床。

8. 矿床类型

该矿床类型为变质型,成矿时代为中元古代。

9. 成矿机理与模式

矿区石墨矿层严格受层位控制,呈层状—似层状产出,矿石的结构、构造及矿物组合等显示沉积特征,认为石墨矿床的碳质来源于原沉积地层中的碳质(即含碳灰岩、白云质灰岩及碳质泥岩),经区域变质作用,使其中的碳质结晶并相对富集,初步形成层状—似层状变质型石墨矿床。受后期岩浆(主要为加里东晚期各酸性岩)侵入的热力变质作用,对已形成的矿层发生一定程度的改造,并叠加后期多次褶皱构造作用,形成了如今的矿体形态。

10. 找矿模型

唐家鄂博山变质型石墨矿找矿模型见表6-4,图6-5。

表6-4 唐家鄂博山式石墨矿找矿模型表

分类		主要特征			
特征描述		矿区位于下八郎井复背斜的北翼,中元古界龙首山岩群深变质岩蚀变大理岩和二云石英片岩中。经区域变质作用,又受后期岩浆侵入时的热力变质作用影响,形成变质型石墨矿床			
矿床资源量		***万t	规模	大型	平均品位	3.10%~6.60%
地质环境	构造背景	迭布斯格-阿拉善右旗陆缘岩浆弧			
	成矿环境	下八郎井复背斜北翼			

续表 6-4

分类		主要特征
地质环境	成矿时代	中元古代
	含矿建造	基性火山岩-陆源碎屑岩-碳酸盐岩建造
	岩矿结构	粒状变晶结构、鳞片变晶结构、交代残留结构
矿床特征	矿体特征	矿区共发现大小矿体6个,长70～2620m,厚2.2～74.5m,平均厚2.00～22.33m
	矿物组合	矿石主要矿物成分为方解石(含量为35%)、石英(含量为20%)、绿泥石＋蛇纹石(含量为13%)、斜长石(含量为6.5%)、石墨(含量为8%)、钾长石(含量为4.5%)、褐铁矿(含量为3%)、透辉石＋透闪石(含量为4%)、白云石(含量为3%)、石榴石(含量为1%)等
	结构构造	结构:粒状变晶结构、鳞片变晶结构、交代残留结构、包含嵌晶结构、交代穿孔结构、束状变晶结构、纤维变晶结构、自形变晶结构、旋转结构、压碎结构等; 构造:块状构造、褶纹构造和脉状构造
	围岩蚀变	蛇纹石化、透辉石化、绿帘石化、褐铁矿化、钾化、白云石化及透闪石化等
	控矿构造	褶皱

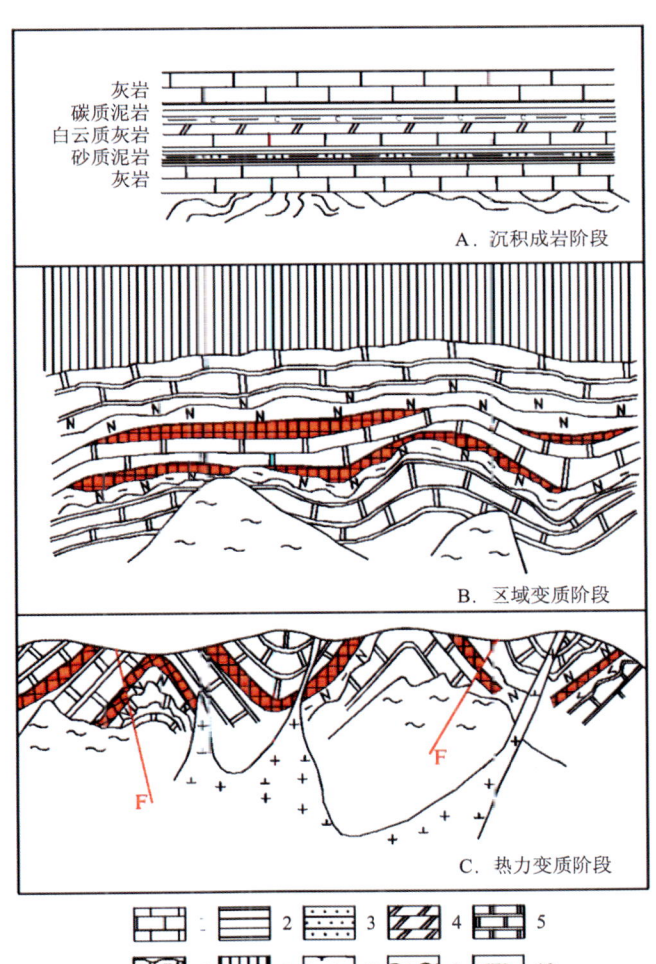

1.灰岩;2.泥岩;3.砂岩;4.白云质灰岩;5.大理岩;6.云母斜长片麻岩;7.上覆盖层;8.花岗闪长岩;9.混合岩;10.石墨矿体。

图 6-5 唐家鄂博山式变质型石墨矿成矿模式图

(二)肃北蒙古族自治县敖包山晶质石墨矿(大型)

1. 概述

矿区位于肃北蒙古族自治县城65°方位直距71km处,自酒泉市至肃北蒙古族自治县石包城乡为柏油路,行程约420km,从石包城乡向西南方向沿便道行驶约30km可达矿区,交通较为便利。

2012年5—8月,中国建筑材料工业地质勘查中心甘肃总队根据线索在肃北蒙古族自治县石包城梧桐沟进行了石墨矿地质找矿踏勘,随后又在肃北蒙古族自治县石包城沿山麓自西向东的掉石沟、金场沟、乱泉沟、锅椿沟、大白石头沟、小白石头沟、勒巴泉、水峡口等各支沟进行的地质踏勘中发现了敖包山矿点。

2016年开展了石墨矿的调查评价工作,预测资源量(334?)***万t。2016—2018年甘肃省地矿局第四地质矿产勘查院进行了普查地质工作,2019年提交了《甘肃省肃北蒙古族自治县敖包山晶质石墨普查报告》,求得石墨矿(333+334?)资源量***万t。

2. 矿区地质特征

矿区大地构造位置处于塔里木板块与柴达木-祁连板块的交会部位,属塔里木板块-塔里木盆地(克拉通)-敦煌地块-敦煌基底杂岩;位于古亚洲成矿域-塔里木成矿省-敦煌成矿带-多坝沟-玉门成矿亚带。

区内出露地层单一,主要为敦煌岩群及第四系。敦煌岩群分布于整个矿区,按岩石组合特征划分为b岩组和c岩组,其中b岩组又划分为3个岩段,其中b岩段是晶质石墨的赋矿层位(图6-6)。

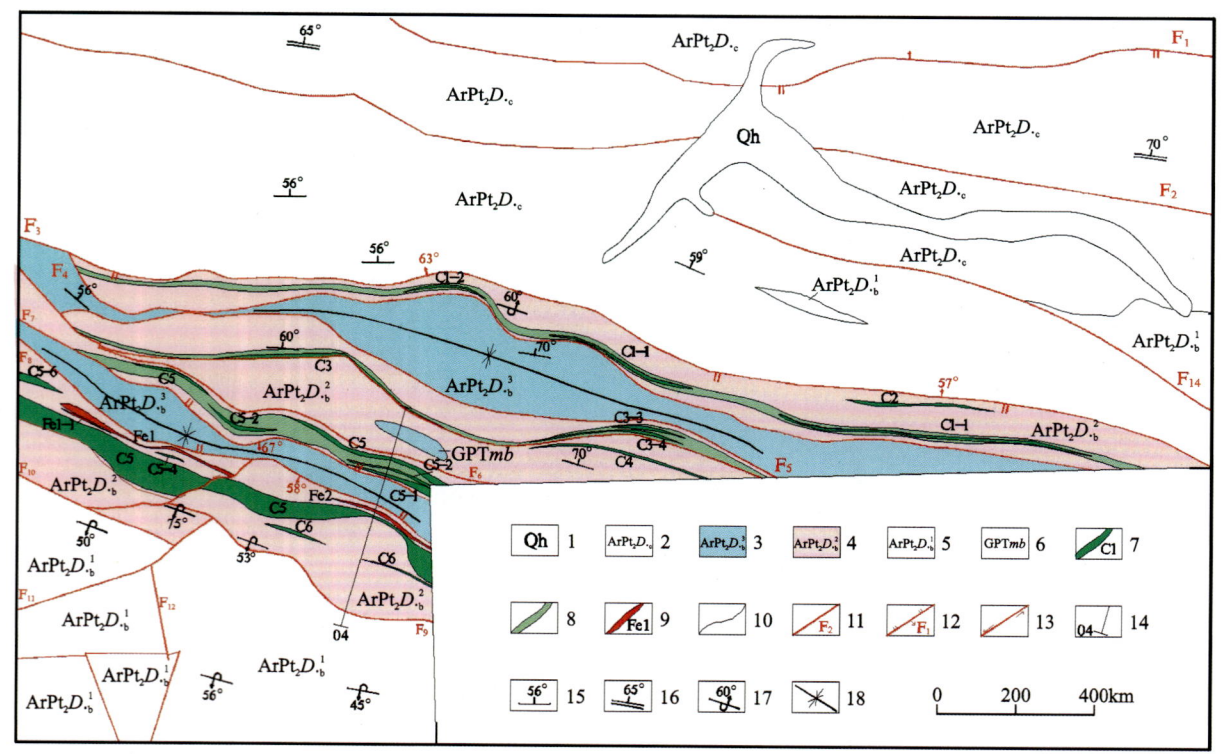

1.河床冲洪积;2.斜长片麻岩、二云石英片岩、斜长角闪岩;3.含石墨透闪石化大理岩;4.二云石英片岩、石墨白云母石英片岩、条带状黑云斜长片麻岩、含石墨透闪石化大理岩;5.斜长角闪片麻岩、黑云斜长片麻岩、透闪石化大理岩;6.含石墨透闪石化大理岩;7.石墨矿体;8.石墨矿化体;9.铁矿体;10.实测地质界线;11.性质不明断层;12.逆断层;13.平移断层;14.勘查线位置及编号;15.岩层产状;16.片理产状;17.倒转地层产状;18.向形构造。

图6-6 肃北蒙古族自治县敖包山晶质石墨矿(南部)地质略图(甘肃省地质调查院,2023)

敦煌岩群b岩组一岩段:主要出露于矿区南部,呈南东向展布,地层走向约110°,地层倒转南倾,倾角40°~60°。岩性主要为透闪石化大理岩,见少量黑云斜长片麻岩、斜长角闪片麻岩夹层。北侧与b岩组二岩段呈断层接触,地层厚378.24m。

敦煌岩群b岩组二岩段:出露于矿区南部,呈北西向-南东向条带状展布,地表岩层产状在F_1断层南侧南倾,北侧北倾。岩石组合为二云石英片岩、石墨二云石英片岩,偶见透镜状黑云斜长片麻岩,其中石墨二云石英片岩为石墨赋矿层位。该岩段与b岩组三岩段南北向交替出现,构成一复式向形褶皱,其中三岩段大理岩为核部,二岩段为褶皱翼部。二岩段南侧与一岩段断层接触,与三岩段均为南倾逆断层接触,地层厚295.71m。

敦煌岩群b岩组三岩段:在矿区南部呈北西向-南东向条带状展布,与c岩组第二岩段交替产出,构成复式向形的核部。主要出露岩性为透闪石化含石墨大理岩,为石墨矿找矿标志。与二岩段南倾逆断层接触,地层厚80.81m。

敦煌岩群c岩组:在矿区中北部大面积出露,总体呈北西向-南东向带状展布,地层倾向北或北东,倾角50°~65°。岩石组合为条带状二云片麻岩夹斜长角闪岩透镜体、条带状黑云斜长片麻岩夹石榴石斜长角闪岩薄层、二云石英片岩。与二岩段北倾逆断层接触,地层厚2 212.45m。

第四系全新统:分布于沟谷、山坡地段,由冲洪积、残坡积砂土砾石层组成。

矿区侵入岩为元古宙黑云二长花岗岩,分布于F_1断裂西段北侧一带,侵入于敦煌岩群c岩组三岩段中,呈岩株状产出,面积约0.3km²。除此之外仅见有少量石英闪长玢岩脉、花岗伟晶岩脉等分布,脉体呈东西向、北西向产出,长100~350m,宽20~60m。

矿区处于敦煌地块,距南侧阿尔金大断裂约2km,受区域大构造影响和多期次的构造变形,区内构造形式多样,构造变形强烈,褶皱、断层较为发育。

矿区的褶皱总体为两向一背的复式同斜向形构造,褶皱轴面向南倾斜,两翼同时向南倾斜,致使C5矿体南翼矿体及岩层发生了倒转,以大理岩为核部,且核部较为紧闭。

矿区内断裂构造发育,具有多期次、多方向的特征。矿区内有规模断层13条,分为3组,分别为北西向-南东向断裂、北东向-南西向断裂和北北西向断裂。北西向-南东向断裂为矿区主要断裂,该组断裂共有9条,控制了区内地层的走向及各地层间的接触关系,走向在95°~110°之间。此类断层在走向上与地层基本一致,倾向上多与地层倾角相同或小角度斜交,对矿体无破坏作用。北东向-南西向断裂规模均较小,矿区内有2条,性质多属平移断层,为一系列的次级断裂,此类断层对矿体有较强的破坏作用。北北西向断裂规模较小,性质不明,与北东向-南西向断裂构成雁列式次级小断层,在地层走向上具截切作用。

矿区出露地层主要为敦煌岩群b岩组、c岩组,地层时代老,变质程度高,以区域动力热流变质作用为主,在断裂带叠加有动力变质作用,整个敦煌岩群变质程度达低角闪岩相。矿区部分地段热液交代充填变质作用比较强烈,热液和含矿热液沿断裂破碎带活动,对其上下盘围岩进行交代,使之发生不同程度的蚀变,于强烈处形成蚀变岩石,其往往呈带状分布,主要有矽卡岩、硅化,次为碳酸盐化和绢云母化,其中矽卡岩化、硅化与铁矿、铅锌矿关系密切。

3. 矿体特征

矿区石墨矿体赋存于敦煌岩群b岩组二岩段二云石英片岩内,总体为一向形构造(图6-7)。走向上总体呈100°~120°方向展布,主矿带在矿区范围内含矿层出露长2 490m,宽500~700m。含矿岩石为二云母石英片岩,矿体顶底板与含矿岩石岩性一致,呈渐变过渡接触关系,无明显界线。地表由于地形剥蚀程度不一和受构造的影响,矿化带在走向上局部地段具有膨缩、小拐弯现象。南部C5、C6矿体受两翼南倾的倒转向形褶皱控制,矿体地表产状南倾,深部逐渐转为北倾直至转折端才重新变为南倾。铅锌、硫铁矿矿体与石墨矿体同体共生,铁矿体位于石墨矿体的上部。全矿区共圈定石墨矿体21条、铅矿体5条、锌矿体6条、铁矿体3条、硫铁矿矿体5条。

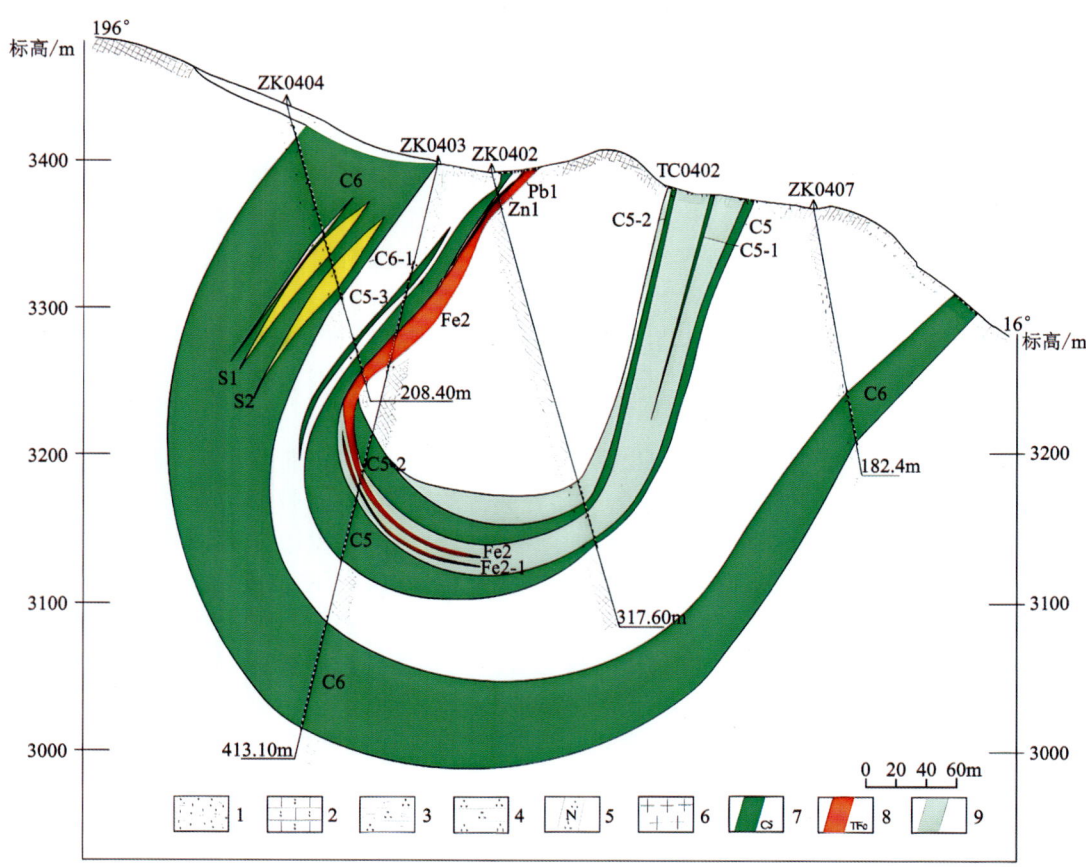

1.第四系；2.大理岩；3.二云石英片岩；4.石英岩；5.长英质岩；6.花岗岩；7.晶质石墨矿体；8.铁矿体；9.晶质石墨矿化层。

图 6-7　肃北蒙古族自治县敖包山晶质石墨矿 04 勘探线剖面简图（甘肃省地质调查院，2023）

石墨矿体共 21 条，主要特征见表 6-5。各矿体之间相互平行，矿体走向大致呈 106°，倾角 45°～70°，长 100～1490m，厚 2.00～51.11m，固定碳含量 2.46%～6.72%，矿体顶、底板围岩均为二云石英片岩。其中 C5 为主矿体，在矿区占主导地位。矿区主要矿体特征如下。

表 6-5　肃北蒙古族自治县敖包山晶质石墨矿体特征表

序号	矿体编号	长度/m	厚度/m	延深/m	固定碳平均品位/%	产状/(°)	顶、底板围岩	备注
1	C1-1	1490	5.80	180	3.82	16∠85	二云石英片岩	在 20 线断开
2	C1-2	210	6.44	50	6.31	16∠65	二云石英片岩	
3	C1-3	200	2.00	205	2.79	18∠66	二云石英片岩	隐伏矿体
4	C1-4	200	2.11	130	3.36	18∠66	二云石英片岩	隐伏矿体
5	C2	380	4.14	—	3.00	20∠80	二云石英片岩	
6	C3	600	8.26	110	3.14	25∠60	二云石英片岩	
7	C3-1	400	2.90	—	3.54	20∠55	二云石英片岩	隐伏矿体
8	C3-2	400	3.05	—	3.92	20∠55	二云石英片岩	隐伏矿体
9	C3-3	185	2.67	—	2.46	20∠55	二云石英片岩	
10	C3-4	360	4.46	—	4.23	20∠55	二云石英片岩	

续表 6-5

序号	矿体编号	长度/m	厚度/m	延深/m	固定碳平均品位/%	产状/(°)	顶、底板围岩	备注
11	C4	470	4.10	—	2.60	16∠50	二云石英片岩	
12	C5	1130	51.11	580	6.18	220∠67	二云石英片岩	南翼
12	C5	1130	8.75	580	3.63	220∠67	二云石英片岩	北翼
13	C5-1	220	5.00	150	3.35	200∠70	二云石英片岩	
14	C5-2	600	12.52	420	5.14	200∠70	二云石英片岩	
15	C5-3	100	4.69	180	6.72	200∠60	二云石英片岩	隐伏矿体
16	C5-4	110	8.83	—	5.24	200∠70	二云石英片岩	
17	C5-5	210	6.73	180	3.55	200∠70	二云石英片岩	隐伏矿体
18	C5-6	240	23.04	370	5.82	200∠70	二云石英片岩	
19	C6	450	21.03	410	5.93	200∠60	二云石英片岩	3线断开
20	C6-1	100	7.46	410	3.46	190∠60	二云石英片岩	隐伏矿体
21	C6-2	100	2.81	—	2.94	190∠60	二云石英片岩	隐伏矿体

C5矿体：总体受矿区南部两翼南倾的倒转向形褶皱控制，透闪石化大理岩为核部，包括石墨矿体在内的二云石英片岩为两翼。矿体地表由15条探槽控制，深部由16个钻孔控制。矿体长1130m，最大控制深度580m。南翼矿体单工程厚度2.66~125.88m，平均厚度51.11m，单工程固定碳品位4.55%~10.93%，平均品位6.18%。北翼单工程厚度2.70~36.72m，平均厚度8.75m，单工程品位2.26%~5.11%，平均品位3.63%。该矿体南翼地表产状196°∠45°~65°，深部矿体倒转。由地表两翼向深部核部，矿体厚度逐渐增大。南翼矿体厚度、品位均比北翼好。从矿体走向上来看，南翼矿体地表出露厚度由西向东逐渐减小，固定碳含量较为均匀，变化不明显；北翼矿体厚度较南翼小，固定碳含量不均匀。两翼地层、赋矿岩石均相互对应，顶、底板围岩均为二云石英片岩(局部地段为白云母石英片岩)。

C5-1矿体：位于C5矿体北翼的上部，与C5矿体位于同一含矿层内。主要由2条探槽控制，矿体长220m，厚5.00m，控制斜深150m，固定碳品位3.35%，矿体产状200°∠70°，顶、底板围岩均为二云石英片岩。

C5-2矿体：位于C5矿体北翼的上部，与C5矿体位于同一含矿层内。地表主要由2条探槽控制，深部主要由2个钻孔控制。矿体长600m(地表中间在0勘探线断开)，厚12.52m，控制斜深420m，固定碳品位5.14%，矿体产状200°∠70°，顶、底板围岩均为二云石英片岩。

C5-3矿体：盲矿体，位于C5矿体南翼的上部，与C5矿体位于同一含矿层内。深部主要由2个钻孔控制。矿体长100m，厚4.69m，控制斜深180m，固定碳品位6.72%，矿体产状200°∠60°，顶、底板围岩均为二云石英片岩。

C5-4矿体：位于C5矿体北翼的上部，与C5矿体位于同一含矿层内。主要由1条探槽控制，矿体长110m，厚8.83m，晶质石墨品位5.24%，矿体产状200°∠70°，顶、底板围岩均为二云石英片岩。

C5-5矿体：盲矿体，位于C5矿体北翼的上部，与C5矿体位于同一含矿层内。深部主要由2个钻孔控制。矿体长210m，厚6.73m，控制斜深180m，固定碳品位3.55%，矿体产状200°∠70°，顶、底板围岩均为二云石英片岩。

C1-1矿体：该矿体地表由9条槽探控制，深部由6个钻孔控制。矿体断续长1490m，矿化不均匀，走向上不连续，在20勘探线处断开约140m，西段长440m，东段长910m。单工程矿体厚度2.00~14.93m，由西向东逐渐增厚，平均厚度5.80m，最大控制斜深180m。单工程固定碳品位2.36%~5.65%，西侧品位略高于东侧,矿体平均品位3.82%。矿体产状20°∠66°~72°,顶、底板围岩均为二云石英片岩。

C2矿体:地表由5个探槽控制,矿体长380m,矿体厚4.14m,固定碳品位3.00%,产状20°∠50°。矿石类型为白云母石英片岩型鳞片石墨矿体,顶、底板围岩均为白云母石英片岩。

C6矿体:位于C5矿体下部层位,与C5矿体同受倒转向形褶皱控制,在褶皱两翼均有发育,南翼编号为C6,北翼编号为C3。C6矿体地表由4条探槽控制,深部由7个钻探工程控制。断续出露总长450m,矿体厚21.03m,最大控制斜深410m,固定碳品位5.93%。该矿体总体自东向西逐渐向下倾伏,厚度也自东向西逐渐变小。矿体产状200°∠60°。

C3矿体:地表由5条探槽控制,深部由3个钻孔控制。矿体长600m,厚度8.26m,最大控制矿体斜深210m。固定碳品位3.14%,产状22°∠60°。矿石类型为白云母石英片岩型,顶板围岩为白云母石英片岩,底板围岩被石英闪长玢岩侵入。

铅、锌矿体均赋存在石墨白云母石英片岩中,与石墨矿同体共生。铅矿体共有5条、锌矿体共有6条(表6-6),铅、锌矿体均由单工程控制,走向上不连续,为区域变质热液交代叠加所形成。铅锌矿石具有显微—细粒柱粒状镶嵌变晶结构、他形粒状结构。方铅矿呈他形粒状不规则集合体沿后期裂隙不均匀填充,不规则状致密镶嵌集合体大小为0.08~0.4mm,为后期生成。

表6-6 肃北蒙古族自治县敖包山铅、锌矿体特征一览表

矿体编号	矿体长度/m	平均厚度/m	矿体延深/m	Pb/Zn平均品位/%	见矿工程
Pb1	100	1.16	100	1.85	TC0404
Pb2	200	2.22	110	1.29	ZK0704
Pb3	200	1.60	220	0.84	ZK0303
Pb4	200	2.33	90	0.78	ZK0303
Pb5	200	2.23	60	0.34	ZK0303
Zn1	100	1.48	100	0.64	TC0704E
Zn2	200	1.04	160	0.60	ZK0704
Zn3	200	1.04	160	0.86	ZK0704
Zn4	200	1.78	60	0.66	ZK0704
Zn5	200	3.27	220	0.72	ZK0303
Zn6	200	2.09	80	0.71	ZK0303

铁矿体赋存于敦煌岩群b岩组二岩段中,位于C5矿体上盘,为矽卡岩型(区域变质热液交代叠加形成)铁矿石。铁矿体共5条,矿体长100~475m,单工程厚度1.49~22.77m,单工程TFe品位25.52%~33.97%,顶、底板围岩均为二云石英片岩,矿石自然类型均为片岩型磁铁矿体。矿体主要特征见表6-7。

表6-7 肃北蒙古族自治县敖包山铁矿体特征一览表

矿体编号	矿体长度/m	平均厚度/m	矿体延深/m	TFe平均品位/%	见矿工程
Fe1	475	7.31	510	29.63	TC1104、TC0704E、TC0304
Fe1-1	140	2.20	100	29.61	TC1104
Fe1-2	120	3.70	200	28.07	TC0404、ZK0303
Fe2	375	5.65	350	28.31	ZK0402、ZK0403、ZK0404、TC0404
Fe2-1	100	1.49	130	29.11	ZK0403

硫铁矿赋存于含石墨二云石英片岩中,与石墨矿体同体共生,为石墨矿体中局部黄铁矿大量富集形成。硫铁矿体共5条,矿体均由单工程(钻孔)控制,矿石矿物主要为黄铁矿、磁黄铁矿,其中黄铁矿含量一般在5%~12%之间,呈他形—半自形粒状,粒径0.08~6mm。矿体主要特征见表6-8。

表6-8 敖包山矿区铅、锌矿体特征一览表

矿体编号	矿体长度/m	矿体厚度/m	矿体延深/m	FeS₂平均品位/%	见矿工程
S1	800	4.46	100	11.89	ZK0704
S2	800	2.23	100	10.27	ZK0704
S3	200	1.48	100	13.74	ZK0704
S4	200	1.44	100	8.92	ZK0303
S5	200	8.17	100	10.25	ZK0303

4. 矿石特征

石墨矿石结构主要有鳞片粒状变晶结构、包含结构、自形—半自形结构和他形粒状结构4种。其中鳞片粒状变晶结构是矿石的主要结构,矿石中脉石矿物主要有石英、白云母、长石和黑云母等,石墨与上述脉石矿物具定向排列趋势,其中石英呈他形粒状。包含结构:矿石中可见石墨包裹脉石矿物。自形—半自形结构:矿石中石墨等矿物结晶较好,晶形较为完整。他形粒状结构:黄铁矿、石墨等矿物晶形较差,呈他形粒状。矿石构造主要见片状构造和稀疏浸染状构造,以片状构造为主。片状构造:矿石主要由片状的石墨、白云母和拉长的石英等组成,片状矿物均具有定向排列趋势。浸染状构造:矿石中局部见有较多黄铁矿和部分石墨等矿物呈浸染状分布。

石墨矿石中矿石矿物主要有石墨(含量为7%)和黄铁矿(含量为2%),脉石矿物主要有石英(含量为61%)、斜长石(含量为12%)、钾长石(含量为10%)、白云母(含量为3%)、黑云母(含量为3%)及少量角闪石和磁铁矿等。

矿石中有益组分为固定碳,含量在2.46%~6.72%之间,固定碳平均含量5.62%,品位变化系数23.98%~48.36%,属稳定—较稳定;其余元素均达不到综合利用的指标要求。有害组分主要为硫,该元素在03、04、07勘探线钻孔中标高一般在3238~3450m之间,硫含量一般在5%~20%之间,部分地段可以圈定为硫铁矿矿体,其余地段硫含量较低或不含硫。对于石墨选矿而言,大量的黄铁矿出现,部分与晶质石墨紧密共生,影响了单体解离难度,对石墨选矿有一定的影响。

分析160余组光片鉴定结果,石墨片径大于50目(0.297mm)的占5%,50目~80目(0.177mm)的占20%,80目~100目(0.147mm)的占38%,小于100目的占37%,矿石质量较好。

石墨矿石自然类型仅有二云石英片岩型1种,具鳞片粒状变晶结构,片状构造,固定碳含量一般在3%~10%之间。矿石工业类型为鳞片石墨,通过选矿试验分析,本矿区石墨为高碳石墨范畴(94%≤C<99.9%),主要可用于润滑剂基料、涂料、电刷原料及电炭制品等。

5. 资源储量

矿区共估算求得石墨矿(333+334?)矿物量***万t,固定碳平均品位5.62%。其中(333)矿物量***万t,(334?)矿物量***万t。

求得共生矿产铅矿(334?)金属量****t,平均品位0.96%;锌矿(334?)金属量****t,平均品位0.72%;硫铁矿(334?)矿石量***万t,平均品位10.88%;铁矿(334?)矿石量***万t,平均品位29.37%。

6. 矿床类型

矿区石墨赋存于敦煌岩群,赋矿岩石以石墨二云石英片岩为主,矿体的顶、底板与赋矿岩石岩性一

致,是一套典型的变质沉积岩组合含矿建造。石墨呈显微鳞片—鳞片状分布于脉石矿物颗粒之间,说明碳质与地层岩石同时沉积富集成矿源层。沉积成岩后,在区域变质作用过程中,碳质成分进一步富集,随着温度、压力等条件的改变,经过变质变晶,聚集形成晶质石墨。混合岩化的广泛发育又不太强烈,使石墨重结晶形成的鳞片相对较大,提高了工业价值。综上所述,敖包山晶质石墨矿矿床成因类型属变质型矿床,成矿时代为古元古代。

(三)瓜州县大水峡北晶质石墨矿(大型)

1. 概述

矿区位于瓜州县锁阳城镇东巴兔村北西大水峡一带,行政区划隶属甘肃省瓜州县。自酒泉市至瓜州县锁阳城镇东巴兔村有G30高速、G312国道和简易柏油路,行程约420km,自东巴兔村沿便道行驶约10km可达勘查区中心位置,交通便利。

1988—1990年,甘肃省地质矿产开发局酒泉地质矿产调查队开展了甘肃省肃北蒙古族自治县掉石沟铅锌矿普查,通过地质草测、槽探、钻探等工作手段,共圈出铅锌矿体43条,并发现共生晶质石墨矿赋存于石墨斜长变粒岩中,具体规模未圈定。

2016年6月—2019年5月,甘肃省地质矿产开发局第四地质矿产勘查院组织专业技术人员,对阿尔金东段东巴兔矿集区进行调查研究,通过区域赋矿地层、含矿岩石的对比分析,认为该区晶质石墨资源潜力较好。

2019年8月—2022年12月,甘肃省地质矿产开发局第四地质矿产勘查院开展了"甘肃省瓜州县大水峡北晶质石墨矿普查"项目,估算了资源量,提交了普查报告。

2. 矿区地质特征

矿区大地构造位置处于塔里木板块与柴达木-祁连板块的交会部位,属塔里木板块-塔里木盆地(克拉通)-敦煌地块-敦煌基底杂岩;位于古亚洲成矿域-塔里木成矿省-敦煌成矿带-多坝沟-玉门成矿亚带。

勘查区大地构造位置属秦祁昆造山系、北祁连弧盆系、走廊弧后盆地。勘查区出露地层主要为敦煌岩群和第四系。敦煌岩群按岩石组合可划分为b岩组、c岩组,各岩组呈断层接触。其中b岩组又划分为3个岩段,勘查区3个岩段均有出露,其中二岩段是晶质石墨的赋矿层位,岩石组合为二云石英片岩、含石墨二云石英片岩、含石墨大理岩及斜长角闪岩。勘查区构造极为发育,断层多为逆冲断层及平移断层,对区内矿层具挤压作用。区内划定F_1、F_2、F_3共计3条断层,其中F_1、F_3断层控制了矿层的展布,断层性质为南倾的逆断层。勘查区岩浆岩不发育,仅有少量花岗伟晶岩脉呈东西向、北西向产出。勘查区内围岩蚀变主要有褐铁矿化、绿泥石化、高岭土化等(图6-8)。

3. 矿体特征

据矿体空间分布特征将勘查区划分为C1、C2两个矿层,共圈定晶质石墨矿体15条。其中主矿体为C1-1、C1-2、C1-3、C2-2、C2-3,最大控制斜深330m,顶、底板围岩均为二云石英片岩。各矿体特征见表6-9。

4. 矿石特征

主要矿石矿物有晶质石墨,脉石矿物有斜长石、角闪石、黑云母等。矿石结构主要为鳞片粒状变晶结构;矿石构造主要为片状构造、稀疏浸染状构造。晶质石墨矿矿石片径总体大于100目(0.147mm)者占79.13%,片径小于100目的占20.87%,矿石品级较好。矿石中有用组分主要为固定碳,平均含量3.71%,有益组分除固定碳外,其余元素均达不到综合利用指标要求。有害组分主要为硫,深部原生矿

第六章 甘肃省晶质石墨资源潜力分析

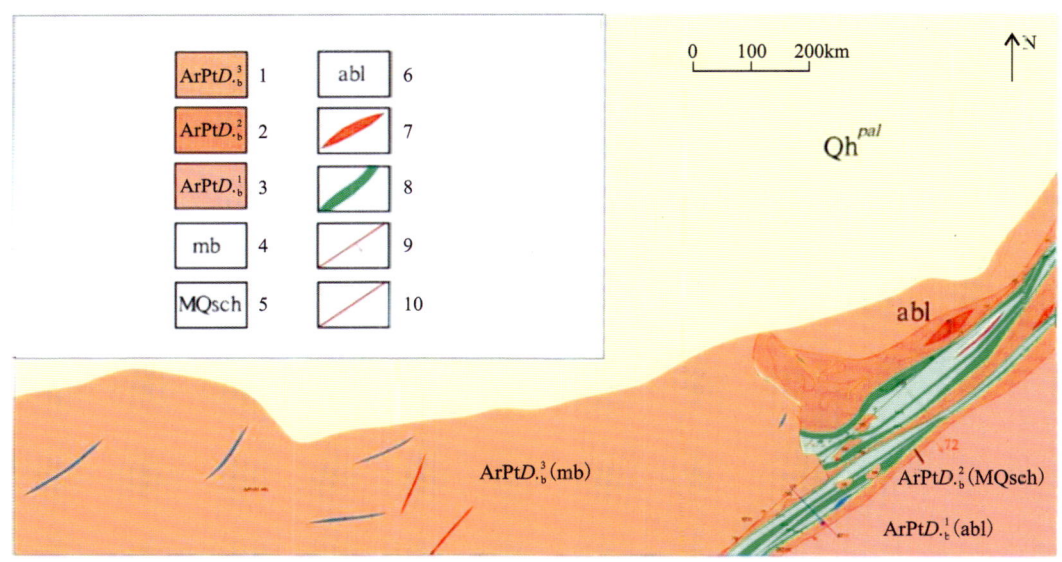

1.敦煌岩群 b 岩组三岩段；2.敦煌岩群 b 岩组二岩段；3.敦煌岩群 b 岩组一岩段；4.大理岩；5.二云石英片岩；6.斜长角闪片岩；7.花岗伟晶岩脉；8.晶质石墨矿体；9.逆断层；10.性质不明断层。

图 6-8 大水峡北晶质石墨矿区示意图（甘肃省地质矿产勘查开发局第四地质矿产勘查院，2023）

中硫含量最高可达 6.90%，对晶质石墨选矿有一定的影响。矿石自然类型较单一，为二云石英片岩型，工业类型为晶质石墨（大鳞片状石墨）。

5. 资源储量

截至 2023 年 8 月 31 日，大水峡北矿区求得石墨矿估算推断资源量：矿石量 **** 万 t，矿物量 *** 万 t，固定碳平均品位 3.71%。尚难利用矿产资源：矿石量 ** 万 t，矿物量 *** 万 t，固定碳平均品位 2.12%。

6. 矿床类型

矿床成因属滨海相的含碳碳酸盐沉积岩在区域变质作用下，碳元素结晶形成石墨，经后期接触热变质作用，石墨在重结晶作用下鳞片进一步增大形成的含石墨矿床，属变质型矿床。成矿时代为古元古代。

（四）甘肃省阿克塞哈萨克族自治县豺狼沟晶质石墨矿（大型）

1. 概述

矿区位于阿克塞哈萨克族自治县 260°方位，直距 89km 处，属阿克塞哈萨克族自治县阿克旗乡管辖，交通便利。

2019—2023 年，甘肃省地质调查院在甘肃省地质勘查基金的支持下开展了甘肃省阿克塞哈萨克族自治县豺狼沟晶质石墨矿普查工作，初步查明了晶质石墨矿体（层）的空间分布、规模、产状、固定碳含量及其变化，夹石分布及影响、破坏矿体（层）的因素等特征。

甘肃省阿克塞哈萨克族自治县豺狼沟晶质石墨矿提交推断晶质石墨矿物资源量 *** 万 t。

2. 矿区地质特征

（1）成矿单元。矿区大地构造地处苦里木板块-敦煌地块-敦煌基底杂岩。成矿带属塔里木成矿省-敦煌地块成矿带-阿克塞-好不拉 Pb-Zn-Cu-Fe-硫铁矿-白云母成矿亚带-豺狼沟-碱沟大鳞片晶质石墨、石榴石、白云母成矿区。

（2）地层。矿区出露地层主要为敦煌岩群 b 岩组、c 岩组（图 6-9）。

表6-9 矿体基本特征一览表

矿体编号	赋存范围		规模/m			倾向/(°)∠倾角/(°)	矿体形态	厚度两极值/m	厚度变化系数/%	品位平均值/%	品位变化系数/%	控制工程数量/个
	探线区间	标高区间/m	走向长	斜深								
C1-1	07-20	1528~1232	1650	90~330		143∠67	层状	2.69~46.64	68.79	3.33	28.02	10
C1-2	07-20	1551~1177	1600	60~330		139∠57	层状	2.45~25.44	64.08	3.42	25.26	11
C1-3	07-20	1547~1308	1600	70~190		138∠57	层状	3.28~49.24	69.20	3.22	46.25	9
C1-4	07	1380~1158	200	180		—	透镜状	2.80~16.57	—	2.77	19.56	2
C2-1	23-16	1569~1217	2100	100~300		143∠70	层状	2.37~13.57	63.92	3.71	28.67	10
C2-2	23-04	1580~1320	1500	160~190		145∠70	层状	5.25~57.19	68.56	4.03	21.27	8
C2-3	23-16	1572~1242	2000	80~220		141∠74	层状	2.33~37.69	67.88	4.33	33.30	11
C2-4	23-07	1576~1472	900	30~40		144∠69	似层状	3.16~11.65	43.23	3.92	27.52	5
C2-5	21-15	1484~1287	550	50~150		144∠69	似层状	2.84~12.81	—	3.40	35.63	2
C2-6	15	1431~1494	200	—		—	透镜状	3.42	—	3.12	—	1
C2-8	15	1391~1296	200	—		—	透镜状	2.00	—	2.91	—	1
C2-9	15	1359~1264	200	—		—	透镜状	2.63	—	3.24	—	1
C2-10	15	1300~1205	200	—		—	透镜状	7.23	—	3.16	—	1
C3	09	1512~1462	100	—		219∠55	透镜状	7.76	—	4.95	—	1
C5	03	1506~1456	60	—		139∠55	透镜状	3.92	—	2.61	—	1

注：①厚度省单工程厚度；②品位区间为单工程品位的最小值和最大值；③平均品位为矿体的金属量（氧化物量等）与矿石量之比；④品位变化系数用圈入矿体的所有单品位计算；⑤控制工程数量为控制矿体（包括参与矿体圈定的未见矿工程，不包括超过推断资源量勘查工程间距的工程）的取样工程的数量。

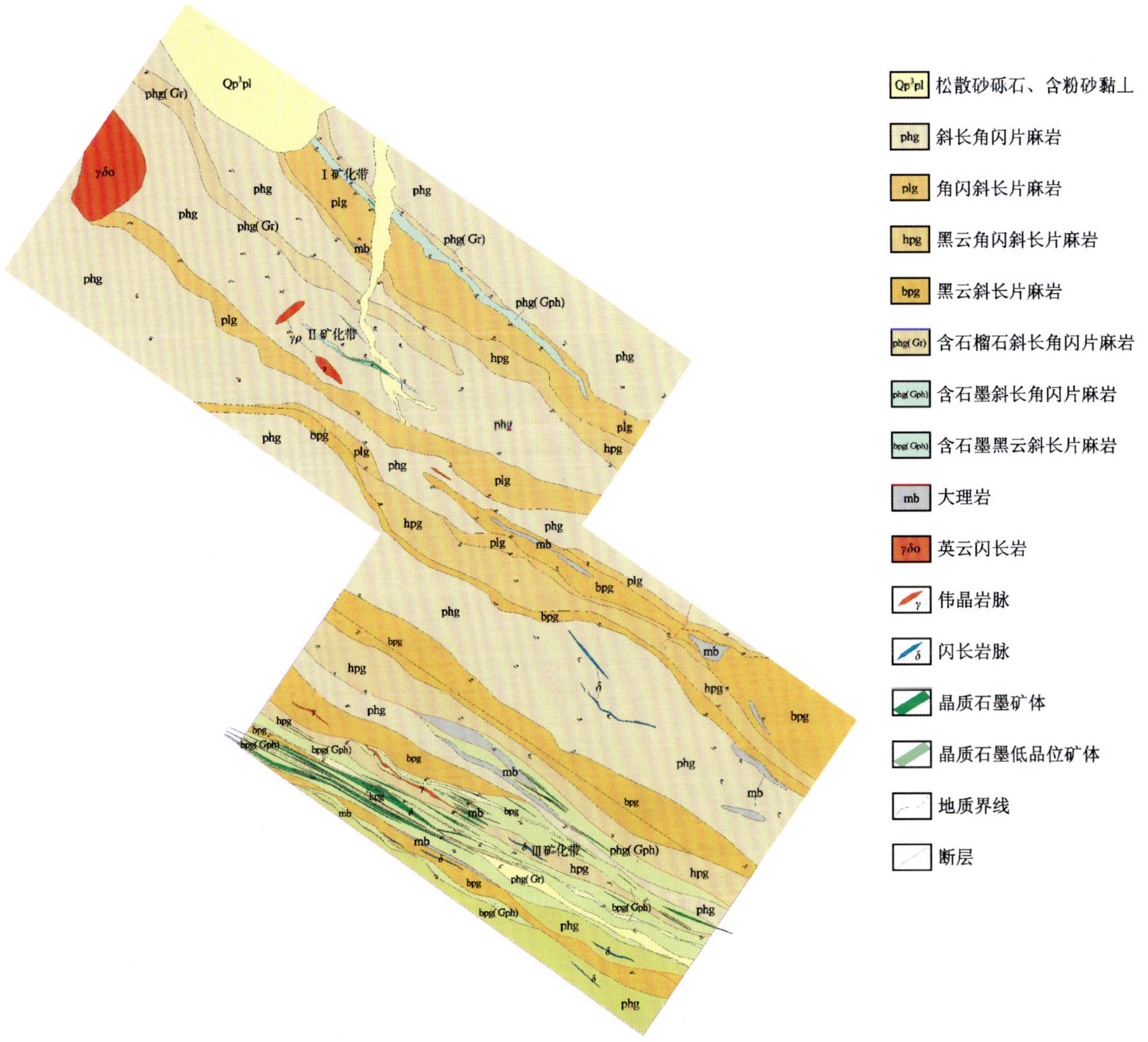

图 6-9 豺狼沟晶质石墨矿地质图

敦煌岩群 b 岩组：地层呈北西向条带状展布，受柳城子背斜影响地层不同程度的褶皱变形。主要岩性为条带状黑云斜长角闪片麻岩、含石墨斜长角闪片麻岩、含石墨辉石斜长角闪片麻岩、斜长角闪岩、条带状黑云斜长片麻岩、含石榴石角闪斜长片麻岩、含石榴石斜长角闪岩，夹少量含透辉石大理岩等。

敦煌岩群 c 岩组：地层呈北西向条带状展布，地层产状 310°∠65°。主要岩性为含黑云斜长角闪片麻岩、斜长角闪岩、斜长角闪片麻岩、角闪斜长片麻岩、含石墨角闪斜长片麻岩、褐铁矿化含石墨斜长角闪片麻岩、含石榴石斜长角闪片麻岩、含石墨斜长角闪片麻岩、白云母大理岩、石英岩等。

（3）构造。豺狼沟晶质石墨矿区域上主要受北西向褶皱构造影响，受北西向压扭断裂影响次之，北东向褶皱对矿体产状影响较大。根据褶皱形态及规模大小，区内褶皱以北西向为主，划分为两级：一级褶皱为横贯整个矿区北西向、规模最大的褶皱；二级褶皱为发育在一级褶皱两翼和转折端的次级褶皱，走向北西，主要为豺狼沟复式背斜，Ⅰ、Ⅱ矿带位于豺狼沟背斜的北翼，倾向北东，Ⅲ矿带位于豺狼沟背斜的南翼，倾向南东；北东向褶皱主要叠加在北西向二级褶皱之上，与之构成叠加褶皱，造成矿体向南、向北陡倾，给钻探工作带来困难，具体施工中，物探激电异常，对矿体产状具有指导意义。

①北西向一级褶皱。豺狼沟晶质石墨矿区主要受轴向北西的一级褶皱构造影响，以柳城子背斜和青石沟向斜为主。

柳城子背斜：背斜轴长约 23km，走向 285°，略呈向南突出的弧形，背斜北西向倾伏。背斜由敦煌岩群组成，蛇纹石化大理岩为背斜核部，背斜两翼地层倾角 60°左右。豺狼沟晶质石墨矿、碱沟晶质石墨矿分别位于此背斜的南北两翼。

青石沟向斜：向斜轴长约 30km，走向 60°，略呈向南西凸出的弧形。构成向斜的地层为敦煌岩群，向斜核部为条带状混合岩，向斜两翼地层倾角北翼较陡，南翼较缓。

②北西向二级褶皱。轴向与一级褶皱基本一致，以北西向为主，主要发育在柳城子背斜的南翼及转折端，褶皱规模大致相等，类型相同，倾角 80°左右，枢纽呈北西向倾伏，该类褶皱及转折端均呈有规则的多谷型（即 W 型），褶皱形态特征如下。

大龙沟背斜：长约 12km，宽约 2.6km。北翼产状，倾向 35°～67°，倾角 43°～78°；南翼产状，倾向 190°～220°，倾角 55°～73°。大龙沟晶质石墨矿位于背斜北翼。

梧桐沟向斜：长约 16km，宽约 1.5km。北翼产状，倾向 46°～72°，倾角 60°～78°；南翼产状，倾向 190°～220°，倾角 60°～78°。

豺狼沟复式背斜：长约 17km，宽约 4.1km。北翼产状，倾向 33°～70°，倾角 35°～83°；南翼产状，倾向 190°～220°，倾角 55°～76°。豺狼沟晶质石墨矿主要受该背斜控制。Ⅰ、Ⅱ晶质石墨矿带位于该背斜北翼，受北西向压扭性断裂控制；Ⅲ晶质石墨矿带位于该背斜南翼。

③北东向褶皱。该类褶皱叠加于北西向二级褶皱之上，轴向北东，与二级褶皱构成叠加褶皱。该类褶皱对矿体影响较大，造成矿体呈北东向、北西向陡倾。

3. 矿体特征

矿区内发现 3 个晶质石墨矿带，共有 29 条晶质石墨工业矿体，主要特征如下。

Ⅰ矿带：长约 3021m，宽 4～67m；赋矿岩性为含石墨斜长角闪片麻岩。圈定晶质石墨矿体 1 条，规模较小。

Ⅱ矿带：长 310～1085m，宽 2～46m，赋矿岩性为含石墨斜长角闪片麻岩。圈定晶质石墨矿体 3 条，矿体长 150～510m，平均厚 4.35～7.05m，固定碳平均含量 2.59%～5.04%。

Ⅲ矿带：长 1012～4022m，宽 20～255m，赋矿岩性为含石墨黑云斜长片麻岩。圈定 CgⅢ-1～CgⅢ-27 矿体，矿体长 150～1580m，厚 2～29.32m，矿体品位 2.50%～7.56%，平均品位 3.23%。

4. 矿石特征

中国地质科学院郑州矿产综合利用研究所选矿试验、矿石类比研究发现:"豹狼沟晶质石墨矿是目前我国乃至亚洲品质最好的大鳞片晶质石墨矿"。矿石具有鳞片片度大、厚度厚、平整度好的特征。

矿石中石墨鳞片片度大多在 0.147~0.8mm 之间,最大的可达 2.8mm,平均值 0.375mm。通过中国地质科学院郑州矿产综合利用研究所选矿试验,获得精矿固定碳含量 97.20%,回收率 97.61%,其中,特大鳞片石墨+32 目占比约 23.70%、大鳞片石墨+50 目占比约 48.32%、中细鳞片石墨+100 目占比约 27.88%。石墨鳞片厚度 16~88μm,平均 37μm。

5. 资源储量

通过 3 个阶段的勘查工作,豹狼沟晶质石墨矿累计提交推断晶质石墨矿物资源量 *** 万 t,达到大型规模。

2019 年度提交推断晶质石墨矿物资源量 ** 万 t;2021 年度提交推断晶质石墨矿物资源量 ** 万 t;2023 年度提交推断晶质石墨矿物资源量 ** 万 t。

6. 矿床类型

矿区石墨主要赋存在敦煌岩群以片麻岩为主的变质岩系中。矿石原岩岩性组合为含碳质泥质粉砂岩、含碳质页岩、含碳质碳酸盐岩等,部分岩性铁含量较高,由于后期受热液活动影响,有以钾化、硅化为主的混合岩化作用,致使石墨晶片随脉石矿物颗粒增大而增大,并进一步聚集,形成以片麻岩型晶质石墨矿床为主的石墨矿体。矿区石墨矿床为区域变质型矿床。

(五)肃北蒙古族自治县红柳峡晶质石墨矿(大型)

1. 概述

勘查区位于肃北蒙古族自治县南东约 49km 的红柳峡一带,行政区划隶属甘肃省肃北蒙古族自治县党城湾镇。自酒泉市经瓜州县、敦煌市、肃北蒙古族自治县到勘查区均为柏油路,行程约 550km,此外自酒泉市经瓜州县、石包城到勘查区均为柏油路,交通较为便利。

2017 年中国建筑材料工业地质勘查中心甘肃总队在白台沟地区发现了石墨矿,提交预测(矿物)资源量(334?)112.00 万 t。2017—2019 年甘肃省地质矿产勘查开发局第四地质矿产勘查院对该矿进行了普查工作。

2. 矿区地质特征

勘查区地处柴达木-祁连板块与敦煌地块的交接部位。区域出露地层属敦煌地层分区,主要为太古宇—古元古界敦煌岩群和第四系;阿尔金断裂以南属北祁连地层分区,出露地层主要为长城系、石炭系、白垩系、新近系和第四系。区域岩浆岩不发育,侵入岩主要有吕梁期黑云二长花岗岩和加里东期花岗岩,均为酸性岩。喷出岩主要见于长城系熬油沟组下岩段,为一套基性—中酸性火山岩。另外,敦煌岩群变质岩中的片麻岩、斜长角闪岩的原岩可能为中基性—基性火山岩。脉岩主要见于敦煌岩群中,发育有花岗伟晶岩脉、斜长花岗伟晶岩脉,另有少量的辉绿玢岩脉、闪长玢岩脉和石英脉。区域褶皱构造主要呈东西向展布,其次南北向小褶皱也有发育,叠加于东西向褶皱上。区域上东西向褶皱主要有红柳峡向形构造、干沟向形构造、金场沟向形、小敖包沟-西东沟向形和堆若格特复向形;南北向褶皱主要有大敖包沟复向形。区域断裂构造主要有北东东向、北西西向、北北西向 3 组,局部见东西向构造。北东东向断裂即阿尔金大断裂,控制了区域上的构造轮廓。北西西向断裂为区内最发育的一组断裂构造,也是主要的控矿构造,具有等间距分布的特征,间距约 2km,属压扭性构造面。北北西向及东西向断裂极不发育,规模较小。区域上发现的矿产主要有掉石沟铅锌(石墨)矿、小敖包沟铅锌铁(石墨)矿、红柳沟铁矿、土达坂铅锌矿及敖包山晶质石墨矿等。

勘查区出露的地层较为简单,主要为太古宇—古元古界敦煌岩群及沿沟谷分布的少量第四系。敦煌岩群出露地层几乎覆盖整个勘查区,根据岩石组合划分为 a 岩组、b 岩组及 c 岩组。其中 b 岩组二岩段大面积出露于勘查区中部,呈近东西向条带状展布,为勘查区主要含矿地层,岩石组合为二云石英片岩、含石墨大理岩、石墨二云石英片岩、斜长角闪岩及混合岩化花岗岩脉。区域上及勘查区内岩性叠置关系具有规律性,顶板为含石墨大理岩,中部为二云石英片岩夹石墨二云石英片岩,底板为斜长角闪岩。混合岩化花岗岩脉呈透镜状分布于二云石英片岩及矿层中。勘查区内的断裂可分为两组:一组为近东西向—北西向断裂,该组断裂控制了勘查区内地层的走向及岩段的划分;另一组为近南北向平移断层,该组断裂切断了地层在走向上的延深,使其出现错位、错失的现象。勘查区内主要断裂有 F_1、F_2、F_4、F_6。经标本物性测量、激电中梯剖面、激电测深工作,通过探槽和钻探验证,勘查区内石墨矿化体极化率值较高,而电阻率值较低,显示出"低阻高极化"特征;大理岩、二云石英片岩、石英脉以及斜长角闪岩等围岩极化率值较低,电阻率值较高,显示出"高阻低极化"特征。激电异常和矿化体对应较好,指导晶质石墨找矿效果较好。

3. 矿体特征

勘查区共圈定晶质石墨矿体 68 条,其中北矿带 18 条、南矿带 50 条,C3、C10、C14 为区内主矿层。C3 矿层内包括 2 条矿体,C3-1 为主矿体;C10 矿层内包括 3 条矿体,C10-1 为主矿体;C14 矿层内包括 4 条矿体,C14-1 为主矿体。区内矿体形态变化较大,呈层状、似层状、透镜状,长 56~5068m,厚 2.01~11.84m,固定碳品位 2.03%~14.44%。各矿体特征见表 6-10。

表 6-10　勘查区矿体特征一览表

序号	矿体编号	矿体规模/m			平均品位/%	矿体产状/(°)		矿体形态	分布	备注
		长度	斜深	厚度		倾向	倾角			
1	C1-1	1560	100	5.45	5.67	3	69	层状	北矿带 27-0 线	
2	C1-2	105	35	2.01	14.44	0	69	透镜状	北矿带 8 线	
3	C1-3	100	25	2.19	5.49	1	67	透镜状	北矿带 3 线	
4	C1-4	87	22	2.28	5.65	1	67	透镜状	北矿带 03 线	
5	C2-1	85	32	2.51	3.97	352	75	透镜状	北矿带 19 线	
6	C2-2	745	100	3.46	5.56	11	63	似层状	北矿带 11-00 线	
7	C2-3	115	42	4.98	3.51	357	61	透镜状	北矿带 08 线	
8	C3-1	1809	162	3.08	6.47	7	69	层状	北矿带 27-06 线	
9	C3-2	86	22	2.50	11.09	6	45	透镜状	北矿带 03 线	
10	C4	100	25	2.3	2.13	10	85	透镜状	北矿带 23 线	
11	C5-1	630	100	4.81	6.12	185	75	似层状	南矿带 63-51 线	
12	C5-2	110	28	4.00	9.55	181	78	透镜状	南矿带 23 线	
13	C6	325	210	4.61	3.27	182	66	透镜状	南矿带 27-23 线	
14	C7-1	1339	207	7.16	3.27	181	65	层状	南矿带 47-23 线	
15	C7-2	85	65	3.80	2.29	180	65	透镜状	南矿带 23 线	
16	C8-1	526	215	4.15	3.86	186	66	层状	南矿带 00-08 线	

续表 6-10

序号	矿体编号	矿体规模/m			平均品位/%	矿体产状/(°)		矿体形态	分布	备注
		长度	斜深	厚度		倾向	倾角			
17	C8-2	100	105	2.76	2.26	204	61	透镜状	南矿带 24 线	隐伏
18	C8-3	100	153	3.29	5.41	186	66	透镜状	南矿带 08 线	隐伏
19	C9-1	1950	150	3.87	2.70	183	68	层状	南矿带 55-19 线	
20	C9-2	112	84	3.46	3.22	182	56	透镜状	南矿带 07 线	
21	C9-3	1597	204	6.42	4.10	188	68	层状	南矿带 08-28 线	
22	C9-4	403	133	3.23	2.43	204	64	透镜状	南矿带 20-24 线	
23	C9-5	100	156	2.76	2.37	206	64	透镜状	南矿带 24 线	隐伏
24	C10-1	5068	299	8.12	3.37	185	63	透镜状	南矿带 67-28 线	
25	C10-2	136	80	7.87	4.43	186	66	透镜状	南矿带 00 线	
26	C10-3	100	257	7.15	2.28	26	61	透镜状	南矿带 24 线	
27	C11-1	372	100	6.44	2.72	180	69	透镜状	南矿带 55-51 线	
28	C11-2	100	25	4.56	2.77	187	60	透镜状	南矿带 39 线	
29	C11-3	2928	307	7.98	3.26	187	62	层状	南矿带 31-24 线	
30	C11-4	100	25	3.00	3.67	180	72	透镜状	南矿带 55 线	
31	C11-5	100	25	4.36	5.05	180	74	透镜状	南矿带 55 线	
32	C11-6	100	307	2.99	2.51	26	61	透镜状	南矿带 24 线	隐伏
33	C11-7	100	323	5.40	2.92	26	61	透镜状	南矿带 24 线	隐伏
34	C12-1	507	70	4.98	3.30	180	67	似层状	南矿带 31-23 线	
35	C12-2	120	37	4.71	3.08	187	62	透镜状	南矿带 07 线	
36	C12-3	335	16	11.00	3.34	184	48	透镜状	南矿带 08-12 线	
37	C13-1	846	80	9.25	4.28	356	76	似层状	南矿带 44-60 线	
38	C13-2	100	25	3.23	2.37	354	77	透镜状	南矿带 60 线	
39	C14-1	1225	297	6.85	3.31	356	75	层状	南矿带 36-60 线	
40	C14-2	220	330	6.61	2.37	352	76	透镜状	南矿带 56-60 线	
41	C14-3	100	25	3.12	2.28	356	75	透镜状	南矿带 56 线	
42	C14-4	270	68	11.84	2.18	12	71	透镜状	南矿带 56-60 线	
43	C15	56	14	4.32	4.52	6	76	透镜状	南矿带 38 线	
44	C16	56	14	7.24	3.66	10	72	透镜状	南矿带 38 线	
45	C17	100	25	5.79	3.76	341	74	透镜状	北矿带 54 线	
46	C18-1	325	81	4.50	2.55	16	60	透镜状	南矿带 40-48 线	
47	C18-2	276	129	7.73	3.64	0	65	透镜状	南矿带 44-60 线	
48	C18-3	100	47	9.98	3.23	0	66	透镜状	南矿带 60 线	隐伏
49	C19-1	621	108	4.70	3.07	356	70	似层状	南矿带 48-60 线	
50	C19-2	94	25	3.17	2.31	354	74	透镜状	南矿带 56 线	

续表 6-10

序号	矿体编号	矿体规模/m			平均品位/%	矿体产状/(°)		矿体形态	分布	备注
		长度	斜深	厚度		倾向	倾角			
51	C20	285	71	2.36	2.68	357	80	透镜状	北矿带 00-04 线	
52	C21-1	520	100	5.93	5.22	357	72	似层状	北矿带 00-08 线	
53	C21-2	100	25	2.23	3.62	357	73	透镜状	北矿带 00 线	
54	C22	100	25	2.06	6.51	357	61	透镜状	北矿带 03 线	
55	C23	350	88	11.58	6.95	16	69	透镜状	北矿带 32-36 线	
56	C24-1	100	33	5.76	2.26	180	63	透镜状	南矿带 63 线	隐伏
57	C24-2	100	23	4.53	2.70	187	60	透镜状	南矿带 55 线	隐伏
58	C25-1	100	57	2.81	2.73	180	58	透镜状	南矿带 15 线	隐伏
59	C25-2	100	16	2.18	2.92	180	27	透镜状	南矿带 07 线	隐伏
60	C26	100	203	3.33	5.52	180	78	透镜状	南矿带 00 线	隐伏
61	C27-1	100	48	6.59	2.43	187	60	透镜状	南矿带 08 线	隐伏
62	C27-2	100	266	4.83	2.70	202	61	透镜状	南矿带 24 线	隐伏
63	C28	100	63	2.78	2.26	187	60	透镜状	南矿带 08 线	隐伏
64	C29	100	123	3.94	3.49	188	62	透镜状	南矿带 08 线	隐伏
65	C30	100	177	2.81	2.74	188	62	透镜状	南矿带 08 线	隐伏
66	C31	100	126	2.21	3.19	212	61	透镜状	南矿带 24 线	隐伏
67	C32	100	156	2.62	2.81	188	73	透镜状	北矿带 15 线	隐伏
68	C33	100	260	2.53	2.03	188	73	透镜状	北矿带 15 线	隐伏

4. 矿石特征

矿石中有用矿物为晶质石墨。脉石矿物主要有白云母、石英及斜长石、钾长石、黄铁矿等。矿石结构主要有粒状鳞片变晶结构、包含结构、自形—半自形结构、他形粒状结构。其中粒状鳞片变晶结构是矿石的主要结构。矿石构造为片状构造,矿石矿物构造为稀疏浸染状构造,石墨矿物呈鳞片状稀疏浸染状、星散浸染状分布于岩石中。晶质石墨含量 2%～20%,主要集中在 3%～7%之间,可辨鳞片粒径为 0.003mm×0.02mm～0.05mm×0.4mm±,多数集中在 0.04～0.2mm 之间;矿石中石墨主要呈片状定向排列,与周围脉石矿物接触界线平直。矿石中有用组分主要为固定碳,平均含量 3.90%,其余主要组分为 SiO_2、Al_2O_3,部分 SO_2 含量较高,原因是矿石内部黄铁矿含量高,对晶质石墨矿选矿无影响。通过 174 件光片片度统计,勘查区晶质石墨小于 100 目(0.147mm)者占 57%,大于 100 目(0.147mm)者占 43%,其中 100 目～80 目占 21%,80 目～50 目占 16%,片径大于 50 目的总计占 6%。矿石自然类型为二云石英片岩型晶质石墨矿矿石。矿石工业类型为晶质石墨。

5. 资源储量

截至 2020 年 6 月 30 日,按照《固体矿产资源储量分类》(GB/T 17766—2020)归类,肃北蒙古族自治县红柳峡晶质石墨矿普查勘查区范围内查明和预测的资源量为(333+334?)类矿石量 **** 万 t,晶质石墨矿物资源量 *** 万 t,固定碳平均品位 3.36%。

按照《固体矿产资源储量分类》(GB/T 17766—2020)归类,肃北蒙古族自治县红柳峡晶质石墨矿普查探获的资源量可转换为:推断资源量为晶质石墨矿石量 **** 万 t,晶质石墨矿物资源量 *** 万 t,固定碳平均品位 3.46%。潜在矿产资源为晶质石墨矿石量 ****万 t,晶质石墨矿物资源量 ***万 t,固定碳平均品位 3.29%。

6. 矿床类型

按照《中国地质矿产志·甘肃卷》的分类,矿床成因类型为变质型,成矿时代为太古宙—中元古代。

(六)肃北蒙古族自治县白台沟东晶质石墨矿普查

1. 概述

勘查区位于甘肃省肃北蒙古族自治县城南东约 65km 的白台沟一带,行政区划隶属甘肃省肃北蒙古族县党城湾镇。自酒泉市经瓜州县、石包城到勘查区均为柏油路,行程约 470km,交通便利。

2017 年,甘肃省地质地矿局第四地质矿产勘查院在白台沟东发现了该石墨矿,2017—2019 年,在甘肃省地质勘查基金的支持下甘肃省地质矿产勘查开发局第四地质矿产勘查院对该矿进行了普查工作。

2. 矿区地质特征

勘查区出露地层主要为太古宇—中元古界敦煌岩群。此外,白垩系新民堡群、石炭系羊虎沟组及长城系熬油沟组在勘查区南侧小面积出露。第四系全新统在沟谷地带发育。敦煌岩群 b 岩组二岩段为勘查区主要含矿地层,主要岩石组合为二云石英片岩、透闪石化大理岩、斜长角闪岩、石墨二云石英片岩及同构造熔融花岗岩。侵入岩不发育,仅见少量花岗岩脉及辉绿岩脉。勘查区位于红柳峡-堆若格特向形南翼,矿层薄,整体为一单斜构造。区内断裂构造发育,可分为两组:一组为近东西向—北西向断裂,该组断裂控制了勘查区内地层的走向;另一组为近南北向平移断层,该组断裂切断了地层在走向上的延深,使其出现错位、错失的现象。地层受逆断层挤压,层间揉皱、挠曲及拉断现象等极为发育,具体表现为地层在走向上出现弯曲变形,局部加厚或拉薄,甚至出现地层被拉断的现象。区内围岩蚀变主要有褐铁矿化、绿泥石化、高岭土化、硅化、透闪石化及碳酸盐化。

3. 矿体特征

勘查区共圈定晶质石墨矿体 34 条。矿体形态变化较大,呈层状、似层状、透镜状,长 50~3440m,厚 2.00~17.46m,控制斜深 19~320m,固定碳品位 2.06%~6.59%。除 C12、C13、C14、C15 矿体为盲矿体外,其他矿体地表均有出露。各矿体特征详见表 6-11。

表 6-11 白台沟东晶质石墨矿矿体特征

矿体编号	矿体规模/m			矿体形态	矿体产状/(°)	平均品位/%
	长度	斜深	厚度			
C1	50	25	3.60	透镜状	10∠74	2.56
C2	620	85	6.53	似层状	9∠70	3.45
C3	300	293	5.59	透镜状	4∠68	2.76
C4	300	298	3.05	透镜状	1∠69	2.65
C5-1	1040	120	6.39	似层状	4∠64	2.50
C5-2	1165	135	10.03	层状	6∠69	3.61
C5-3	1700	210	15.48	层状	2∠69	2.80
C5-4	100	50	2.48	透镜状	2∠69	2.63

续表 6-11

矿体编号	矿体规模/m			矿体形态	矿体产状/(°)	平均品位/%
	长度	斜深	厚度			
C6-1	1350	250	9.43	层状	2∠67	3.33
C6-2	1575	305	17.46	层状	5∠66	3.16
C7-1	315	150	4.36	透镜状	5∠60	3.37
C7-2	120	210	6.67	透镜状	5∠66	2.46
C8-1	290	70	2.23	透镜状	350∠68	3.94
C8-2	300	75	4.04	透镜状	5∠59	6.18
C8-3	100	25	3.74	透镜状	18∠73	4.57
C9-1	2170	100	2.59	层状	356∠68	6.59
C9-2	90	25	2.18	透镜状	21∠74	5.22
C10-1	540	25	2.30	似层状	6∠66	4.40
C10-2	3440	250	4.79	层状	357∠66	4.87
C10-3	98	25	3.92	透镜状	358∠68	2.06
C10-4	75	19	9.80	透镜状	350∠65	5.60
C10-5	100	25	2.00	透镜状	351∠78	5.29
C10-6	320	80	4.64	透镜状	5∠60	4.33
C11-1	392	95	3.09	透镜状	346∠65	4.29
C11-2	82	20	2.21	透镜状	338∠68	3.98
C11-3	330	80	3.21	透镜状	10∠68	3.69
C11-4	100	25	2.16	透镜状	342∠75	5.46
C11-5	100	25	7.25	透镜状	325∠65	2.37
C12	100	80	4.73	透镜状	5∠47	2.39
C13	730	285	4.48	似层状	340∠72	2.52
C14	100	171	3.82	透镜状	5∠66	3.06
C15	100	46	3.79	透镜状	2∠69	2.07
C16	100	300	4.29	透镜状	4∠68	2.90
C17	100	320	2.79	透镜状	1∠69	2.49

4. 矿石特征

矿石中矿石矿物为晶质石墨,脉石矿物主要有白云母、石英及斜长石、钾长石、黄铁矿等。矿石结构主要为粒状鳞片变晶结构,其次为包含结构、自形—半自形结构、他形粒状结构。矿石构造为片状构造、稀疏浸染状构造,石墨呈鳞片状、稀疏浸染状、星散浸染状分布于岩石中。

矿石中有用组分主要为固定碳,平均含量 3.31%,其余元素均达不到综合利用的指标要求。有害组分为少量的黄铁矿,黄铁矿主要呈星点状、浸染状分布,部分黄铁矿与石墨紧密共生,对石墨矿选矿有一定的影响。

矿石均有不同程度的氧化,氧化程度高低取决于矿体分布的位置,但与标高、是否埋藏于地下无线性关系,对矿石质量无影响。矿石自然类型为二云石英片岩型晶质石墨矿,工业类型为晶质石墨(鳞片状石墨)。初步认为矿床成因类型属沉积-变质型层控矿床。

5. 资源储量

截至 2020 年 4 月 30 日,按照《固体矿产资源储量分类》(GB/T 17766—2020),甘肃省肃北蒙古族自治县白台沟东晶质石墨矿普查范围内探获的资源量为:(333＋334?)类晶质石墨矿石量 **** 万 t,矿物量 *** 万 t,平均品位 3.31%。其中(333)类晶质石墨矿石量 **** 万 t,矿物量 *** 万 t,平均品位 3.18%;(334?)类晶质石墨矿石量 **** 万 t,矿物量 *** 万 t,平均品位 3.40%。

按照《固体矿产资源储量分类》(GB/T 17766—2020)归类,探获的资源量可转换为:推断资源量晶质石墨矿石量 **** 万 t,矿物量 *** 万 t,平均品位 3.18%。潜在矿产资源矿石量 **** 万 t,矿物量 *** 万 t,平均品位 3.40%。

6. 矿床类型

按照《中国地质矿产志·甘肃卷》的分类,矿床成因类型为变质型,成矿时代为太古宙—中元古代。

(七)肃北蒙古族自治县大敖包沟晶质石墨矿

1. 概述

勘查区位于瓜州县正南,距瓜州县直距约 80km,行政区划隶属肃北蒙古族自治县石包城乡。自酒泉市经 G30 高速公路至瓜州县,瓜州县至肃北蒙古族自治县石包城为柏油路,从石包城到大敖包沟晶质石墨矿区为便道路,交通便利。

2018 年,甘肃省地矿局第四地质矿产勘查院在白台沟东发现了该石墨矿,2018—2020 年,在甘肃省地质勘查基金的支持下甘肃省地质矿产勘查开发局第四地质矿产勘查院对该矿进行了普查工作。

2. 矿区地质特征

勘查区出露地层主要为太古宇—中元古界敦煌岩群和第四系。敦煌岩群按岩石组合可划分为 b 岩组、c 岩组,各岩组呈断层接触。其中 b 岩组又划分为 3 个岩段,勘查区 3 个岩段均有出露,其中二岩段是晶质石墨的赋矿层位,岩石组合为二云石英片岩、石墨二云石英片岩,偶见透镜状黑云斜长片麻岩。勘查区褶皱、断层较为发育,初步判断矿勘查区存在一向形构造。区内划定有规模断层 5 条,共分为 2 组,分别为北西向-南东向断裂、北东向-南西向断裂。勘查区岩浆岩不发育,仅有少量花岗伟晶岩脉呈东西向、北西向产出。勘查区内围岩蚀变主要有蛇纹石化、硅化、透闪石化、绢云母化等。

3. 矿体特征

勘查区划分南、北两个矿带,共圈定晶质石墨矿体 67 条,北矿带 C1 矿层中 C1-1、C1-8 矿体为主矿体,南矿带 C7 矿层中 C7-6 矿体规模最大,划为主矿体。各矿体特征见表 4-1。

4. 矿石特征

主要矿石矿物有晶质石墨和黄铁矿;脉石矿物有白云母、石英及斜长石、钾长石等。矿石结构主要有鳞片粒状变晶结构、包含结构、自形—半自形结构、他形粒状结构;矿石构造主要为稀疏浸染状构造。晶质石墨矿矿石片径总体大于 100 目(0.147mm)者占 58.86%,片径小于 100 目的总计占 41.14%,矿石品级较好。矿石中有用组分主要为固定碳,平均含量 2.86%,其余主要组分为 SiO_2、Al_2O_3。部分 SO_3 含量较高,原因是矿石内部黄铁矿含量高。矿石自然类型较单一,为二云石英片岩型,工业类型为晶质石墨(鳞片状石墨)。

5. 资源储量

截至 2021 年 1 月 31 日,按照《固体矿产资源储量分类》(GB/T 17766—2020),甘肃省肃北蒙古族自治县大敖包沟晶质石墨矿勘查区范围内估算推断资源量为矿石量 ***** 万 t,矿物量 *** 万 t,固定碳平均品位 3.14%。

6. 矿床类型

按照《中国地质矿产志·甘肃卷》的分类,矿床成因类型为变质型,成矿时代为太古宙—中元古代。

(八)肃北蒙古族自治县大案盆沟晶质石墨矿

1. 概述

勘查区行政区划隶属肃北蒙古族自治县管辖。自酒泉市经 G30 高速公路至瓜州县,瓜州县至肃北蒙古族自治县石包城为柏油路,从石包城到大案盆沟晶质石墨矿勘查区为柏油路,交通便利。

2019 年甘肃省地矿局第四地质矿产勘查院在瓜州县发现了该石墨矿,同年,在甘肃省地质勘查基金的支持下甘肃省地质矿产勘查开发局第四地质矿产勘查院对该矿进行了普查工作。

2. 矿区地质特征

勘查区出露地层主要为太古宇—古元古界敦煌岩群。该套地层时代较老,层序已不可辨,属局部有序、整体无序地层,无新老关系,不同岩性之间的接触关系经过构造改造后又整体平行化,因此接触关系大部分已不可辨。敦煌岩群出露,覆盖大部分勘查区,按岩石组合及在勘查区内出露情况可划分为 b 岩组、c 岩组,各岩组呈断层接触。b 岩组又划分为 3 个岩段,本矿区 3 个岩段均有出露,其中二岩段是晶质石墨的赋矿层位。b 岩组二岩段出露于区内中—南侧,呈近东西向条带状展布,地表岩层产状均北倾,岩石组合为二云石英片岩、含石墨二云石英片岩、纹层状大理岩、含石榴石斜长角闪片岩,局部见透镜状石英岩。其中石墨二云石英片岩富集地段为晶质石墨矿体,二云石英片岩为晶质石墨矿体赋矿层位,也是晶质石墨矿体顶、底板围岩。勘查区南侧出露小面积寒武系黑刺沟组,与敦煌岩群 b 岩组二岩段断层接触。勘查区构造主要为断裂构造。共有 7 条较大的断裂分布,构成了勘查区总体地层格架。断裂构造按走向可分成两组:近东西向断裂(F_2、F_3、F_4、F_5、F_6、F_7)和近南北向左行平移断层(F_1)。其中 F_1 断层对区内晶质石墨矿体有一定破坏作用,但不影响矿体的连续性。勘查区岩浆岩不发育,仅有少量花岗伟晶岩脉呈东西向、北西向产出,长 100～350m,宽 5～50m。勘查区内围岩蚀变主要有褐铁矿化、绿泥石化、高岭土化、硅化、透闪石化及碳酸盐化。

3. 矿体特征

通过地表槽探工程揭露和深部钻探工程控制,共圈定晶质石墨工业矿体 12 条、低品位矿体 7 条。其中北矿带圈定工业矿体 9 条,分别为 C1、C1-1、C1-2、C1-3、C1-4、C1-10、C1-12、C1-13、C2;南矿带圈定晶质石墨工业矿体 3 条,分别为 C2、C3-1、C3-3。各矿体之间相互平行分布,走向大致呈 106°,倾角 45°～70°。主矿体为 C1,最大控制斜深 402m,其顶板围岩为二云石英片岩,底板围岩为纹层状大理岩,局部地段过渡为二云石英片岩。晶质石墨矿体特征详见表 6-12。

4. 矿石特征

勘查区晶质石墨矿石中矿物主要为晶质石墨,呈鳞片状、稀疏浸染状、星散浸染状分布于岩石中。脉石矿物主要有云母、石英及斜长石、钾长石、黄铁矿等。矿石结构主要为鳞片粒状变晶结构、包含结构、粒状变晶结构、交代结构,其中鳞片粒状变晶结构是矿石的主要结构。矿石构造为片状构造。

表 6-12 大案盆沟晶质石墨矿工业品位矿体特征一览表

矿体编号	赋存范围		延展规模/m		倾向/(°)∠倾角/(°)	矿体形态	厚度/m 两极值 平均值	品位(%) 两极值 平均值	控制工程数量/个
	探线区间	标高区间/m	走向长	倾斜深					
C1	11-12 线	3205~3798	1260	190~402	10∠67	层状	2.29~49.84 / 21.12	2.28~7.97 / 5.34	14
C1-1	9-5 线	—	200	—	4∠51	透镜状	3.56 / 3.56	6.08 / 6.08	1
C1-2	9-5 线	—	200	—	2∠46	透镜状	6.60 / 6.60	4.72 / 4.72	1
C1-3	7-3 线	3227~3750	340	54~451	10∠60	似层状	2.33~15.07 / 8.64	2.16~5.72 / 3.86	8
C1-4	11-7 线	3192~3690	260	41~105	10∠64	似层状	3.76~13.99 / 8.76	2.14~6.22 / 4.31	4
C1-10	4-12 线	3417~3632	500	100~250	10∠73	似层状	2.05~2.59 / 2.24	2.52~3.18 / 2.77	3
C1-12	12 线	—	200	95	10∠76	透镜状	3.22 / 3.22	2.76 / 2.76	1
C1-13	12 线	—	200	100	10∠77	透镜状	2.09 / 2.09	2.68 / 2.68	1
C2	11-8 线	3592~3791	980	85~178	16∠58	似层状	2.24~9.60 / 5.03	2.31~4.20 / 3.61	8
C3	2-12 线	3421~3632	680	70~205	354∠66	似层状	3.84~23.04 / 10.15	2.12~10.35 / 3.95	8
C3-1	23-11 线	3541~3718	740	200~210	2∠67	似层状	4.30~8.93 / 5.75	3.25~9.90 / 6.53	8
C3-3	51-41 线	3690~3705	580	—	2∠64	似层状	2.46~3.55 / 3.01	3.22~3.64 / 3.47	4

晶质石墨矿石中有益组分主要为固定碳,云母等其他有益矿物含量较低,达不到综合利用的指标要求。有害组分主要为硫,地表大部分地段含硫较高,达 5.76%~7.02%,氧化后地表形成浅黄色的氧化带,另深部原生矿中黄铁矿、磁黄铁矿较发育,硫化物含量最高可达 12.98%。

晶质石墨矿石自然类型为二云石英片岩型晶质石墨矿石,深灰色,鳞片粒状变晶结构,片状构造。因区内风化带厚径小于 10m,本次资源量估算时未单独圈定风化矿。矿石内石墨呈鳞片状、稀疏浸染状分布,可辨鳞片粒径在 0.008mm×0.04mm~0.05mm×0.3mm 之间,多数集中在 0.08~0.15mm 之间,确定区内石墨为晶质石墨。矿石中石墨多呈浸染状分布,具有弱定向性,多为自形片状晶形,粒径较细,与脉石矿物平直接触,其层间几乎未见脉石矿物夹杂。矿石工业类型为细小鳞片状晶质石墨。

5. 资源储量

截至 2020 年 6 月 30 日，按照《固体矿产资源储量分类》(GB/T 17766—2020)，甘肃省肃北蒙古族自治县大案盆沟晶质石墨矿勘查区范围内累计探获晶质石墨推断资源量为矿石量 **** 万 t，矿物量 *** 万 t，固定碳平均品位 4.63%。

6. 矿床类型

按照《中国地质矿产志·甘肃卷》的分类，矿床成因类型为变质型，成矿时代为太古宙—中元古代。

(九) 瓜州县大水峡北晶质石墨矿

1. 概述

勘查区位于瓜州县锁阳城镇东巴兔村北西大水峡一带，行政区划隶属甘肃省瓜州县管辖。自酒泉市至瓜州县锁阳城镇东巴兔村有 G30 高速、G312 国道和简易柏油路相通，行程约 420km，自东巴兔村向南沿便道行驶约 10km 可达勘查区中心位置，交通便利。

2019 年，甘肃省地矿局第四地质矿产勘查院在瓜州县发现了该石墨矿，2019—2022 年，在甘肃省地质勘查基金的支持下甘肃省地质矿产勘查开发局第四地质矿产勘查院对该矿进行了普查工作。

2. 矿区地质特征

勘查区出露地层主要为太古宇—古元古界敦煌岩群和第四系。敦煌岩群按岩石组合可划分为 b 岩组、c 岩组，各岩组呈断层接触。其中 b 岩组又划分为 3 个岩段，勘查区 3 个岩段均有出露，其中二岩段是晶质石墨的赋矿层位，岩石组合为二云石英片岩、含石墨二云石英片岩、含石墨大理岩及斜长角闪岩。勘查区构造极为发育，断层多为逆冲断层及平移断层，对区内矿层具挤压作用。区内划定 F_1、F_2、F_3 共计 3 条断层，其中 F_1、F_3 控制了矿层的展布，断层性质为南倾的逆断层。勘查区岩浆岩不发育，仅有少量花岗伟晶岩脉呈东西向、北西向产出。勘查区内围岩蚀变主要有褐铁矿化、绿泥石化、高岭土化等。

3. 矿体特征

通过地表槽探工程揭露和深部钻探工程控制，共圈定晶质石墨矿体 15 条。其中主矿体为 C1-1、C1-2、C1-3、C2-2、C2-3，最大控制斜深 330m，顶底板围岩均为二云石英片岩。各矿体特征见表 6-13。

表 6-13 矿体基本特征一览表

矿体编号	赋存范围		规模/m		倾向/(°)∠倾角/(°)	矿体形态	厚度/m 两极值/平均值	品位/% 两极值/平均值	控制工程数量/个
	探线区间	标高区间/m	走向长	斜深					
C1-1	07-20 线	1528~1232	1650	90~330	143∠67	层状	2.69~46.64 / 14.85	2.35~4.81 / 3.33	10
C1-2	07-20 线	1551~1177	1600	60~330	139∠57	层状	2.45~25.44 / 10.73	2.61~5.51 / 3.42	11
C1-3	07-20 线	1547~1308	1600	70~190	138∠57	层状	3.28~49.24 / 20.18	2.66~7.58 / 3.22	9

续表 6-13

矿体编号	赋存范围		规模/m		倾向/(°)∠倾角/(°)	矿体形态	厚度/m 两极值 平均值	品位/% 两极值 平均值	控制工程数量/个
	探线区间	标高区间/m	走向长	斜深					
C1-4	07 线	1380～1158	200	180	—	透镜状	2.80～16.57 / 9.68	2.64～3.49 / 2.77	2
C2-1	23-16 线	1569～1217	2100	100～300	143∠70	层状	2.37～13.57 / 6.98	2.46～5.47 / 3.71	10
C2-2	23-04 线	1580～1320	1500	160～190	145∠70	层状	5.25～57.19 / 23.87	2.24～5.08 / 4.03	8
C2-3	23-16 线	1572～1242	2000	80～220	141∠74	层状	2.33～37.69 / 13.11	2.03～6.48 / 4.33	11
C2-4	23-07 线	1576～1472	900	30～40	144∠69	似层状	3.16～11.65 / 7.16	2.54～5.49 / 3.92	5
C2-5	21-15 线	1484～1287	550	50～150	144∠69	似层状	2.84～12.81 / 7.82	3.03～5.07 / 3.40	2
C2-6	15 线	1431～1494	200	—	—	透镜状	3.42 / 3.42	3.12 / 3.12	1
C2-8	15 线	1391～1296	200	—	—	透镜状	2.00 / 2.00	2.91 / 2.91	1
C2-9	15 线	1359～1264	200	—	—	透镜状	2.63 / 2.63	3.24 / 3.24	1
C2-10	15 线	1300～1205	200	—	—	透镜状	7.23 / 7.23	3.16 / 3.16	1
C3	09 线	1512～1462	100	—	219∠55	透镜状	7.76 / 7.76	4.95 / 4.95	1
C5	03 线	1506～1456	60	—	139∠55	透镜状	3.92 / 3.92	2.61 / 2.61	1

4. 矿石特征

主要矿石矿物有晶质石墨；脉石矿物有斜长石、角闪石、黑云母等。矿石结构主要为鳞片粒状变晶结构；矿石构造主要为片状构造、稀疏浸染状构造。晶质石墨矿矿石片径总体大于 100 目(0.147mm)者占 79.13%，片径小于 100 目的总计占 20.87%，矿石品级较好。矿石中有用组分主要为固定碳，平均含量 3.71%，有益组分除固定碳外，其余元素均达不到综合利用的指标要求。有害组分主要为硫，深部原生矿中硫含量最高可达 6.90%，对晶质石墨选矿有一定的影响。矿石自然类型较单一，为二云石英片岩型，工业类型为晶质石墨(大鳞片状石墨)。

5. 资源储量

截至 2023 年 8 月 31 日,按照《固体矿产资源储量分类》(GB/T 17766—2020),甘肃省瓜州县大水峡北晶质石墨矿勘查区范围内估算推断资源量为矿石量 **** 万 t,矿物量 *** 万 t,固定碳平均品位 3.71%。尚难利用矿产资源为矿石量 *** 万 t,矿物量 *** 万 t,固定碳平均品位 2.12%。

6. 矿床类型

按照《中国地质矿产志·甘肃卷》的分类,矿床成因类型为变质型,成矿时代为太古宙—中元古代。

(十)瓜州县浪柴沟晶质石墨矿

1. 概述

勘查区地处瓜州县南浪柴沟一带,行政区划隶属甘肃省瓜州县管辖。勘查区东部约 3km 有瓜州—榆林窟公路通过,西部有瓜州—东巴兔简易公路经过,通过乡村便道可达区内。勘查区距瓜州县城直距约 50km,运距约 60km;距敦煌市直距约 110km,运距约 182km;距玉门市直距约 120km,运距约 197km;距柳园镇直距约 131km,运距约 141km,交通方便。

2018 年,甘肃省地矿局第三地质矿产勘查院在瓜州县发现了该石墨矿,2018—2022 年,在甘肃省地质勘查基金的支持下甘肃省地质矿产勘查开发局第三地质矿产勘查院对该矿进行了普查工作。

2. 矿区地质特征

勘查区位于哈萨克斯坦板块与柴达木-祁连板块之间,祁连造山带与敦煌地块的交接部位。区内出露地层主要为敦煌岩群 b 岩组,此外分布有大面积的第四系。敦煌岩群 b 岩组黑云斜长片麻岩、二云石英片岩为区内石墨矿的主要含矿层。勘查区以北东向—近东西向浪柴沟复式向形为主要构造格架,其次级褶皱较为发育。断裂构造发育,主要为北西西向—近东西向断裂,少量北西向断裂。区内岩浆活动较为频繁,主要出露蘑菇台石炭纪花岗闪长岩体及西南部的花岗岩体以及大量的中酸性岩脉。

3. 矿体特征

通过地表槽探工程揭露和深部钻探工程控制,勘查区共圈定晶质石墨矿体 34 条,矿体长 200~4300m,厚 2.76~36.87m,固定碳平均品位 2.51%~4.63%。矿体呈层状、带状近东西向展布,倾向北,局部偏转为南西或南东,倾角 20°~65°。C1-1、C2-2、C2-19 为主矿体。各矿体特征见表 6-14。

表 6-14 矿体特征一览表

矿体编号	赋存范围		规模/m		倾向/(°)∠倾角/(°)	矿体形态	厚度/m 两极值 平均值	品位/% 两极值 平均值	控制工程数量/个
	探线区间	标高区间/m	走向长	斜深					
C1-1	15-64 线	1420~1640	4300	30~120	320~355 ∠25~85	层状	2.16~58.74 15.53	2.50~4.67 3.04	19
C2-19	24-64 线	1400~1640	2460	60~105	330~20 ∠40~72	层状	2.01~38.70 14.30	2.54~4.41 2.94	11
C2-2	7-48 线	1460~1640	2800	80~185	340~15 ∠20~75	层状	2.28~44.41 9.40	2.50~3.16 2.81	17

续表 6-14

矿体编号	赋存范围		规模/m		倾向/(°)∠倾角/(°)	矿体形态	厚度/m 两极值 平均值	品位/% 两极值 平均值	控制工程数量/个
	探线区间	标高区间/m	走向长	斜深					
C1-2	23-15 线	1521~1607	466	40~70	330~345 ∠50~60	层状	3.56~3.85 / 3.7	3.19~3.78 / 3.55	3
C1-3	23-15 线	1480~1607	470	40~120	330~345 ∠60~70	层状	2.22~3.18 / 2.60	2.51~5.01 / 3.17	3
C1-4	24-64 线	1510~1642	2550	65~85	340~355 ∠65~80	层状	2.78~18.81 / 9.65	2.53~3.59 / 3.01	12
C1-5	24 线	1540~1570	84	50	340∠78	透镜状	4.23 / 4.23	2.57 / 2.57	1
C1-6	40-48 线	1515~1618	500	50~85	340∠70	似层状	3.86~7.85 / 6.11	2.55~2.66 / 2.58	3
C1-7	23 线	1560~1608	58	50	345∠50	透镜状	4.52 / 4.52	3.89 / 3.89	1
C1-8	40-56 线	1580~1588	1080	19~34	340~350 ∠30~50	透镜状	2.95~7.76 / 4.79	2.50~3.63 / 3.05	4
C1-9	16 线	1500~1545	128	30	205~355 ∠70~80	透镜状	2.13~3.34 / 2.73	2.92~3.54 / 3.30	2
C1-10	23 线	1560~1608	58	50	340∠50	透镜状	5.64 / 5.64	2.55 / 2.55	1
C1-12	0 线	1500~1522	200	260	335∠20	透镜状	5.42~28.66 / 15.18	2.11~3.31 / 3.11	3
C1-13	0 线	1495~1592	200	230	335∠20	透镜状	2.51~8.52 / 5.73	2.08~3.58 / 2.99	3
C1-14	0 线	1450~1460	200	50	335∠20	透镜状	15.33 / 15.33	2.7 / 2.7	1
C2-1	7-0-8 线	1445~1485	880	50~100	35 ∠45~75	层状	2.63~13.03 / 7.36	2.04~3.46 / 2.98	6
C2-3	7-0-8 线	1360~1580	880	50~290	35 ∠45~75	层状	2.22~5.19 / 4.14	2.13~3.10 / 2.98	7
C2-4	16-20 线	1510~1560	230	50	340~355 ∠70~75	层状	2.04~3.93 / 2.99	2.56~2.67 / 2.69	2
C2-5	16 线	1515~1565	100	50	340∠75	透镜状	2.04 / 2.04	2.56 / 2.56	1

续表 6-14

矿体编号	赋存范围		规模/m		倾向/(°)∠倾角/(°)	矿体形态	厚度/m 两极值 平均值	品位/% 两极值 平均值	控制工程数量/个
	探线区间	标高区间/m	走向长	斜深					
C2-6	16-20 线	1520~1570	420	50	355∠75	透镜状	3.34~3.93 / 3.63	2.57~2.67 / 2.62	2
C2-7	16-20 线	1530~1580	420	50	350~355 ∠65	透镜状	2.98~7.64 / 5.31	2.62~3.11 / 2.76	2
C2-8	32 线	1488~1590	100	110	350 ∠40~65	透镜状	4.03 / 4.03	2.56 / 2.56	2
C2-9	40-48 线	1580~1610	470	10~15	350∠40	透镜状	9.69~13.95 / 11.82	3.27~4.35 / 3.86	2
C2-10	48-56 线	1526~1636	100	50~100	350∠70	透镜状	2.01 / 2.01	2.8 / 2.8	3
C2-11	40-48 线	1476~1614	500	120~126	350 ∠80~85	层状	2.37~14.28 / 7.54	2.85~4.41 / 3.33	4
C2-12	40-56 线	1464~1636	860	50~150	350 ∠60~70	层状	2.85~21.64 / 9.09	2.10~2.86 / 2.73	5
C2-13	0 线	1373~1560	100	170	350∠50	层状	2.00 / 2.00	3.12 / 3.12	2
C2-14	8 线	1407~1475	100	40	170∠65	透镜状	9.78 / 9.78	2.55 / 2.55	1
C2-15	16 线	1414~1531	100	90	335∠45	透镜状	2.05~4.11 / 3.08	2.59~2.87 / 2.65	2
C2-16	16 线	1380~1443	100	40	335∠45	透镜状	5.45 / 5.45	2.8 / 2.8	1
C2-17	16 线	1370~1518	100	120	335∠45	层状	8.78~16.46 / 12.62	2.73~2.84 / 2.78	2
C2-18	0 线	1363~1550	100	170	355∠50	层状	2.08~3.53 / 2.80	2.52~3.26 / 2.74	2
C2-20	0 线	1523~1565	100	40	355∠50	透镜状	2.04 / 2.04	3.32 / 3.32	1
C3-1	72-80 线	1600~1645	540	40	210~245 ∠40~55	层状	4.42~23.90 / 14.16	5.05~5.40 / 5.32	2

4. 矿石特征

矿石矿物主要为石墨,其次含少量褐铁矿、黄铁矿、黄铜矿等,脉石矿物有石英、斜长石、钾长石、黑云母、榍石、透辉石等。矿石结构主要有粒状结构、鳞片状结构、粒柱状变晶结构、胶状结构、叶片—鳞片状结构、鳞片粒柱状变晶结构。矿石构造主要有星点浸染状构造、定向构造、不连续条带浸染状构造、不完全片麻状构造、片状构造等。采集片度样190件，石墨片度大于0.147mm（100目）的占总含量的73.14%，小于0.147mm的占总含量的26.86%。矿石中有用组分主要为固定碳，平均含量3.01%，有益组分除固定碳外，其余元素均达不到综合利用的指标要求。有害组分主要为SiO_2，含量为43.61%～78.44%。矿石主要为含石墨黑云斜长（二长）片麻岩型石墨矿，其次为含石墨二云石英片岩型石墨矿。

5. 资源储量

截至2023年底，按照《固体矿产资源储量分类》(GB/T 17766—2020)，甘肃省瓜州县浪柴沟晶质石墨矿勘查区范围内查明资源量为推断资源量矿石量****万t，晶质石墨矿物量***万t，固定碳平均品位3.01%。

6. 矿床类型

按照《中国地质矿产志·甘肃卷》的分类，矿床成因类型为变质型，成矿时代为太古宙—中元古代。

（十一）敦煌市五一沟晶质石墨矿（大型）

1. 概述

勘查区位于甘肃省敦煌市五一沟一带距敦煌市87°方向直距约45km处，行政区划隶属甘肃省敦煌市莫高镇。从敦煌市经省道S314东行约45km，再向南沿赴旱峡沟乡间便道行驶25km可到达勘查区，交通方便。

2019年，甘肃省地矿局第三地质矿产勘查院在敦煌市发现了该石墨矿，2019—2023年，在甘肃省地质勘查基金的支持下甘肃省地质矿产勘查开发局第三地质矿产勘查院对该矿进行了普查工作。

2. 矿区地质特征

勘查区地处塔里木板块东缘，祁连造山带与敦煌地块的交汇部位。勘查区出露地层主要为太古宇—中元古界敦煌岩群b岩组和第四系。敦煌岩群b岩组三岩段是区内晶质石墨矿的主要含矿层位，岩性有二云石英片岩、黑云石英片岩、黑云斜长片麻岩、角闪斜长片麻岩、黑云角闪斜长片麻岩、（含）石榴黑云斜长片麻岩、（黑云）斜长角闪片麻岩、（黑云）斜长角闪（片）岩、角闪片岩及（白云质）大理岩等。勘查区内断裂分为北西向、北西向—近东西向、北东向3组。受断裂构造影响，岩石碎裂程度高，变形较为强烈。区内岩浆活动较为频繁，主要出露石炭系树沟子组黑云母花岗岩体，其次发育中酸性—基性岩脉。

3. 矿体特征

通过地表槽探工程揭露和深部钻探工程控制，勘查区共圈定晶质石墨矿体25条，8条低品位矿。C2、C7、C8、C14 4条大型矿体划为主矿体，各矿体特征见表6-15。

表6-15 矿体特征一览表

矿体编号	规模/m		倾向/(°)∠倾角/(°)	矿体形态	厚度/m 两极值 平均值	品位/% 两极值 平均值	控制工程数量/个	工业矿体/低品位矿
	走向长	斜深						
C1	70	25	233∠76	透镜状	5.72 / 5.72	2.25 / 2.25	1	低品位矿

续表 6-15

矿体编号	规模/m 走向长	规模/m 斜深	倾向/(°)∠倾角/(°)	矿体形态	厚度/m 两极值 平均值	品位/% 两极值 平均值	控制工程数量/个	工业矿体/低品位矿
C2	2618	143~316	164~240 ∠31~75	层状	2.11~13.18 / 5.39	2.52~4.42 / 3.43	19	工业矿体
C2-1	325	25	176~210 ∠58~69	似层状	3.67~5.52 / 4.60	2.68~2.95 / 2.84	2	工业矿体
C3	100	25	238∠74	透镜状	3.50 / 3.50	2.71 / 2.71	1	工业矿体
C3-1	100	25	200∠63	透镜状	8.25 / 8.25	5.33 / 5.33	1	工业矿体
C3-2	100	50	205∠60	透镜状	3.09 / 3.09	2.20 / 2.20	1	低品位矿
C4	79	25	236∠59	透镜状	3.38 / 3.38	2.26 / 2.26	1	低品位矿
C5	86	25	230∠43	透镜状	2.43 / 2.43	2.31 / 2.31	1	低品位矿
C6	100	25	219∠56	透镜状	3.05 / 3.05	2.75 / 2.75	1	工业矿体
C6-1	100	70	200~209 ∠51~84	似层状	2.22~2.94 / 2.58	4.46~6.86 / 5.49	2	工业矿体
C6-2	721	36~117	198~220 ∠34~64	似层状	2.12~5.66 / 3.61	2.66~4.45 / 3.46	4	工业矿体
C7	2621	60~244	190~238 ∠37~80	层状	2.32~22.17 / 6.81	2.57~5.26 / 3.35	21	工业矿体
C7-1	100	50	195∠40	透镜状	3.59 / 3.59	2.82 / 2.82	1	工业矿体
C8	2596	48~212	175~238 ∠37~83	层状	2.35~15.85 / 5.35	2.50~13.32 / 4.56	24	工业矿体
C9	100	25	195∠71	透镜状	3.92 / 3.92	2.69 / 2.69	1	工业矿体
C10	859	33~205	190~215 ∠55~80	似层状	2.71~7.20 / 4.59	2.79~6.39 / 4.09	5	工业矿体
C10-1	100	50	211∠40	透镜状	2.12 / 2.12	3.02 / 3.02	1	工业矿体

续表 6-15

矿体编号	规模/m		倾向/(°)∠倾角/(°)	矿体形态	厚度/m 两极值 平均值	品位/% 两极值 平均值	控制工程数量/个	工业矿体/低品位矿
	走向长	斜深						
C11	714	29～155	165～208 ∠56～71	似层状	2.19～10.03 / 5.23	2.81～3.57 / 3.17	4	工业矿体
C11-1	100	23	193∠56	透镜状	5.36 / 5.36	4.20 / 4.20	1	工业矿体
C11-2	100	50	215∠44	透镜状	2.71 / 2.71	2.04 / 2.04	1	低品位矿
C12	100	25	195∠69	透镜状	5.57 / 5.57	2.23 / 2.23	1	低品位矿
C12-1	227	25	230～233 ∠67～67	似层状	3.86～6.60 / 5.23	3.28～4.59 / 3.76	2	工业矿体
C12-2	100	25	184～219 ∠49～59	透镜状	3.80 / 3.80	2.56 / 2.56	1	工业矿体
C12-3	1199	40～50	173～200 ∠50～69	似层状	3.41～9.55 / 6.79	2.57～5.87 / 3.78	4	工业矿体
C13	939	16～50	184～233 ∠63～75	似层状	4.05～11.45 / 7.69	3.00～4.36 / 3.96	3	工业矿体
C13-1	75	25	240∠70	透镜状	2.97 / 2.97	4.98 / 4.98	1	工业矿体
C14	1039	169～176	190～230 ∠48～84	层状	2.27～15.58 / 7.125	2.57～11.56 / 4.24	7	工业矿体
C14-1	100	33	214∠46	透镜状	3.69 / 3.69	2.31 / 2.31	1	低品位矿
C15	93	25	225∠80	透镜状	5.99 / 5.99	2.42 / 2.42	1	低品位矿
C15-1	100	25	215∠73	透镜状	2.25 / 2.25	7.60 / 7.60	1	工业矿体
C15-2	100	50	215∠50	透镜状	2.32 / 2.32	4.03 / 4.03	1	工业矿体
C16	1114	14～50	191～215 ∠58～75	似层状	2.04～14.50 / 4.90	3.05～8.25 / 5.44	6	工业矿体
C17	62	25	195∠65	透镜状	4.11 / 4.11	7.93 / 7.93	1	工业矿体

4. 矿石特征

矿石矿物主要为晶质石墨,呈鳞片状,稀疏浸染状均匀分布,可辨鳞片粒径 0.1～2.4mm,多数集中在 0.2mm 以上,矿石中石墨主要呈片麻状定向排列,粒径较粗,与周围脉石矿物紧密共生,平直接触。脉石矿物主要有石英、斜长石、透闪石、钾长石、黑云母,以及少量的白云母、黄铁矿、绿泥石,微量的榍石、磷灰石、电气石等。矿石结构主要有鳞片状结构、鳞片粒状变晶结构、鳞片粒柱状变晶结构、粒柱状变晶结构、交代结构、胶状结构、叶片状结构。矿石构造主要有片麻状构造、片状构造、不均匀浸染状构造、定向浸染状构造、近定向浸染状构造、不连续条带浸染状构造。区内石墨片度大于 100 目(0.147mm)占比为 87.88%,大于 50 目(0.287mm)占比为 55.06%,属于典型的大鳞片晶质石墨矿。矿石中除固定碳外,其余元素均达不到综合利用的指标要求。勘查区风化带厚度小于 10m,故本次未圈定风化矿。

5. 资源储量

截至 2024 年 3 月 31 日,按照《固体矿产资源储量分类》(GB/T 17766—2020),甘肃省敦煌市五一沟晶质石墨矿勘查区范围内查明资源量为推断资源量晶质石墨矿石量 **** 万 t,矿物量 *** 万 t,固定碳平均品位 3.78%。

6. 矿床类型

按照《中国地质矿产志·甘肃卷》的分类,矿床成因类型为变质型,成矿时代为太古宙—中元古代。

(十二)肃北蒙古族自治县白石头沟石墨矿(大型)

1. 概述

矿区行政区划隶属甘肃省肃北蒙古族自治县石包城乡管辖。位于肃北蒙古族自治县 69°方位,直距 89km 处,从酒泉沿 G30 连霍高速公路可达瓜州县,瓜州县到石包城乡有公路可通,行程约 120km。从石包城有便道直达矿区,行程约 25km,交通较为便利。

2023 年,受酒泉金元泉矿业有限责任公司委托,甘肃省地矿局第四地质矿产勘查院对该矿进行了储量核实工作。

2. 矿区地质特征

矿区地处祁连山造山带与敦煌地块的交接部位,阿尔金走滑断裂北侧,大地构造位置属敦煌基底杂岩隆起。矿区出露地层均为太古宇—古元古界敦煌岩群 b 岩组,岩性属结晶基底岩系,主要岩性为大理岩、含石墨大理岩、蚀变含石墨大理岩、黑云石英片岩、含石墨黑云石英片岩、斜长角闪岩。其中赋矿岩性主要为含石墨大理岩和含石墨黑云石英片岩。矿区处于敦煌地块南缘,距南侧阿尔金大断裂约 4.5km,受区域大构造影响,并叠加多期次的构造变形,矿区内构造形式多样,构造变形强烈,褶皱、断层构造较为发育。矿区内侵入岩不发育,仅于矿区中部、北部出露少量长英质岩脉;另见数条石英脉和闪长岩脉。脉岩与围岩接触界线清楚,平行或稍斜切岩层走向,有的斜切矿体,但对矿体破坏不大。

3. 矿体特征

矿区内共圈定晶质石墨矿体 45 条,其中大理岩型晶质石墨矿体 31 条,黑云石英片岩型晶质石墨矿体 14 条;其中主矿体为 C6、C7、C10、C20、C25。另圈定低品位晶质石墨矿 13 条。主要矿体特征详见表 6-16。

表6-16 主要矿体特征一览表

矿体编号	赋矿范围		延展规模/m		倾向/(°)∠倾角/(°)	矿体形态	厚度/m 两级值 平均值	厚度变化系数/%	品位/% 两级值 平均值	品位变化系数/%
	探线区间	标高区间/m	走向长	倾斜长						
C6	5-10线	2536～2184	1100	330	165～230 ∠63～80	层状	2.08～17.04 / 7.32	64	2.52～11.55 / 3.51	68
C7	5-10线	2544～2197	1100	327	165～232 ∠60～83	层状	2.00～25.01 / 11.23	68	2.50～13.20 / 3.27	64
C10	5-2+80线	2554～2289	700	300	190～250 ∠57～70	层状	9.24～91.84 / 25.70	69	3.35～5.05 / 4.05	13
C20	10-18线	2545～2247	500	260	210～272 ∠49～80	似层状	2.43～12.67 / 4.77	61	4.13～12.84 / 8.00	31
C25	10-18线	2542～2180	580	330	203～281 ∠55～72	似层状	2.65～16.19 / 8.49	60	2.84～13.71 / 6.84	29

4. 矿石特征

大理岩型晶质石墨矿石中矿石矿物为鳞片状晶质石墨和黄铁矿,约占10%。脉石矿物主要为方解石和石英,二者共占矿石矿物总量的85%左右。矿石结构主要为粒状变晶结构,矿石构造主要为块状构造;黑云石英片岩型晶质石墨矿石矿物为鳞片状晶质石墨,脉石矿物主要为黑云母、石英及斜长石等。矿石结构主要为鳞片粒状变晶结构,矿石构造主要为浸染状构造、片状构造。矿石自然类型划分为大理岩型晶质石墨矿石和黑云石英片岩型晶质石墨矿石,工业类型为晶质(鳞片状)石墨矿石。

矿区风化程度低,风化带仅在地表及断裂破碎带浅部有所发育,自地表向下风化带深度一般为2～5m,目前矿山已开采垂深为2～45m。矿床中的伴生组分均未达到综合利用、综合评价的要求。

5. 资源储量

截至2023年8月31日,按照《固体矿产资源储量分类》(GB/T 17766—2020),根据《矿产资源储量规模划分标准》(DZ/T 0400—2022),该采矿权平面范围内累计查明资源量为晶质石墨矿物量 *** 万t,平均品位4.16%～4.5%。

6. 矿床类型

按照《中国地质矿产志·甘肃卷》的分类,矿床成因类型为变质型,成矿时代为太古宙—中元古代。

(十三)临泽县穿心河-榆树河石墨矿(小型)

1. 概述

该石墨矿为临泽县穿心河-榆树河海泡石矿的异体共生矿。矿区位于临泽县350°方位直距54km处,属临泽县平川镇管辖。矿区至平川镇为戈壁滩汽车便道,约26km,平川镇北至临泽县城为县级公路,约28km,交通便利。

2005—2007年,开展了穿心河-榆树河两矿区野外地质普查工作,大致查明了纤维状海泡石矿的分布、规模和品质,对上下盘的鳞片状石墨矿产出、规模、分布及质量变化进行了地质勘查,于2011年11

月提交了普查报告。穿心河矿区求得共生石墨矿（333＋334?）矿物资源量＊＊＊t；榆树河矿区求得共生石墨矿（333＋334?）矿物资源量＊＊＊＊t。

2. 矿区地质特征

矿区大地构造地处龙首山-雅布赖山地块之龙首山变质基底杂岩，位于阿拉善成矿带之龙首山成矿亚带。

区内地层主要由蓟县纪墩子沟群下段和第四系全新统组成（图6-10）。

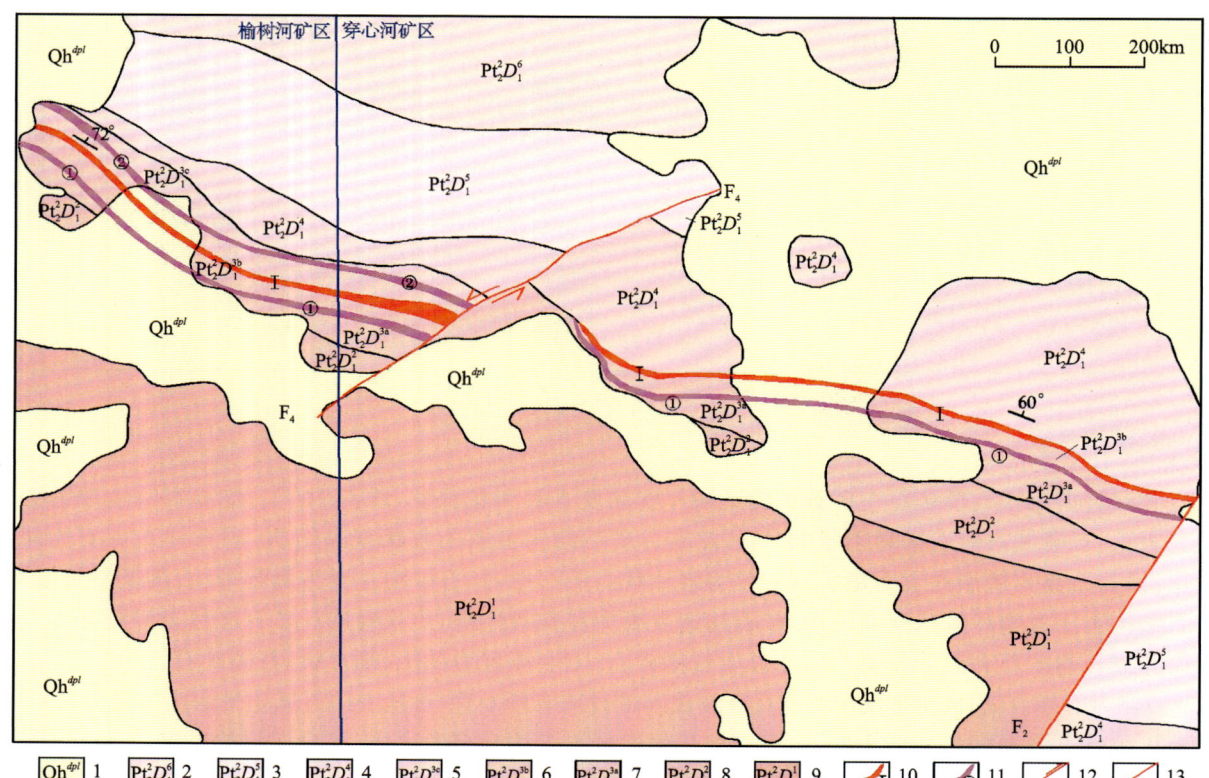

1.碎石、砂砾、亚砂土、亚黏土层；2.黑云母石英片岩与石英岩；3.石英角闪片岩及花岗斜长角闪片岩；4.黑云母石英片岩；5.含鳞片状石墨白云岩；6.含海泡石灰质大理岩及白云岩；7.含鳞片状石墨大理岩；8.角闪片岩及角闪石英片岩；9.白云母石英片岩及钙质透辉变粒岩；10.纤维状海泡石矿体及编号；11.石墨矿体及编号；12.实测平移断层及编号；13.实测断层及编号。

图6-10 临泽县穿心河-榆树河石墨矿地质图（甘肃省地质调查院，2023）

蓟县纪墩子沟群下段按岩性特征划分为6层，第三层为灰白色、浅灰色含海泡石鳞片状石墨大理岩及白云岩，为赋矿岩层，按成矿特征自下而上分为3个小层：①灰白色含石墨大理岩，主要分布矿区F_4断层以西，整体呈中—薄层状产出，主要可利用矿物成分为鳞片状石墨，石墨鳞片呈分散浸染状产出，构造裂隙、节理普遍发育，固定碳含量1.2%～3.8%；②浅灰色含纤维状海泡石大理岩及白云岩，呈北东向展布，含纤维状海泡石灰质大理岩呈中厚层状产出，岩石具分带性，构造裂隙、节理和小型扭曲较为发育，在靠近底部见有角闪片岩夹层；③浅灰色含石墨白云岩，主要分布矿区西部，呈层状产出，具明显的层状和片状构造特征。鳞片状石墨沿构造裂隙呈分散浸染状产出明显，固定碳含量1.6%～4.3%。

区内小弧山北西西向背斜是矿区主体构造，由北西西向线状连续性次级褶皱组成。背斜两翼在矿区东部较完整，两翼基本对称，倾角55°～72°，西部受北西西向断裂影响，未见南翼出露。

一组北西西向的压扭性断裂和垂直该断裂北侧发育的近于平行而斜列的北东向冲断层，以及北西向斜断层，对地层错动影响大。

在榆树河矿区北部见黑云母二长花岗岩，另在矿区北西外2km处的西小口子有该岩体的分布。

本区黑云母石英片岩、石英角闪片岩、堇青石化硅化灰岩、条带状大理岩等岩石类型属浅变质片岩相，由于后期岩浆侵入热动力活动和变质作用，致云母石英片岩、石英角闪片岩中钾质注入或含有石榴石、堇青石等矿物，因而本区的蓟县纪墩子沟群地层是在区域变质作用的基础上，又叠加了接触热变质作用的产物。

3. 矿体特征

石墨矿体赋存于海泡石矿体上下围岩（大理岩和白云岩）中，共有2条石墨矿体，矿体沿小弧山背斜轴部倾伏端产出，总体走向北西西，倾向南，倾角42°～57°，总体产状与纤维状海泡石矿体一致。①号矿体位于纤维状海泡石矿体的下部，横向上受断层F_4的影响，又分成了东西两段。矿体长1600m，厚50～95m。②号矿体位于F_4断层以西，纤维状海泡石矿体上部。矿体长约450m，厚33～62m。

石墨矿体的整体品位较低，矿体与围岩呈渐变关系，矿体夹石主要为石墨矿化大理岩和白云质大理岩。

4. 矿石特征

石墨矿石的结构为鳞片粒状变晶结构。因片状矿物定向不明显而多呈块状构造，局部为片状构造。

石墨矿石中的主要矿物组合为白云石+绿泥石+鳞片状石墨，其次为方解石+角闪石。矿石中有用矿物鳞片状石墨呈浸染状定向或半定向分布在粒状白云石、绿泥石间隙中，边界模糊，拉长定向或弯曲，大致平行片理分布。固定碳含量1.36%～3.42%，固定碳含量变化属均匀型，沿矿体走向和倾向品位波动不大。

单体鳞片石墨矿物片径：小于50目(0.297mm)占20%～25%，50目～80目(0.177mm)占35%～40%，80目～100目(0.149mm)占15%～20%，大于100目占20%～25%，片径较大。

按冶金保护渣对石墨质量要求，有益组分为硅、钙、铝，有害组分为硫、铁等。

根据矿石的结构、构造和矿物的组合特点，矿石的自然类型为含石墨大理岩型。矿石中的矿石矿物为单一的鳞片状石墨，矿石的工业类型为鳞片石墨。

5. 资源储量

截至2012年11月30日，穿心河矿区求得石墨矿(333)矿物资源量＊＊＊t，(334?)矿物资源量＊＊＊t。榆树河矿区求得石墨矿(333)矿物资源量＊＊＊＊t，(334?)矿物资源量＊＊＊t。

6. 矿床类型

矿床成因属滨海相碳酸盐沉积岩在区域变质作用下，碳元素结晶形成石墨，经后期接触热变质作用，石墨在重结晶作用下鳞片进一步增大形成的含石墨矿床，属变质型矿床。成矿时代为古元古代。

（十四）瓜州县水沟子石墨矿（小型）

矿区位于瓜州县北西324°，直距136km处，兰新铁路从矿区中部通过，有便道相通，交通方便。

1987年，甘肃省地质矿产局酒泉地质矿产调查队十二分队对矿区进行了踏勘检查，并于1988年进行了普查工作。

矿区大地构造地处西伯利亚板块（Ⅰ）-北山古生代造山带（Ⅰ-6）-马鬃山早古生代弧盆系（Ⅰ-6-2）-公婆泉岩浆弧（Ⅰ-6-2-1）；位于古亚洲成矿域（Ⅰ-1）-塔里木成矿省（Ⅱ-4）-敦煌成矿带（Ⅲ-15）-方山口-鹰嘴红山成矿亚带（Ⅳ-15①）。赋矿地层为中元古界待建系大豁落山群上段，岩性主要为云母石英片岩、白云母大理岩夹石英岩、大理岩、条带状大理岩等。

矿区为一向北东倾斜的单斜构造，地层走向120°～140°，倾向56°～80°。断裂以北西向为主，且多被片麻状黑云二长花岗岩脉充填,并控制了石墨矿体的分布;另外为南北向,不发育,生成时间晚于北西向断裂,个别石墨矿受该组断裂的控制。

矿体产于加里东期片麻状黑云母花岗岩体外接触带,待建系大豁落山群上段白云母大理岩及云母石英片岩中,受北西向构造严格控制,共有10条矿体,多数呈300°～325°方向展布,少数近南北向。矿体呈脉状、薄层状、鸡窝状、透镜状产出,具尖灭侧现、尖灭再现、膨缩分枝现象,矿体与围岩界线清晰。一般长20～150m,厚0.7m～4.4m。由层理、裂隙控制的矿体厚度变化不大,具一定延伸,形态单一,比较规整。

矿石呈钢灰色、灰黑色、银灰色,金属光泽,风化后光泽暗淡,具强的滑腻感并有易污性。矿石为鳞片变晶结构、鳞片粒状变晶结构、微晶质结构,偶见放射状结构、柱状结构;具片状构造、板状构造、块状构造、土状构造、粉末状构造、网脉状构造,近矿围岩局部见浸染状构造、星点状构造、细脉浸染状构造。

矿区查明(332)资源量****t,(333)资源量****t,合计****t。

矿床类型为变质型矿床,成矿时代为中元古代。

(十五)瓜州县前进石墨矿(小型)

矿区位于瓜州县北西323°,直距137.5km处,兰新铁路从矿区北侧通过,有便道相通,交通方便。

1987年,甘肃省地质矿产局酒泉地质矿产调查队十二分队对矿区进行了踏勘检查,并于1988年进行了普查工作。

矿区大地构造地处西伯利亚板块(Ⅰ)-北山古生代造山带(Ⅰ-6)-马鬃山早古生代弧盆系(Ⅰ-6-2)-公婆泉岩浆弧(Ⅰ-6-2-1);位于古亚洲成矿域(Ⅰ-1)-塔里木成矿省(Ⅱ-4)-敦煌成矿带(Ⅲ-15)-方山口-鹰嘴红山成矿亚带(Ⅳ-15①)。赋矿地层为中元古界待建系大豁落山群上段,岩性主要为云母石英片岩、白云母大理岩夹石英岩、大理岩、条带状大理岩等。

矿体为水沟子石墨矿西延部分,共发现两条矿体:Ⅰ号矿体呈脉状、薄层状产出,长250m,平均厚度2.27m,倾向14°,倾角74°;Ⅱ号矿体呈脉状、薄层状产出,长191m,平均厚度0.90m,倾向20°,倾角70°。矿体围岩为白云母大理岩、石英岩,少数为云母石英片岩。围岩与矿体界线清晰,并在接触部位产生1～15cm宽的蚀变带,主要蚀变为褐铁矿化、高岭土化、白云母化、绿泥石化及黏土化,远离矿体具蛇纹石化。

矿石呈钢灰色、灰黑色、银灰色,金属光泽,风化后光泽暗淡,具强的滑腻感并有易污性。矿石有益矿物为石墨,脉石矿物以石英为主,次为天青石、绢云母、方解石,少量的鲕绿泥石、重晶石、高岭土、黏土矿物、黄铁矿、孔雀石。矿石为鳞片变晶结构、鳞片粒状变晶结构、微晶质结构,偶见放射状结构、柱状结构;具片状构造、板状构造、块状构造、土状构造、粉末状构造、网脉状构造,近矿围岩局部见浸染状构造、星点状构造、细脉浸染状构造。石墨固定碳品位4.24%～7.22%,粒径0.2～0.8mm,为鳞片状石墨,呈弯曲鳞片定向或不连续分布于石英与云母间。

矿区查明(333)资源量***t。

矿床类型为变质型矿床,成矿时代为中元古代。

(十六)瓜州县狼山口石墨矿(矿点)

矿区位于瓜州县西北328°方位,直距约100km,行政区划隶属瓜州县柳园镇管辖。兰新高铁由矿区东北侧通过,交通便利。

2011—2012年,中国建筑材料工业地质勘查中心甘肃总队在红柳河一带开展了找矿工作,在狼山口一带发现石墨矿,且在2016年8—10月对该石墨矿开展了普查工作。

矿点大地构造地处塔里木板块(Ⅱ)-塔里木盆地(克拉通)(Ⅱ-2)-敦煌地块(Ⅱ-2-9)-柳园裂谷(Ⅱ-2-9-1);位于古亚洲成矿域(Ⅰ-1)-塔里木成矿省(Ⅱ-4)-敦煌成矿带(Ⅲ-15)-方山口-鹰嘴红山成矿亚带

(Ⅳ-15①)。赋矿地层为中元古界蓟系系平头山组四岩段,岩性主要为碳质千枚岩、白云质大理岩、硅质千枚岩等。矿区构造不发育,岩浆岩主要为石炭纪酸性侵入岩。

矿体呈透镜状或条带状产出,共圈出具一定规模的石墨矿体3条,矿体产状167°~177°∠63°~72°。延伸一般160~330m,厚5.09~10.69m,延矿体走向厚度逐渐变小,固定碳含量1.68%~11.75%。

矿床成因类型为变质型矿床,成矿时代为蓟县纪。

(十七)肃北蒙古族自治县拉排沟石墨矿(矿点)

矿区位于肃北蒙古族自治县城195°方位,直距12.7km处,行政区划隶属肃北蒙古族自治县党城湾乡管辖。由肃北蒙古族自治县城至拉排沟有便道,交通较便利。

1988年,甘肃省地质矿产局酒泉地质矿产调查队十二分队对矿区进行了矿点检查工作。

矿区大地构造地处柴达木-华北板块(Ⅲ)-祁连早古生代造山带(Ⅲ-2)-中祁连岩浆弧(Ⅲ-2-3);位于秦祁昆成矿域(Ⅰ-2)-祁连成矿省(Ⅱ-5)-中祁连成矿带(Ⅲ-22)-别盖-硫磺山成矿亚带(Ⅳ-22②)。赋矿地层为中元古界北大河岩群二岩组,岩性主要为黑云母石英片岩、白云母石英片岩等。

石墨矿体呈脉状及透镜状赋存于中元古界大理岩内的北西向相互平行的3条压扭断裂中,矿体的产状与断裂完全一致。发现较大的石墨矿体6个,断续延长5km,矿体倾向210°,倾角70°。单个矿体长600~2500m,厚一般1~3m,推测延深100m,固定碳含量6.31%。

矿区求得石墨矿(334?)资源量**万t。

矿床成因类型为变质型矿床,成矿时代为中元古代。

(十八)麦积区花庙石墨矿(矿点)

矿区位于天水市麦积区东南150°方位,直距约20km处,隶属麦积区党川镇管辖。

2012—2013年,中国建筑材料工业地质勘查中心甘肃总队对天水市开展了非金属矿调查工作,发现了麦积区花庙一带石墨矿点。

矿区大地构造地处柴达木-华北板块(Ⅲ)-北秦岭新元古代—早古生代造山带(Ⅲ-6)-北秦岭早古生代弧沟系(Ⅲ-6-1)-党川-利桥岩浆弧(Ⅲ-6-1-1);位于秦祁昆成矿域(Ⅰ-2)-西秦岭成矿省(Ⅱ-7)-北秦岭成矿带(Ⅲ-66)-武山-天水成矿亚带(Ⅳ-66①)。赋矿地层为古元古界秦岭岩群二岩段,主要为混合岩化黑云斜长片麻岩夹黑云石英片岩、大理岩、斜长角闪岩。石墨矿主要产于地层内含石墨大理岩体夹层内。

区内共发现石墨矿体3条,呈脉状,长150~400m,宽1.0~5.4m,产状179°~192°∠62°~72°,固定碳含量2.55%~3.68%。

求得石墨矿(334?)资源量*万t。

矿床成因类型为变质型矿床,成矿时代为中元古代。

第三节　甘肃省预测矿产资源潜力分析

一、甘肃省查明资源量分析

甘肃省已查明的晶质石墨矿主要类型为变质型。变质型晶质石墨矿累计查明晶质石墨矿物量达****万t,其中大型矿区资源储量****万t,小型矿区资源储量*万t。其中民勤县唐家鄂博山石墨矿查明资源储量***万t,占全省累计查明晶质石墨资源储量的10%;肃北蒙古族自治县红柳峡晶质石墨矿查明资源储量***万t,占全省累计查明晶质石墨资源储量的4.8%;肃北蒙古族自治县白台沟东石墨查明资源储量＊＊＊万t,占全省累计查明晶质石墨资源储量的4.4%;肃北蒙古族自治县敖包山晶质石墨矿查明资源储量＊＊＊万t,占全省累计查明晶质石墨资源储量的9.2%;肃北蒙古族自治县大敖包沟晶质石墨矿查明资源储量＊＊＊万t,占全省累计查明晶质石墨资源储量的29%;瓜州县大水峡北晶质石墨矿查明资源储量＊＊＊万t,占全省累计查明晶质石墨资源储量的13.0%;瓜州县浪柴沟晶质石墨矿查明资源储量＊＊＊万t,占全省累计查明晶质石墨资源储量的5.9%;肃北蒙古族自治县大案盆沟晶质石墨矿查明资源储量＊＊＊万t,占全省累计查明晶质石墨资源储量的7.2%。

全省已查明晶质石墨矿有19个,其中达到普查的矿区有16个,占已查明矿区的84%。参考省内敖包沟晶质石墨矿选矿试验,甘肃省的晶质石墨矿属易选矿石,精矿品位及回收率均较高。

二、甘肃省已利用和未利用资源量分析

在已查明的16个晶质石墨矿中,酒泉金元泉矿业有限责任公司肃北蒙古族自治县白石头沟石墨矿、甘肃仟盛电缆桥架制造有限公司肃北蒙古族自治县西蒙赫勒石墨矿(拉排沟石墨矿)、民勤唐家鄂博山石墨矿3个设有采矿权,目前仅酒泉金元泉矿业有限责任公司肃北蒙古族自治县白石头沟石墨矿在开采,其他13个晶质石墨矿均未被利用。肃北蒙古族自治县白石头沟石墨矿探明储量＊＊＊万t,从2017年2月设立采矿权,并进行露天开采,证载生产规模为5万t/年,销往外地,保有资源储量＊＊＊万t。

三、甘肃省资源潜力分析

本次晶质石墨矿资源潜力预测工作,采用地质体积法,全省预测工作区内共预测晶质石墨矿矿物量14 455.85万t,预测区内全省已查明矿物资源量＊＊＊＊万t,说明甘肃省晶质石墨矿资源潜力巨大。

第七章
晶质石墨矿开发利用研究

第一节 石墨性能、用途及产业链

一、石墨性能

石墨是由碳元素组成的自然元素矿物,与金刚石是同质多象变体,为六方晶系或三方晶系的鳞片状或块状集合体,铅灰色,不透明,半金属光泽。硬度具异向性,垂直解理面方向摩氏硬度3~5,平行解理面方向摩氏硬度1~2,密度2.09~2.23g/cm³,具有滑腻感,易染手,熔点3652℃,沸点4827℃。石墨是一种特殊的非金属材料,但具有金属的优良性能,具有涂敷性、润滑性、耐高温、耐腐蚀、耐酸碱、可塑性、导热性、导电性。化学性质稳定,耐腐蚀,同酸、碱等药剂不易发生反应。石墨热膨胀系数很小,是已知最耐高温的轻质矿物之一。耐高温:石墨即使经超高温电弧灼烧,质量的损失很小,热膨胀系数也很小。石墨强度随温度升高而加强,在2000℃时,石墨强度提高一倍。导电性、导热性:石墨的导电性比一般非金属矿高一百倍,导热性超过钢、铁、铅等金属材料,导热系数随温度升高而降低,甚至在极高的温度下,石墨成绝热体。润滑性:石墨的润滑性能取决于石墨鳞片的大小,鳞片越大,摩擦系数越小,润滑性能越好。

二、石墨分类及产品

石墨可分为天然石墨和人造石墨,二者结构相近,物理化学性质相同,但用途有较大的差异。

(一)天然石墨

1. 天然石墨分类

天然石墨是富碳有机物在高温高压的地质环境长期作用下转变而成的,一般以石墨片岩、石墨片麻岩、含石墨片岩和变质页岩等矿石出现。根据结晶形态,天然石墨又可分为晶质石墨(鳞片石墨)和隐晶质石墨(土状石墨)两种工业类型。

晶质石墨特征:晶质(鳞片)石墨矿石中,石墨晶体直径大于1μm,呈鳞片状;矿石品位较低,但可选性好。晶质石墨矿石可分为鳞片状和致密状两种。鳞片状石墨矿石结晶较好,晶体粒径大于1μm,一般0.05~1.5mm,大的可达5~10mm(多呈集合体)。根据鳞片大小不同,鳞片石墨又可以分为4类:巨型鳞片石墨、大型鳞片石墨、中型鳞片石墨和小型鳞片石墨。

石墨结晶程度以及鳞片大小的不同,理化性质和适用领域也存在差异,优质大鳞片石墨是生产石墨烯、膨胀石墨最重要的物质原料,对未来石墨新兴产业的发展(或生产的产品的发展)起到极为重要的作用。鳞片越大,石墨价值越高,但随着锂离子电池负极材料对小型鳞片石墨需求的上升,小型鳞片的价值也有所上升。

隐晶质石墨特征:隐晶石墨也称土状石墨或无定形石墨,隐晶质石墨矿石中,石墨晶体直径小于1μm,呈微晶的集合体,在电子显微镜下才能见到晶形;矿石品位高,但可选性差。

2. 天然石墨产业链及产品分类

天然石墨产业链包括上游的资源开采和选矿、中游材料级产品加工和下游终端应用,沿产业链形成了多层次的石墨产品体系(表7-1)。石墨作为耐火、润滑和摩擦材料,长期应用于冶金、铸造、机械等传统工业领域。近年来在新能源、航空航天、环保等新兴产业领域的应用越来越多,如作为锂离子电池的负极材料、核工业的减速剂、环保领域的吸附剂等。此外,石墨还是制备石墨烯的重要原料。

表 7-1 天然石墨产业链及产品

上游资源采选		中游材料制备		下游终端应用	
原材料产品		材料及产品	专用级产品	应用领域	石墨产品
石墨矿石 石墨精粉	初级产品	晶质石墨粉、隐晶质石墨	耐火材料	传统工业领域 — 铸造	铸造模具、脱模剂、石墨坩埚
			石墨电极增碳剂	冶金	耐火材料、石墨坩埚、冶金炉的内衬、增碳剂
			铅笔	轻工	铅笔、油墨、黑漆、墨计等
	中级产品	硅化石墨、可膨胀石墨、石墨乳	保温材料添加剂	机械	摩擦材料、润滑剂
			研磨与润滑剂	化学	抗腐蚀的管道、阀门、泵、空气压缩机、热交换器、冷凝器等
			导电石墨材料	电气	生产炭素电极、电极碳棒、显像管(石墨乳)、通信器材等
			摩擦元件	节能环保	宇航设备零件、导弹鼻锥、火箭喷嘴、隔热与防射线材料等
	高级产品	高纯石墨	原子核反应堆构件	战略新兴领域 — 新兴信息技术	电子束蒸发用石墨内衬、计算机芯片
		球形石墨	锂离子电池负极	新能源	锂离子电池、动力电池、触控屏幕(太阳能电池)、超级电容等
		氟化石墨	氟锂电池正极		
		膨胀石墨	人造金刚石	新材料	电子元件或晶体管(石墨烯)、纳米石墨
		柔性石墨	密封材料		
		各向同性石墨	吸附材料	原子能	核反应堆中子减速剂、防护材料
	前沿产品	石墨烯	柔性石墨烯薄膜	军工航天	宇航设备零件、导弹鼻锥、火箭喷嘴、隔热与防射线材料等
			石墨烯锂电池		
			超级电容器		
			芯片处理器		
			防腐蚀涂料		

(二)人造石墨

1. 人造石墨定义

狭义上的人造石墨通常是指以石油焦、沥青焦等为骨料、煤沥青等为黏结剂,经过配料、混捏、成型、炭化和石墨化等工序制得的固体材料,如石墨电极、热等静压石墨等。

2. 人造石墨产品分类

人造石墨目前主要用于锂离子电池的负极材料、电路电极、摩擦润滑以及导电阳极等领域(表 7-2),其中锂离子电池的负极材料占据最大应用份额。

表 7-2 人造石墨产品类型

产品类型	用途	具体类别	说明
石墨电机类	冶金工业:在电弧炉中以电弧形式释放电能对炉料进行加热熔化的导体;天然石墨制成的电极难以被用于使用条件较苛刻的炼钢电炉	普通功率	允许使用电流密度低于 17A/cm²,主要用于炼钢、炼硅、炼黄磷等的普通功率电炉(供过于求)
		高功率	允许使用电流密度为 18~25A/cm²,主要用于炼钢的高功率电弧炉(供略大于求)
		超高功率	允许使用电流密度大于 25A/cm²,主要用于超高功率炼钢电弧炉(发展趋势)
石墨负极类	能源领域:主要用于锂离子电池的负极材料		是目前主流的锂离子电池负极材料,占比超过 70%
石墨阳极类	一般用于电化学工业中电解设备的导电阳极		包括各种化工用阳极板、阳极棒
特种石墨类	航空领域:一般用于航天、电子、核工业部门		包括光谱纯石墨、高纯、高强、高密以及热解石墨等
	机械领域:用作摩擦和润滑材料		人造石墨耐磨性好于天然石墨
石墨热交换器	主要用于化学工业		包括块孔式、径向式、降膜式、列管式热交换器

三、晶质(鳞片)石墨产品质量规格

《鳞片石墨》(GB/T 3518—2008)规定,根据固定碳含量,晶质(鳞片)石墨分为高纯石墨、高碳石墨、中碳石墨和低碳石墨(表 7-3)。

表 7-3 晶质石墨品类及其固定碳含量情况

晶质石墨品类	固定碳含量/%
高纯石墨	≥99.9
高碳石墨	94.0~99.9
中碳石墨	80.0~94.0
低碳石墨	50.0~80.0

第二节 晶质石墨矿开发利用现状

一、石墨主要产地情况

1. 世界主要产地情况

全球有20多个国家或地区开发利用石墨资源,石墨生产国主要有中国、美国、巴西、印度、加拿大、日本、德国、莫桑比克、土耳其等国。据美国地质调查局(USGS)统计,近20年来全球石墨生产总体呈现稳步增长态势,2001—2004年,世界石墨平均产量总体稳定在75.525万t左右。2005年世界石墨产量因中国快速工业化进程及加入世贸组织而迅速上升,产量首次接近100万t(达99.2万t)。随着全球经济增速放缓,诸如冶金钢铁在内的传统工业对石墨需求基本保持稳定,战略性新兴产业领域石墨消费尚未形成规模,以及莫桑比克、坦桑尼亚和马达加斯加等非洲国家优质石墨资源的不断开发利用,世界石墨产量整体稳中有升,但上升较为平缓。中国石墨产量在2005—2020年平均值为73.75万t左右,而国外石墨产量仍基本维持在(29~45)万t。2020年全球其他国家石墨产量为45万t,仅占全球石墨总产量的40.91%。其中,莫桑比克石墨产量为12万t,排名世界第二;巴西石墨产量为9.5万t,排名世界第三。2022年莫桑比克石墨产量为17万t,巴西石墨产量为8.7万t。

2. 中国主要产地情况

中国石墨资源开发历史长,形成了黑龙江鸡西与萝北、山东青岛平度-莱西、内蒙古兴和4个主要晶质石墨生产基地和吉林磐石、湖南郴州2个隐晶质石墨生产基地。根据调研和相关资料,对中国石墨主要产地介绍如下。

(1)黑龙江鸡西地区晶质石墨基地:鸡西是世界最大的优质鳞片石墨蕴藏区之一,年产石墨精矿近40万t,2014年被国家授予"中国石墨之都"称号。根据鸡西市发展和改革委员会介绍,目前建成的鸡西(麻山)石墨产业园区,是经省政府批准的省级经济开发区的重要组成部分。园区位于麻山区跃进地区,规划总面积5.1km²,总投资6亿元,目前规划核心区域面积2.57km²,现剩余未使用面积1.55km²。园区划分为石墨粉体产品及制品生产加工一区、辅助材料生产区、仓储物流区、综合区、循环经济开发区、石墨粉体产品及制品生产加工二区6个功能区。

园区基础设施累计投资已达4.6亿元,达到"五通一平"标准,承载功能满足入园企业需要,正在建设工业污水处理厂二期扩建、供水管网等工程。在"十四五"期间,还将重点建设通用厂房、天然气综合利用、集中供热等工程,不断增强园区整体承载能力,届时园区将达到"七通一平"的标准,发挥"虹吸效应",打造投资高地,力争在"十四五"末入驻20户高端石墨制造企业。石墨产业园现已入驻企业10家,其中深加工企业8家,基础设施配套企业2家。已入园项目17个,规划总投资36.57亿元,全部达产达效后,年可实现产值71.08亿元,缴税6.24亿元。

(2)黑龙江萝北晶质石墨基地:鹤岗拥有全球最大的晶质石墨单体矿——萝北云山石墨矿,石墨鳞片以中—粗为主,是我国天然石墨锂电负极材料的主要原材料产区,产业聚焦程度高。园区建设初具规模,有石墨企业26户,其中采矿企业1户,选矿企业11户,深加工企业14户,年采矿规模600万t、选矿能力50万t,石墨深加工能力15万t。"十三五"期间黑龙江萝北经济开发区共开采矿石1631万t,生产石墨精粉107万t,球形产量47.5万t,实现产值76.6亿元,增加值21亿元,缴税8.5亿元。

2019年成功引进世界500强企业中国五矿集团公司,携手华润集团有限公司、中国一重集团有限公司等大型企业进驻萝北,投资70亿元建成年产1000万t矿石、40万t精粉、10万t球形产品、10万t高纯石墨、5万t负极材料及储能电池、尾砂综合利用等项目,为全国乃至全球最大的集采矿、选矿、深加工于一体石墨企业。园区 2023 年争取实现产值突破 50 亿元，税金突破 5 亿元；到"十四五"收关年 2025 年产值突破 100 亿元。

（3）山东青岛平度-莱西晶质石墨基地：平度-莱西基地是中国三大石墨资源地之一，大鳞片石墨储量大；2017 年前是我国主要的石墨资源开发地，由于受环保政策影响，石墨资源开采已全面停产，目前产业结构已经调整至深加工方向，是我国最主要的石墨深加工基地。

（4）内蒙古兴和晶质石墨基地：内蒙古兴和及其周边地区是我国大鳞片石墨的主产区，年产石墨精矿约 5 万 t，拥有较为齐全的深加工产业链。2020 年丰域烯碳产业集团依托乌拉特中旗高勒图矿投资兴建大乌淀石墨产业集聚区，项目计划投资 45 亿元人民币，建成集资源开发、石墨高端材料精深加工、石墨烯制备与应用、高新建筑材料研发、生产为一体的全产业链集聚区。达产后将形成石墨、负极材料、石墨烯高端材料每年 10 万 t 产能；尾矿生产高端建筑墙体材料发泡陶瓷每年 700 万 m³ 产能；围岩实现石英岩产业每年 340 万 t 产能，力争实现年产值 170 亿元人民币，建成智能美丽、工艺先进、产品高端的工矿业联合体。

（5）吉林磐石隐晶质石墨基地：吉林磐石是全国两大隐晶质石墨资源基地之一，已初步探明石墨储量 1760 万 t。目前，当地有石墨矿山企业 4 户，矿区总面积 3.3km²，年设计开采量 47 万 t。石墨产业园已引进吉林瀚丰石墨新材料科技有限公司和吉林市融成石墨制品有限公司等 5 户石墨新材料企业，重点开发石墨新材料、碳纤维新材料、新能源材料、密封超硬新材料、铸造新材料 5 条产业链。

（6）湖南郴州鲁塘隐晶质石墨基地：鲁塘石墨矿是我国储量最大的隐晶质石墨矿，占全国隐晶质石墨保有储量的 25%，年产量约 40 万 t，是全球最大的隐晶质石墨供应地。

二、中国石墨产能及采选矿技术情况

近 20 年来，中国石墨产量呈先增长再下降后趋于稳定的态势，为全球石墨第一生产大国。2001 年石墨产量为 25 万 t，全球占比 37.04%，到 2004 年已达 45 万 t，全球占比 59.52%；2005 年石墨产量呈快速增长趋势，首次突破 70 万 t，此后全球占比均保持在 59.09% 以上。随着石墨资源在中国战略地位的不断提高及对石墨资源的重视与保护，2012 年后全国晶质石墨产量基本保持稳定，产量为 60 万～82 万 t。据统计，2015—2022 年我国石墨产量总体不断上升，变化趋势如图 7-1 所示。

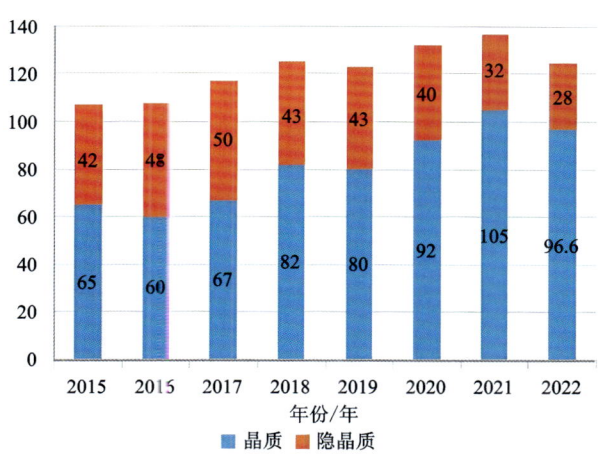

图 7-1　2015—2022 年我国石墨产量变化趋势（万 t）

近三年中国晶质石墨产量都在 90 万 t 以上，2020 年中国晶质石墨产量为 92 万 t，占当年全球晶质石墨总产量的 59.09%；2021 年中国晶质石墨产量为 105 万 t；2022 年我国石墨产量为 124.6 万 t（晶质石墨 96.6 万 t），约占全球总产量的 72.31%。

2014—2019 年，我国对石墨资源开发企业进行了优化整合，企业数量由 150 多家减少至 50 家，其中黑龙江萝北约为20家,黑龙江鸡西约为15家,山东省平度市和莱西市共计约为5家,内蒙古及山西约为5家;企业规模由中小型为主发展为中大型为主。我国晶质石墨生产企业以黑龙江最集中,2022年我国晶质石墨生产情况见表7-4,从表中可以看出黑龙江晶质石墨年产量占全国总产量的86.85%,龙头地位明显。

表7-4 2022年我国晶质石墨生产情况

省份	产量/万t	占比/%
黑龙江	83.9	86.85
山东	6	6.21
内蒙古	4	4.14
山西	1.5	1.55
湖北	0.6	0.62
河南	0.45	0.47
吉林	0.15	0.16
合计	96.6	—

据中国非金属矿工业协会统计,目前全国晶质石墨现有产能大约140万t,在建产能2023年底投产约50万t,规划产能大于60万t。

和金属矿山相比,石墨矿采矿技术相对落后,大块率通常在20%以上,回采率一般低于80%,贫化率高于10%,采矿缺少规划、数字化程度低。选矿回收率低,在70%~92%之间,资源损失大;选矿工艺及装备较为落后,磨矿次数多、流程长,大鳞片石墨破坏严重。快速浮选、预先选别、预先分目、分级磨浮新工艺大多停留在实验室阶段。尾矿库安全性、服务年限低,主要基地缺乏尾矿库。

三、石墨深加工产品情况

1. 天然石墨情况

天然石墨加工产品包括球形石墨、高纯石墨(固定碳含量大于99.9%)、可膨胀石墨、微粉石墨、胶体石墨、石墨纸等,高纯石墨、球形石墨、可膨胀石墨是主要产品。我国是全球天然石墨深加工产品的产量最大国,以初级加工产品和中端加工产品为主,在国际上占有重要地位,高端产品主要依赖进口。

(1)高纯石墨。我国年产高纯石墨约10万t,主要是球形石墨提纯产品和金刚石用高纯石墨;产量最大的99.9%产品普遍采用氢氟酸法生产,但是含氟废水的处理难度高;超高温法可生产99.99%产品,但成本太高,产量很低;碱酸法产品纯度低,环保问题容易解决;国内对高纯石墨的生产技术争论很大。青岛平度市和莱西市是我国最大的石墨提纯基地,年产量约7万t。

(2)可膨胀石墨。2019年产量约为8万t,占全球的90%;生产企业主要集中在山东、黑龙江、内蒙古、湖北,多达40余家。产品以低硫产品为主,无硫技术太不成熟,废水处理是高质量发展瓶颈。

(3)球形石墨。球形石墨是生产锂电负极材料的重要原料,2019年产量已达到9.8万t,年复合增长率达到20%。球形石墨产能主要集中在山东和黑龙江,2019年山东青岛球形石墨产量约7万t,占全国的70%以上,黑龙江球形石墨产量约占全国的20%。球形石墨成球率低,尾矿量大,利用途径少,是影响行业发展的主要问题。中国球形化技术和装备与日本等国家存在一定差距。

我国目前形成了5个石墨深加工产区,青岛平度-莱西石墨产区,产量最大,产业链条齐全,产品涵盖球形石墨、可膨胀石墨、高纯石墨、微粉石墨、胶体石墨、石墨纸等。黑龙江鸡西产区,鸡西的石墨深加工近年来发展速度快,已有球形石墨、负极材料、可膨胀石墨、高纯石墨、石墨纸、人造金刚石、石墨烯、石墨烯纺织母粒等 25 种制品实现产业化,8 个产业链条,是目前国内石墨深加工重要产业基地。黑龙江鹤岗产区,主要生产球形石墨、负极材料、石墨烯粉体、石墨烯润滑油、高纯石墨、超高纯石墨等产品,是中国重要的石墨新材料产业基地。内蒙古兴和产区,主要生产球形石墨、可膨胀石墨、石墨纸等;湖北宜昌产区,主要生产可膨胀石墨、石墨纸、石墨防火材料等。

2. 人造(特种)石墨情况

人造(特种)石墨除具备天然石墨的三要特性外,还具有高强度、高密度、高纯度、高导电、高化学稳定性、耐高温、耐辐照、耐磨损、自润滑、形状可加工等特性,主要分为高纯石墨、高强高密石墨、各向同性石墨三类,广泛应用于化工、石油、机械、有色金属、航空航天、环保、核工程等行业,是我国发展战略性新兴产业的重要材料。

全球特种石墨主要生产厂家集中在日本、美国、德国、韩国和中国等国。德国、美国、日本等国的技术实力最强,中国高端特种石墨的制备技术及装备严重受制于人,如大直径等静压机、核石墨的制备技术。中国特种石墨产品以中低端为主,半导体用石墨、电火花加工用石墨等严重依赖进口,2019 年进口 1.83 万 t。

四、石墨的需求分析

(一)传统应用领域的市场需求情况

1. 耐火材料

整体呈现供降需增的发展趋势,耐火材料目前是石墨最大的应用领域,耐火材料以镁碳砖为主,其中 MgO 70%～85%,C 10%～20%,一般选择固定碳含量 93%～95%,粒径 0～100 目的晶质石墨。耐火材料主要应用于钢铁冶金、建材、陶瓷等行业,镁碳砖占耐火材料的 16% 左右,其中碳含量约占 10%。根据工业和信息化部数据统计,2018 年,我国耐火材料制品产量为 2 345.22 万 t,同比增长 2.3%。从中国耐火材料协会预测的数据显示,2019 年,我国耐火材料产量约 1900 万 t,下降 18.97%。耐火材料碳消耗量约为 30 万 t。

2. 增碳剂

为了补足钢铁熔炼过程中烧损的碳含量而添加的含碳类物质被称为增碳剂,目前主流使用的是石油焦,人造石墨应用于球墨铸铁,天然石墨则应用较少。

3. 密封材料

汽车行业是石墨主要的消费领域,汽车领域密封材料的需求增长基本可以保障整个密封材料市场的稳定。

4. 摩擦润滑材料

石墨作为摩擦材料可以用于汽车领域,按照功能主要分为传动和制动两类,在传动中可作为离合器片,在制动中作为刹车片。其中,用于汽车刹车片生产的占摩擦材料的 80%。我国年均需刹车片达 5 亿套左右(包含新车和修车),2020 年中国摩擦材料总产量达到 120 万 t,单位摩擦材料所需石墨量占比为 0.4%～1.3%,预计消费石墨(0.48～1.56)万 t。

作为润滑剂使用的石墨材料,主要是将石墨微细颗粒均匀分布于水、油或其他介质中形成稳定的胶体状物,它可以直接采用涂擦、浸涂或喷涂等方式加到需要润滑的部位,也可以加到各种润滑剂中合并使用。中国已经成为全球最大的润滑油消费国之一,中国润滑剂市场受新型冠状肺炎疫情影响有所波动,但长期来看该领域需求将保持稳定。

5. 人造金刚石

石墨和金刚石都是碳原子的单质晶体,但原子排列不同,即"同素异形体"。石墨是合成人造金刚石的主要原料之一,具体合成方法多达十几种。以金刚石为代表的超硬材料及制品被誉为"最硬最锋利的工业牙齿",在石油勘探与矿山开采、机床机械与汽车制造、航空航天、国防军工及光伏与电子信息等领域都有应用。但是由于人造金刚石品种多,需求量小,大部分企业不愿意涉足该领域。整体来看,我国人造金刚石产量近 200 亿克拉,折合 4000t。

整体来看,目前我国石墨传统应用领域的需求量基本饱和,因此改进生产技术、节约成本成为传统石墨应用领域的主要诉求之一,寻求新的应用点也是发展趋势之一(表 7-5)。

表 7-5　石墨传统应用领域分析总结表

传统应用领域	应用分析
耐火材料	短期内有所增加,长期来看趋于平稳,但整体需求量大,依然是石墨主要应用领域
增碳剂	主要采用石油焦等,天然石墨较少直接用于增碳剂。目前市场上出现很多回收利用石墨产品来生产增碳剂的项目,另外球墨铸铁主要使用人造石墨
摩擦润滑材料	需求增长稳定,需求量也较大
密封材料	需求增长稳定,石墨通过增强/复合后,还可制作高级密封材料应用在航空航天等领域
人造金刚石	虽然产品附加值较高,但是需求量小,产品种类多,涉足企业少
其他	油墨、铅笔等领域的石墨需求呈现下降趋势,且产品附加值低

(二)石墨在新能源新材料应用领域的市场需求情况

1. 锂离子电池负极材料

石墨所具有的导电性能使其能够用于锂离子电池的负极,包括动力电池(新能源汽车)、消费电池(手机、电脑、电子电池等)以及储能电池三大部分。

从锂电池消费市场整体情况来看,2019 年锂电池需求量在 43GWh 左右,未来几年将保持缓慢增长。锂离子动力电池主要用于新能源汽车,成为 21 世纪电动汽车的主要动力电源之一。经预测,到 2025 年全球新能源乘用车销量将达到 1200 万辆。动力锂电池需求预计 2025 年需求量达到 669GWh,市场规模超过 1000 亿美元。动力电动汽车的石墨单位用量最大,也是石墨负极材料的主要需求增长点。

储能和工业领域市场需求情况,将电动工具、移动基站、家庭储能及电网储能(电化学储能)合并为储能和工业领域。据中国能源研究会储能专委会/中关村储能产业技术联盟全球储能项目的不完全统计,截至 2018 年底,全球电化学储能项目的累计装机规模达 6 625.4MW,同比增长 126.4%,其中中国为 1 072.7MW,中国电化学储能市场进入"GW/GWh"时代,全球电网储能未来的锂电池需求增幅可期。

综合消费锂电池、动力锂电池、储能和工业用锂电池几大领域的需求,2020 年全球锂离子电池出货量 294.5GWh,2023 年将达到 623.82GWh,2025 年进入 TWh 时代。对应的负极材料 2020 年达 33.16 万 t,市场规模将近 120 亿元;到 2023 年负极材料需求量将达到 63.39 万 t,市场规模超过 200 亿元,2025 年超过 130 万 t;市场规模接近 400 亿元,复合增长率 32%。分领域来看,动力电池占据绝大多数市场份额,2023 年将达到 81.86%。分原料类型来看,到 2023 年,人造石墨在负极材料领域的渗透率达到 78%,市场规模 161.83 亿元;天然石墨的渗透率达到 15%,市场规模 31.12 亿元。

2. 特种石墨

特种石墨指高强度、高密度、高纯度石墨制品，包括光伏石墨、核石墨、模具石墨、电火花加工用石墨、各向同性石墨等。

（1）光伏石墨。石墨在太阳能光伏行业主要应用于单晶硅、多晶硅的提纯生产，具体包括多晶硅制造用热场、单晶硅拉制用热场、硅晶片用架子等用途。而单晶硅太阳能电池、多晶硅太阳能电池等是太阳能光伏组件的重要组成部分。

根据"碳达峰"的目标，《中国光伏产业发展路线图》（2020年版）预计"十四五"期间我国年均新增光伏装机量在70～90GW之间。面对"2030年碳达峰"和"2060年碳中和"的能源发展目标，加速发展光伏等零碳能源，替代煤电等化石能源是碳中和的必由之路，光伏将在"十四五"期间迎来一个加速发展阶段，未来五年新增总装机量在350～450GW之间。太阳能光伏组件中，硅晶电池占据约90%的市场份额；而在硅晶电池中，目前多晶硅占据主导地位，单晶硅约为25%。根据目前实际生产情况测算，单晶硅电池、多晶硅电池每1GW光伏装机容量耗用石墨分别为3034t和234t，未来五年光伏产业用石墨需求量可达到147万t。

（2）核石墨。石墨是中子的慢化剂和优良的反射剂。在高温气冷堆中，用石墨等碳质材料作为减速材料，用氦气作为冷却剂，用碳素及陶瓷材料作为燃料的包覆材料，可以把接近1000℃的高温气体导出反应堆外作为能源使用。此外，核石墨还可以用来制作热结构件，各向同性石墨材料用于制作石墨球、堆芯材料、电极等核石墨制品。

根据《电力发展"十三五"规划（2016—2020年）》以及《能源发展战略行动计划（2014—2020年）》的要求，2020年全国核电装机将达到5800万kW，在建规模3000万kW以上。截至2020年底，我国大陆地区商运核电机组达到48台，总装机容量为4988万kW。中国核能行业协会专家委员会副主任徐玉明预计，2030年中国核电装机容量可达1亿kW至1.2亿kW，核电发电量占比达到8%左右。2040年以后，中国核电装机容量将达到1.5亿kW。按照我国目前石岛示范堆的设计方案，高温气冷堆每万千瓦需使用60t核石墨，那么未来10年将新增30万t。

（3）受电弓滑板材料。受电弓是电力牵引机车从接触网取得电能的电气设备，是安装在机车或动车车顶上的一种装备。受电弓与接触网连接部分称为滑板，滑板通常由石墨制成。在轨道交通中，主要以电力机车和城市轻轨为主，其中电力机车上一般安装有两台受电弓，每台受电弓上有两个滑板。受电弓滑板单价在4000～5000元，按4500元计算。受电弓滑板属于需要经常更换的耗材，更新需求远超新增需求，运维后市场是受电弓滑板的主要市场，且随保有量的增加而逐年增加。

2019年，我国动车组突破3600标准组，达到3665标准组，其受电弓滑板材料年平均更换26次，更新市场规模约为7亿元。2019年城轨数量6335列，年平均更换3次，更新市场规模约为7.4亿元。整体来看，我国受电弓滑板材料预计每年更新数量至少为32万条，每年更新市场需求至少为14.42亿元。

（4）模具石墨。特种石墨具有微粒子结构、较高的机械强度、均匀的热传导等特性，是金属连续铸造结晶器与超硬材料生产用耐高温、高压的理想模具材料，广泛应用于汽车、消费电子、家用电器等行业。汽车模具是模具行业的重要组成部分之一（占比34%），主要包括冲压模具、注塑模具、锻造模具、铸造蜡模、玻璃模具等。汽车模具市场新增需求从2011年的221t增长至2019年的400多吨，市场规模则从2011年的547亿元增长至2019年的近1000亿元。

随着汽车、消费电子、家用电器等行业的快速发展，我国模具行业制造规模日益增大，模具石墨的需求量也越来越大。

（5）航空航天材料。目前石墨在航空航天中存在部分应用情形，但需求量不大。未来需开发石墨复合材料、纳米材料等，不断拓展石墨在航空航天中新的应用领域。

3. 石墨烯

目前市场上成熟的产品均是由石墨为原料的石墨烯粉体制备,主要有导电复合浆料、石墨/聚氨酯阻燃材料、复合环境净化材料、石墨烯导热膜、重防腐涂料等,但应用市场并未完全打开。石墨烯行业一直被应用瓶颈困扰,一旦突破,将会给石墨行业带来爆炸性的增长。

(三)产品价格现状

2022年在球形石墨的带动下,鳞片石墨价格一直持续上涨。萝北石墨因磨球效果更好所以价格更高,鸡西石墨价格则相对较低,耐火行业使用的普遍是鸡西石墨。就实际而言耐火材料对鳞片石墨的需求并不高,今年被动接受市场价格上涨,以−194鳞片石墨为例本年价格上涨约1000元/t。

2022年,黑龙江市场−195鳞片石墨主流报价5300元/t,−194鳞片石墨主流报价4900元/t起,−190鳞片石墨主流报价4000元/t;山东地区−195鳞片石墨主流报价5500元/t,−194鳞片石墨主流报价5050元/t起,−190鳞片石墨主流报价4100元/t,以上为出厂含税价格。

(四)矿产品价格稳定性及变化趋势

2022年天然鳞片石墨价格整体呈上升趋势(图7-2)。3月,东北地区由于天气因素,黑龙江鸡西及萝北地区每年11月末—次年4月初处于季节性停产状态,而山东地区年初新型冠状肺炎疫情突然暴发,鳞片石墨生产企业集中的莱西市受新型冠状肺炎疫情影响处于封闭状态,且物流运输受阻,订单延迟。一季度鳞片石墨市场供应不足,货紧价高。随着天气回暖,企业逐渐恢复正常生产,大部分企业全力运转,产能进一步得到释放,且下游负极材料市场需求较强,采购备货热情高,尤其是对高端鳞片石墨产品的需求尤为旺盛,石墨市场交投火热,鳞片石墨价格在二季度中后期逐步攀升。四季度开始,东北地区因地理因素,天气日渐寒冷,黑龙江地区的浮选也进入尾声。随着气温的降低,鳞片石墨的产量和品质都有一定的下滑,鳞片石墨的市场供应也逐渐缩紧,价格高位盘踞。

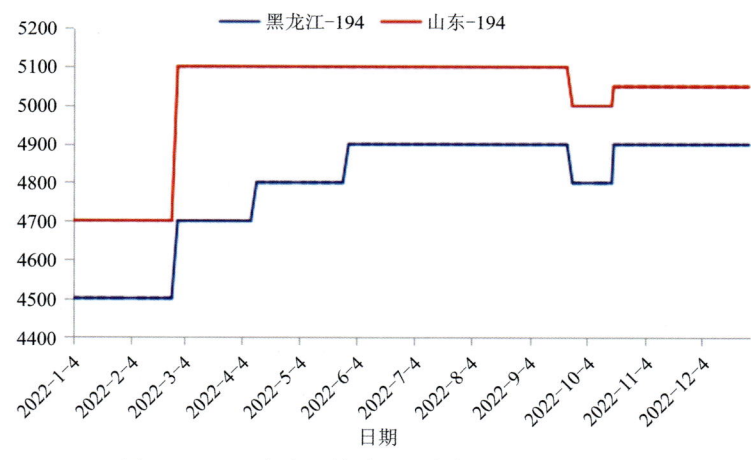

图7-2 2022年中国鳞片石墨市场价格走势(元/t)

2022年新能源锂电行业不断发展,市场对动力电池的性价比要求越来越高。低成本、高性能比天然石墨的开发,恰好可以填补这一空白,满足更多客户在中低端新能源汽车及其他市场的应用需求。天然石墨负极价格全年处于高位,价格随着下游动力市场需求增加而小幅上涨。

2022年中间相碳微球负极材料价格保持平稳运行。全年下游数码需求较弱,价格始终处于高位运行,伴随市场需求升级,中间相碳微球生产工艺仍需进一步优化,行业发展仍面临产量低、成本高等问题,难以满足日益增长的市场需求,因此中间相碳微球相关研究仍需进一步深入。

五、存在的问题及发展机遇

(一)存在的主要问题

1. 我国石墨勘查程度低、基础储量占比低

我国大型、超大型石墨矿的不断发现,为巩固中国石墨资源大国地位、进一步提高国内战略性新兴产业发展水平奠定了坚实的基础,完全满足我国机械、冶金、石油、轻工、化学等传统领域相当长时间的石墨矿需求。但石墨基础储量占比较低,仅为20%,还需加大勘查投入。

2. 我国优质石墨资源紧缺

我国及全球石墨资源虽然丰富,但优质石墨资源紧缺,特别是大鳞片及高纯度的优质石墨矿资源。目前全球最大的大鳞片石墨矿产地是莫桑比克,我国这种石墨矿储量少、缺口大,近几年大量从朝鲜、莫桑比克等国进口,2018年进口鳞片石墨6.03万t,2022年进口鳞片石墨16.0万t。

3. 我国石墨生产过剩,需优化产业结构

尽管石墨产业在战略性新兴产业领域发展势头良好,但需求增长还存在诸多不确定性,全国共查明石墨资源储量约5.305 18亿t,全国晶质石墨现有产能大约140万t,在建产能2023年底投产约50万t,规划产能大于60万t。预测2025年中国石墨消费量仅150万t,资源开发产能过剩态势将加剧。

4. 产品单一、同质化竞争激烈

石墨勘查成果不断增加,各地政府重视石墨矿产资源开发,但有些地区缺乏技术、产业、市场等基础,存在矿山停产、资源利用效率不高、产品单一、同质化竞争等诸多问题。

5. 石墨采选技术落后

我国石墨采选业过程自动化、智能化水平处于国内采选业较低水平,整个产业距离高质量发展还有较大差距。选矿过程中大鳞片保护工艺技术有待加强,隐晶质石墨浮选工艺技术需进一步攻关。尾矿库的建设使生产成本增高,尾矿利用率不高。

6. 价值链上居于中低端

高品质石墨产品技术装备、生产技术及稳定性与发达国家存在一定差距,还需要攻关;出口的石墨产品以精粉为主,仍为原材料供应国,在价值链上居于中低端。石墨提纯及废水处理、低成本高温提纯、尾料利用等行业瓶颈问题仍没有得到很好的解决。

7. 缺乏相关的行业标准

根据新兴产业和新技术发展需求,及时制定和修订石墨及石墨烯产品标准与等级评价标准。在石墨及石墨烯产品标准、检验检测方法、通用技术和环境保护等方面制定相关领域国家标准。重视石墨开采、生产、消费量数据统计,将其纳入规范化管理渠道,国家政策给予支持。

8. 专业研究机构及科技创新不足

目前国内还没有以石墨资源开发技术、石墨深加工技术等为主要研究方向的科研机构(石墨烯除外),缺乏研发人才及生产技术人才。专业研究机构欠缺是造成我国石墨行业整体技术水平不高、高附加值产品依赖国外、产业链延伸速度慢的关键问题。

9. 对石墨烯认识存在误区

目前中国已成为石墨烯材料生产大国,受技术、市场及成本等影响,石墨烯利用率不足,目前市场石墨烯生产积极性普遍不高。但在石墨烯领域,无论是理论成果还是产业化都存在过多炒作,地方政府认识不足的问题。不少地方政府纷纷将石墨烯产业列为招商引资的重点产业、地方转型升级的目标产业,使得主导技术和产品尚未成熟的石墨烯产业在我国呈现出"遍地开花"的局面。

10. 石墨出口管制加剧石墨产能过剩

2023年中国开始对高纯度、高强度、高密度的人造石墨及其产品实施出口管制,这一措施对天然石墨的销售、出口造成了影响,2023年石墨生产销售压力陡增,产能过剩将进一步加剧。

(二)晶质石墨产业发展的机遇

1. 产业相关政策支持石墨资源开发利用

近年来,随着"新材料之王"石墨烯的发现和计算机芯片、显示终端、电池电容及石墨烯新材料等新兴产业技术的发展和应用领域的不断拓展,"21世纪支撑高新技术发展的战略资源"——石墨的资源保障与开发利用越来越受到美国、澳大利亚、欧盟、中国等国家或组织的高度关注与重视,其资源价值与战略地位日益凸显。全球主要国家或组织石墨产业相关政策见表7-6。

表7-6 全球主要国家或组织石墨产业相关政策

国家或组织	年份	石墨产业相关政策主要内容
美国	2011	《关键材料战略(2011版)》(2011年12月):作为锂离子电池阳极材料的石墨材料列入重点发展内容
	2013	将石墨列入难以获取的战略性矿产之一
	2019	再次强调石墨的重要性,将其列入能源与汽车行业所需的"关键矿产",提出推进"资源独立"与加强关键矿产境内供应
澳大利亚	2019	将石墨、锂等24种重要矿产确定为关键矿产
欧盟	2010	《对欧盟生死攸关的原料》(2010年6月):将石墨列入"紧缺"名单,并将其视为关键工业矿物与关键材料之一
非洲国家	2014	莫桑比克、马达加斯加、坦桑尼亚等非洲国家鼓励支持境外资本勘探开发本国石墨资源,但要求本国占有一定股权

2. 国家部门对石墨及新材料产业发展高度重视

2012—2018年,国家有关部门密集出台关于石墨及石墨新材料的政策(表7-7),包含资源保护、基础研究、技术装备研发、战略发展路线等,石墨及石墨新材料产业发展已成为国家战略性新兴产业、创新驱动发展战略的重要载体。

表7-7 2012—2018年我国石墨产业相关国家法规及政策表

国家法规/政策	发布单位	发布时间	与石墨相关内容
《石墨行业准入条件》《石墨行业准入公告管理暂行办法》	工业和信息化部	2012年	明确提出石墨是战略性资源,鼓励在资源富集地区和产业优势地区建设石墨产业集聚区,加快发展石墨加工产品

续表 7-7

国家法规/政策	发布单位	发布时间	与石墨相关内容
《新材料产业"十二五"发展规划》	工业和信息化部	2012 年	石墨烯首次出现,并被列入前沿材料的纳米材料口
《关键材料升级换代工程实施方案(2014—2016 年)》	发展和改革委员会	2014 年	石墨烯成为 20 多种重点发展的新材料之一
《中国制造 2025》	国务院	2015 年	将石墨烯与纳米材料并列为 4 种前沿材料,制定了石墨烯产业 2020 年百亿产值,2025 年千亿产值目标
《关于加快石墨烯产业创新发展的若干意见》	工业和信息化部、发展和改革委员会、科学技术部	2015 年	到 2020 年,形成完善的石墨烯产业体系
《全国矿产资源规划(2016—2020 年)》	国土资源部	2016 年	提出要重点加强资源基础好、市场潜力大、具有国际市场竞争力的石墨等矿产的合理开发与有效保护,提升高端产业国际竞争力
《新材料产业"十三五"规划》	工业和信息化部	2016 年	将石墨烯作为前沿新材料领域,为满足未来十年战略新兴产业发展,以及为制造业全面迈进中高端进行产业准备
《关于加快新材料产业创新发展的指导意见》	工业和信息化部	2016 年	提出到 2020 年重点发展包括石墨烯在内的基础研究和技术积累
《建材工业鼓励推广应用的技术和产品目录(2016—2017 年本)》	工业和信息化部	2016 年	将石墨烯粉体、石墨烯重防腐涂料入选
《制造业升级重大工程包》	发展和改革委员会	2016 年	提出重点发展石墨烯等前沿材料,加快创新成果转化和典型应用
《国民经济和社会发展第十三个五年规划纲要》	国务院	2016 年	明确提出大力发展石墨烯等材料。将石墨烯作为"十三五"期间"战略新兴产业发展行动"中高端材料之一
《国家创新驱动发展战略纲要》	国务院	2016 年	提出开发石墨烯等技术对新材料产业发展的引领作用
《"十三五"国家战略性新兴产业发展规划》(2016—2030 年)	国务院	2016 年	推动石墨等特色资源高质化利用,加强专用工艺和技术研发
《战略性新兴产业重点产品和服务指导目录(2016 版)》	发展和改革委员会	2017 年	石墨类材料列入高端储能材料目录;鳞片石墨多段磨矿、多段选别技术与装备列入矿产资源综合利用目录等

续表 7-7

国家法规/政策	发布单位	发布时间	与石墨相关内容
《新材料产业发展指南》	工业和信息化部、发展和改革委员会、科学技术部、财政部	2017 年	对于石墨烯、超导材料等提出了任务要求，明确提出大力发展石墨烯产业
《"十三五"材料领域科技创新专项规划》	科学技术部	2017 年	在石墨烯碳材料技术方面，提出了重点发展领域：单层薄层石墨烯粉体、高品质大面积石墨烯薄膜工业制备技术，石墨烯粉体高效分散、复合与应用技术
《新材料标准领航行动计划（2018—2020 年）》	工业和信息化部、发展和改革委员会、科学技术部、国家标准委员会	2018 年	要构建石墨烯等新材料产业标准体系，加强与石墨烯研究领先国家的合作，为新材料创新发展提供保障

3. 地方政府相关石墨产业政策

近年来，内蒙古、黑龙江等地方政府相继出台了针对石墨的专项政策。内蒙古自治区：2018 年《内蒙古自治区新兴产业高质量发展实施方案（2018—2020 年）》提出，全区石墨（烯）动力电池电极材料产能达到 40 万 t，建成国家重要的石墨（烯）新材料生产基地。黑龙江省：2013 年，黑龙江省人民政府明确优化资源配置，重点向矿产品精深加工企业配置资源，原省国土资源厅开展"地质找矿"三年专项行动，推进林口西北楞及三合屯区域、牡丹江等石墨项目开展；2018 年，双鸭山市发布《双鸭山市石墨矿资源规划》，并启动双鸭山市石墨产业发展规划及新材料（石墨）产业园规划；2018 年，鹤岗市发布《鹤岗市石墨产业发展实施意见（2018—2020 年）》，提出将萝北石墨产业园打造成全国知名的石墨采、选、加工型石墨综合产业园等计划；2022 年，黑龙江省人民政府出台《黑龙江省石墨产业振兴专项行动方案（2022—2026 年）》，提出力争到 2026 年，石墨产业向规模化、创新化、数字化和集群化发展，营业收入超过 500 亿元，企业总数达到 200 户以上，建成鸡西市和鹤岗市两个全国最大的石墨深加工产业基地。四川省：2016 年四川巴中发布《巴中市石墨产业发展规划纲要（2016—2025 年）》。广西壮族自治区：2016 年颁布全国首个石墨烯系列地方标准，以引导产业发展。浙江省：2017 年发布《关于公布 2016 年浙江省重点技术创新专项计划和浙江省重点高新技术产品开发项目计划的通知》，提出"锂电池负极材料石墨球化成套装备及技术的开发"等项目享受有关财政及税收优惠政策。山东省：2019 年山东省自然资源厅等八部门联合下发《关于进一步加强山东地质工作的指导意见》，提出明确加大石墨等关键矿产的勘查工作。近年来，其他省份或自治区也相继发布了相关石墨产业政策。

4. 我国加大了石墨相关领域科技研发工作

截至 2016 年，国家自然科学基金委员会共计资助石墨相关科技项目 2329 项（图 7-3）。从资助项目分布对比情况来看，1996—2007 年石墨研究相对较少，基本属常规研究。2008 年随后数年更是呈现出爆发性增长，并在 2015 年达到顶峰 429 项。国家对石墨科技项目的支撑大幅度提升了我国石墨行业深加工技术水平，使我国鳞片石墨产业技术的研发能力、生产技术水平等接近国际先进水平，为我国天然石墨产业战略性发展提供了重要支撑。

第七章 晶质石墨矿开发利用研究

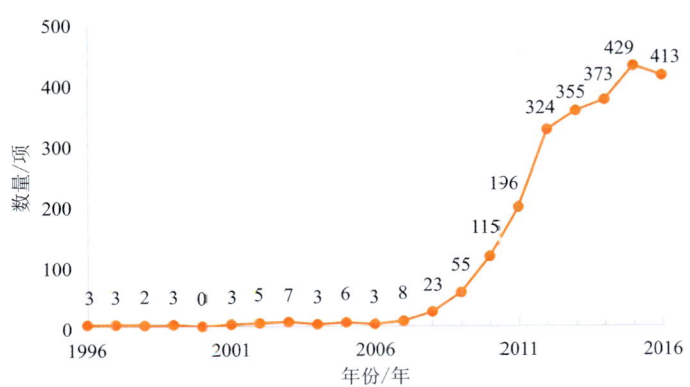

图7-3 国家自然科学基金委员会资助石墨项目统计图

5. 战略性新兴产业需要石墨产业

进入21世纪,随着石墨材料加工及应用技术的不断发展,石墨材料正成为电子产品、电动产品、航空、航天、高端机械、核反应堆等不可或缺的重要材料。核石墨、球形石墨、高纯石墨、膨胀石墨、柔性石墨、石墨烯等高性能石墨产品在战略性新兴产业中的使用量不断增加。战略性新兴产业亟需石墨产业高质量发展,我国正在实施石墨产业高质量发展战略。

6. 国内外石墨需求增长迅速

受新型冠状肺炎疫情影响,2020年国内天然石墨传统下游需求减弱,中低规格产品价格下滑明显;但新能源行业及其他新兴领域需求强劲,支撑高纯石墨价格坚挺,尤其正目高碳含量产品价格稳中出现明显上涨。据鸡西市贝特瑞新能源科技有限公司介绍,其生产的锂电负极材料、车用负极材料主要销往韩国,需求在2022年大幅增长,产品供不应求,价格涨幅明显。

7. 我国石墨进口前景广阔

据中国石墨产业发展联盟分析,无论是新兴领域还是传统领域,中国未来都会需要大量的石墨材料和制成品。国内石墨资源有部分矿山(青岛)已因为资源或政策的原因停止开采;同时,作为战略矿种,开新石墨矿的程序也远比以往严谨。从长期规划来看,中国已不适合大规模开采本国的不可再生资源来服务全世界的需求。中国可能会很快成为石墨进口国,甚至可能成为资源主要依赖进口的国家。

第三节 甘肃省晶质石墨矿开发利用现状

一、甘肃省石墨矿开发情况

根据查询资料和调研了解到,甘肃省石墨采矿企业目前有酒泉金元泉矿业有限责任公司肃北蒙古族自治县白石头沟石墨矿,甘肃仟盛电缆桥架制造有限公司肃北蒙古族自治县西蒙赫勒石墨矿(立排沟石墨矿)、民勤县唐家鄂博山石墨矿。目前仅酒泉金元泉矿业有限责任公司肃北蒙古族自治县白石头沟石墨矿生产,对各采矿权及生产情况根据调研简要介绍如下。

1. 酒泉金元泉矿业有限责任公司肃北蒙古族自治县白石头沟石墨矿

该矿位于肃北蒙古族自治县石包城乡鱼儿红村,采矿证有效期自2017年2月28日至2027年2月

28日,采矿许可证面积0.833 1km²,开采方式露天开采,生产规模5万t/年,主要开采矿种石墨矿,属于区域变质成矿,查明资源储量矿石量***万t。矿山开拓方式为公路开拓,采用选矿工艺为浮选。

据甘肃省自然资源厅2020年在酒泉金元泉矿业调研了解,公司晶质石墨产品价格2800～3000元/t(不含运费),主要销往山东,运费600～800元/t。这个价格已经比非洲矿山的晶质石墨进口到港价格高出一倍,企业处于亏损停产状态。2022年笔者对酒泉金元泉矿业有限责任公司进行调研,据公司相关人员介绍,矿山已完成升级改造,复产后生产石墨精粉12 803.55t,实现销售收入2 979.52万元。2023年5月笔者了解到,2023年3月,公司落实"三抓三促"要求,按照肃北蒙古族自治县安全环保要求开始复工复产,第一季度生产20天,生产石墨精粉500～600t。第二季度生产石墨精粉约3000t。预计可年产15 000t高品位石墨精粉,实现销售收入4.5亿元,但公司不能提供盈利情况。

另据甘肃省自然资源厅相关调研,矿山企业2018—2022年生产情况:2018年产量10 985.02t,售价2 277.38元/t,上缴资源税4.56万元;2019年产量27 272.44t,售价2 452.75元/t,上缴资源税14.17万元,其他税2.24万元;2020年产量13 243.3t,售价2 176.93元/t,上缴资源税49.15万元,其他税3.5万元;2021年产量1 370.78t,售价2 039.43元/t,上缴资源税7.56万元,其他税0.26万元;2022年产量12 803.55t,售价2 880.46元/t,上缴资源税88.8万元,其他税10.44万元。矿产品主要销往广东、山东、浙江、河南等地。矿山企业回采率平均达到95.38%,贫化率平均7%,损失率平均5%,选矿回收率平均86%。

2. 甘肃仟盛电缆桥架制造有限公司肃北蒙古族自治县西蒙赫勒石墨矿(拉排沟石墨矿)

该矿位于肃北蒙古族自治县党城湾镇,采矿权有效期自2020年4月20日至2025年4月20日,采矿许可证面积1.738 2km²,开采方式露天/地下开采,生产规模4万t/年,主要开采矿种为石墨。查明资源储量矿石**万t。该矿2020年4月20日取得采矿许可证,取得采矿证以来,由于该矿进行矿石的选矿实验,未能正式投产生产,矿山一直处于停产状态。

3. 民勤县唐家鄂博山石墨矿

民勤县唐家鄂博山石墨矿位于县城北、民左公路94km东侧处。共发现6个矿体,固定碳平均含量9.11%,石墨矿石****万t,石墨储量(矿物量)87万t。该石墨矿属沉积变质型。

2005年将民勤县唐家鄂博山石墨矿采矿权有偿配置给太西煤集团民勤实业有限公司,2016年申请将矿山名称变更为甘肃睿博石墨新材料有限公司唐家鄂博山石墨矿,开采矿种为石墨,设计生产规模为0.6万t/年。矿山2011年开始筹建,至2016年5月因公司资金困难暂停建设。2022年8月与甘肃中鑫钱盾矿业科技有限公司达成共识,签署合作协议共同投资开发建设3万t/年石墨采选项目,计划2023年8月建成投产。但因设计产能超过采矿许可证产能,项目建设工作只能暂缓,目前正在对采矿许可证设计产能进行变更。

二、甘肃省内石墨需求情况

根据相关资料,甘肃省无实际性的石墨产业,仅甘肃郝氏炭纤维有限公司开展了初级的石墨加工工作。据调研,该公司主要从事研制、开发、生产国内急需的炭/炭复合材料,重点生产石墨毡和硬质石墨毡(复合炭毡)及炭碳复合材料等终端产品。目前该公司拥有的生产线及设备炭纤维生产线1条、各种针刺生产线4条、大型预氧化毡8台、中型预氧化毡34台、炭化炉24台、高温立式真空炉6台、大型压力机2台、高温感应炉4台、CVD积尘系统1套等设备。形成年产炭毡250t、石墨毡100t、硬质复合毡板材10 000张、硬质复合毡筒材1000件、特种CFC复合材料1000件生产规模。产品涉及航空航天、兵器、真空冶金太阳能光伏新能源、化工新材料、电子电气、汽车、轨道交通、体育用品等领域,公司年产值3.1亿元。

公司生产的碳纤维、炭毡、硬质复合石墨毡等产品主要由化二原料加工而成。公司石墨制品主要有石墨炉床、支架、导电杆、石墨盘、坩埚、石墨加热管、加热板、加热棒、石墨纸、静压石墨料、石墨螺母、螺栓等。石墨制品以高强度石墨、优质石墨为原料,经过机械加工而成,广泛用于冶金、有色、化工、军工等各种真空热处理炉。据公司采购部介绍,公司每年消费晶质石墨500t左右,主要从山东采购。

第四节　甘肃省晶质石墨矿勘查开发利用建议

目前鳞片石墨行情暂以维稳为主,负极材料市场正缓慢回温,球形石墨订单小幅增加,但仍以刚需为主,导致生产厂家的开工积极性普遍不高,市场投资前景黯淡,矿权投放及开发利用面临一定困难。近年来酒泉市对晶质石墨矿进行项目推介、建立石墨产业园及产业规划等大量工作,但收效不明显。本书根据产业形势和甘肃省石墨矿勘查、开发利用现状,对晶质石墨矿勘查开发利用提出以下建议。

1. 加强石墨资源禀赋的调查评价、矿床开采技术条件及选冶关键技术研究,利用新质生产力促进石墨产业发展

甘肃省石墨资源勘查近年来取得了较大进展,特别是在酒泉市,累计查明石墨资源量达 **** 万t,但对资源禀赋的调查评价和矿床开采技术条件及选冶技术的研究不够,应继续加强石墨矿的勘查程度、资源禀赋和矿床开采技术条件及选冶关键技术研究工作,开展"产、学、研"关键技术联合科技攻关,对已查明资源的可利用性进行综合评价,为促进石墨矿产资源的合理、高效开发利用和产业布局提供依据。

2. 加大大鳞片晶质石墨勘查开发力度,提高资源保障程度

今后大鳞片晶质石墨、高碳石墨是石墨产业的重要原材料,供需关系将是供不应求。甘肃省近年来在酒泉市发现的晶质石墨矿以大鳞片为主要特征,特别是阿克塞哈萨克族自治县豺狼沟晶质石墨矿,属优质大鳞片晶质石墨,此类品质的晶质石墨在国内尚属少见,目前控制资源量约 *** 万t,应持续加强大鳞片石墨矿的找矿勘查力度,以"优质开发,一般储备"的思路提高石墨资源保障程度。

3. 以"大鳞片、高碳"晶质石墨资源为依托,推动酒泉市晶质石墨矿集开发利用

根据石墨资源禀赋特征,结合金元昊矿业有限公司白石头沟石墨矿等已有产区开发利用情况,加强与自然资源部、甘肃省自然资源厅衔接,申请和推动采矿权合理投放。在具备生产和市场需求的条件下,积极推动酒泉市敖包山、东巴兔和双石山晶质石墨矿集区"大鳞片、高碳"品质的采矿权设置与投放,以"大鳞片、高碳"晶质石墨资源为产业定位,重点加强高纯石墨、球化石墨、柔性石墨、核石墨、新型硅碳负极材料及石墨烯等高端高附加值产品开发利用,推动酒泉晶质石墨矿集开发利用。

4. 加大现有矿山和相关基础设施建设,为甘肃省晶质石墨开发提供基础保障

石墨选矿需充足的水资源,石墨深加工也是高耗能产业,甘肃省石墨矿山电力、交通、水利等基础设施配套欠佳,应进一步加大现有矿山相关基础设施的投入,为甘肃省晶质石墨开发提供基础保障。

5. 充分发挥资源和地域优势,积极引进大集团企业,推动石墨产业集约和集群发展

为高质量开发利用甘肃省石墨资源,甘肃省石墨产业发展要发挥资源和地域优势,配套相关优惠政策,积极引进大企业集团,利用其资金、技术、管理优势,培育石墨龙头企业,提升石墨行业开发利用水平,推动石墨产业集约和集群发展。

第八章
结　语

第一节　主要成果

（1）全面收集和梳理了甘肃省已发现的晶质石墨矿床（点），截至2023年底，甘肃省共发现和评价石墨矿床（点）19处。按石墨矿规模分类，其中大型矿床11处，分别为民勤县唐家鄂博山石墨矿、肃北蒙古族自治县敖包山晶质石墨矿、肃北蒙古族自治县红柳峡晶质石墨矿、肃北蒙古族自治县白石头沟石墨矿、肃北蒙古族自治县白台沟东石墨矿、肃北蒙古族自治县大敖包沟晶质石墨矿、肃北蒙古族自治县大窑盆沟晶质石墨矿、阿克塞哈萨克族自治县豺狼沟晶质石墨矿、瓜州县大水峡北晶质石墨矿、瓜州县浪柴沟晶质石墨矿、敦煌市五一沟晶质石墨矿；小型矿床5处，分别为永昌县红柳沟石墨矿、瓜州县水沟子石墨矿、瓜州县前进石墨矿、临泽县榆树河石墨矿、临泽县穿心河石墨矿；矿点3处，分别为瓜州县狼山口石墨矿、肃北蒙古族自治县拉排沟石墨矿和天水市麦积区花庙石墨矿。

（2）全面收集了敖包沟晶质石墨矿典型矿床的各类研究资料，编制了矿床成矿要素和预测要素表，提取了相关成矿要素、预测要素，分别建立了用图文表达的成矿模式和预测模型，为开展预测工作区区域成矿规律研究和编图奠定了基础。

（3）依据敖包沟晶质石墨矿典型矿床的成矿模式，以"三位一体"预测模型开展了晶质石墨矿资源潜力预测，共圈定27个最小预测区，其中A类10个，B类7个，C类10个。圈定4个预测工作区，分别为甘肃省敖包山预测工作区、甘肃省东巴兔预测工作区、甘肃省双石山预测工作区和甘肃省唐家鄂博山预测工作区，并对4个工作区进行了工作部署，其中10个详查区、11个普查区。

（4）甘肃省敖包山预测工作区圈定9个最小预测区，其中A类预测区5个，B类预测区1个，C类预测区3个，获得A类预测矿物量5 848.05万t，B类预测矿物量646.39万t，C类预测矿物量511.78万t。甘肃省东巴兔预测工作区圈定4个最小预测区，其中A类预测区3个，C类预测区1个，获得A类预测矿物量2 992.07万t，C类预测矿物量42.58万t。甘肃省双石山预测工作区圈定6个最小预测区，其中A类预测区1个，B类预测区4个，C类预测区1个，获得A类预测矿物量403.80万t，B类预测矿物量673.63万t，C类预测矿物量33.07万t。甘肃省唐家鄂博山预测工作区圈定2个最小预测区，其中A类预测区1个，C类预测区1个。获得A类预测矿物量727.08万t，C类预测矿物量3.11万t。预测工作区外共圈定6个最小预测区，其中B类预测区2个，C类预测区4个，获得B类预测矿物量189.52万t，C类预测矿物量128.20万t。

（5）甘肃省晶质石墨共预测矿物量12 199.28万t，其中500m以浅预测矿物量10 420.03万t，1000m以浅预测矿物量12 199.28万t，2000m以浅预测矿物量12 199.28万t。

（6）对我国晶质石墨矿开发利用现状进行了分析研究，总结了我国石墨矿的主要产地、生产产能情况、采选技术和深加工情况，分析了石墨的需求，总结了存在的问题及发展机遇。

（7）对甘肃省晶质石墨开发利用情况进行了研究，梳理了甘肃省石墨矿的开发情况和省内石墨的需求情况，提出了甘肃省晶质石墨矿勘查开发利用建议：一是加强石墨资源禀赋的调查评价、矿床开采技术条件及选冶关键技术研究，利用新质生产力促进石墨产业发展；二是加大大鳞片晶质石墨勘查开发力度，提高资源保障程度；三是以"大鳞片、高碳"晶质石墨资源为依托，推动酒泉晶质石墨矿集开发利用；四是加大现有矿山和相关基础设施建设，为甘肃省晶质石墨开发提供基础保障；五是充分发挥资源和地域优势，积极引进大集团企业，推动石墨产业集约和集群发展。

第二节　存在的问题与建议

（1）由于近些年甘肃省地质勘查基金投资开展的石墨矿普查项目还有个别未完成甘肃省矿产资源储量评审中心评审，如阿克塞哈萨克族自治县豺狼沟晶质石墨矿，其资源量数据采用未评审的普查报告中计算的资源量，后期可能有所变化。

（2）由于甘肃省内发现的晶质石墨矿均是变质型的，矿严格受地层控制，但本次潜力评价采用了保守的圈定方法，预测的量也较为保守。

主要参考文献

刁志鹏,朱文斌,吴海林,2019.甘肃敦煌东巴兔山地区敦煌杂岩的变质变形特征及时代限定[J].高校地质学报,25(1):144-160.

甘肃省地质调查院,2021.中国区域地质志·甘肃志[M].北京:地质出版社.

和政军,田树刚,许志琴,等,1999.阿尔金山中段晚古生代放射虫的发现及意义[J].地质论评(3):246.

李佐臣,裴先治,丁仨平,等,2007.川西北平武地区南一里花岗闪长岩锆石 U-Pb 定年及其地质意义[J].中国地质,34(6):1003-1012.

刘力,陈彦文,2021.甘肃晶质石墨矿分布规律及成矿远景探讨[J].中国非金属矿工业导刊(2):24-26.

穆可斌,连志义,王学银,2019.甘肃阿尔金南缘白石头沟石墨矿地质特征、成矿条件及找矿标志[J].地质与勘探,55(3):701-711.

彭思远,李龙,刘雪娇,等,2019.石墨资源现状及我国石墨供需形势分析[J].西部资源(5):198-199.

秦江锋,赖绍聪,李永飞,2005.扬子板块北缘碧口地区阳坝花岗闪长岩体成因研究及其地质意义[J].岩石学报,21(3):697-710.

任天祥,伍宗华,羌荣生,1998.区域化探异常筛选与查证的方法技术[M].北京:地质出版社.

宋宏,汤庆艳,苏天宝,等,2023.敦煌地块大水峡北晶质石墨矿床地球化学特征及成因意义[J].岩石学报,39(9):2679-2696.

苏天宝,2022.敦煌地块大水峡北晶质石墨矿床地球化学特征及成因[D].兰州:兰州大学.

肖克炎,张晓华,李景朝,等,2007.全国重要矿产总量预测方法[J].地学前缘,14(5):20-26.

颜玲亚,陈正国,周雯,等,2019.石墨作为战略性矿产的政策分析及建议[J].中国非金属矿工业导刊(S1):7-12.

叶天竺,肖克炎,严光生,2007.矿床模型综合地质信息预测技术研究[J].地学前缘,14(5):11-19.

余超,张发荣,李通国,等,2017.甘肃省重要矿产区域成矿规律研究[M].北京:地质出版社.

张新虎,刘建宏,梁明宏,等,2013.甘肃省区域成矿及找矿[M].北京:地质出版社.

内部资料

甘肃省地质调查院,2014.甘肃省矿产资源潜力评价报告[R].兰州:甘肃省地质调查院.

甘肃省地质调查院,2017.甘肃省天水市麦积区花庙子晶质石墨矿普查总结报告[R].兰州:甘肃省地质调查院.

甘肃省地质调查院,2022.甘肃省紧缺战略性矿产资源潜力评价成果报告[R].兰州:甘肃省地质调查院.

甘肃省地质调查院,2023.中国地质矿产志·甘肃卷[R].兰州:甘肃省地质调查院.

甘肃省地质调查院,2024.甘肃省阿克塞哈萨克族自治县豺狼沟晶质石墨矿普查报告[R].兰州:甘肃省地质调查院.

甘肃省地质调查院,2024.晶质石墨矿开发利用前景调研报告[R].兰州:甘肃省地质调查院.

甘肃省地质矿产局酒泉地质矿产调查队,1988.甘肃省安西县红柳河-水沟子石墨矿肃北蒙古族自治县拉排沟石墨矿化超基性岩体普查评价报告[R].酒泉:甘肃省地质矿产勘探开发局第四地质矿产勘查院.

甘肃省地质矿产勘查开发局第三地质矿产勘查院,2024.甘肃省敦煌市五一沟晶质石墨矿普查报告[R].兰州:甘肃省地质矿产勘查开发局第三地质矿产勘查院.

甘肃省地质矿产勘查开发局第三地质矿产勘查院,2024.甘肃省瓜州县浪柴沟晶质石墨矿普查报告[R].兰州:甘肃省地质矿产勘查开发局第三地质矿产勘查院.

甘肃省地质矿产勘查开发局第四地质矿产勘查院,2019.甘肃肃省肃北蒙古族自治县敖包山晶质石墨普查报告[R].酒泉:甘肃省地质矿产勘查开发局第四地质矿产勘查院.

甘肃省地质矿产勘查开发局第四地质矿产勘查院,2020.甘肃省肃北蒙古族自治县白台沟东晶质石墨矿普查报告[R].酒泉:甘肃省地质矿产勘查开发局第四地质矿产勘查院.

甘肃省地质矿产勘查开发局第四地质矿产勘查院,2020.甘肃省肃北蒙古族自治县红柳峡晶质石墨矿普查报告[R].酒泉:甘肃省地质矿产勘查开发局第四地质矿产勘查院.

甘肃省地质矿产勘查开发局第四地质矿产勘查院,2021.甘肃省肃北蒙古族自治县大案盆沟晶质石墨矿普查报告[R].酒泉:甘肃省地质矿产勘查开发局第四地质矿产勘查院.

甘肃省地质矿产勘查开发局第四地质矿产勘查院,2021.甘肃省肃北蒙古族自治县大敖包沟晶质石墨矿普查报告[R].酒泉:甘肃省地质矿产勘查开发局第四地质矿产勘查院.

甘肃省地质矿产勘查开发局第四地质矿产勘查院,2023.甘肃省瓜州县大水峡北晶质石墨矿普查报告[R].酒泉:甘肃省地质矿产勘查开发局第四地质矿产勘查院.

甘肃省地质矿产勘查开发局第四地质矿产勘查院,2023.甘肃省酒泉市晶质石墨调查研究报告[R].酒泉:甘肃省地质矿产勘查开发局第四地质矿产勘查院.

甘肃省地质矿产勘查开发局第四地质矿产勘查院,2024.甘肃省肃北蒙古族自治县白石头沟石墨矿储量核实报告[R].酒泉:甘肃省地质矿产勘查开发局第四地质矿产勘查院.

甘肃省地质矿产勘查开发局水文地质工程地质勘察院,2016.甘肃省肃北蒙古族自治县拉排沟晶质石墨矿普查报告[R].张掖:甘肃省地质矿产勘查开发局水文地质工程地质勘察院.

甘肃省地质矿产勘查开发局水文地质工程地质勘察院,2019.永昌县名宸矿业有限公司永昌县红柳沟石墨矿资源储量核实报告[R].张掖:甘肃省地质矿产勘查开发局水文地质工程地质勘察院.

甘肃省地质矿产勘探开发局第六地质队,1990.甘肃省民勤县唐家鄂博山石墨矿区地质普查报告[R].酒泉:甘肃省地质矿产勘探开发局第四地质矿产勘查院.

甘肃省地质矿产勘探开发局第六地质队,1992.甘肃省民勤县唐家鄂博山石墨矿地质详查报告[R].酒泉:甘肃省地质矿产勘探开发局第四地质矿产勘查院.

甘肃省地质矿产勘探开发局第六地质队,1993.甘肃省民勤县唐家鄂博山石墨矿①号矿体47-55线地质勘探报告[R].酒泉:甘肃省地质矿产勘探开发局第四地质矿产勘查院.

中国建筑材料工业地质勘查中心甘肃总队,2007.甘肃省临泽县穿心河矿区纤维状海泡石矿普查报告[R].天水:中国建筑材料工业地质勘查中心甘肃总队.

中国建筑材料工业地质勘查中心甘肃总队,2007.甘肃省临泽县榆树河矿区纤维状海泡石矿普查报告[R].天水:中国建筑材料工业地质勘查中心甘肃总队.

中国建筑材料工业地质勘查中心甘肃总队,2016.甘肃省肃北蒙古族自治县鹰咀山一带石墨矿调查评价2016年度总结报告[R].天水:中国建筑材料工业地质勘查中心甘肃总队.

中国建筑材料工业地质勘查中心甘肃总队,2017.甘肃省瓜州县狼山口晶质石墨矿普查项目成果报告[R].天水:中国建筑材料工业地质勘查中心甘肃总队.

中国建筑材料工业地质勘查中心甘肃总队,2017.甘肃省肃北蒙古族自治县鹰咀山一带石墨矿调查评价2017年度总结报告[R].天水:中国建筑材料工业地质勘查中心甘肃总队.

中国建筑材料工业地质勘查中心甘肃总队,2018.甘肃省肃北蒙古族自治县白石头沟—掉石沟一带晶质石墨矿预查报[R].天水:中国建筑材料工业地质勘查中心甘肃总队.

中国建筑材料工业地质勘查中心甘肃总队,2018.甘肃省天水市非金属矿资源调查地质工作总结报告[R].天水:中国建筑材料工业地质勘查中心甘肃总队.